KB144807

물리의
정석

양자 역학 편

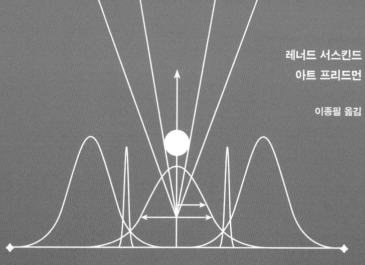

레너드 서스킨드
아트 프리드먼

이종필 옮김

물리의
정석

양자 역학편

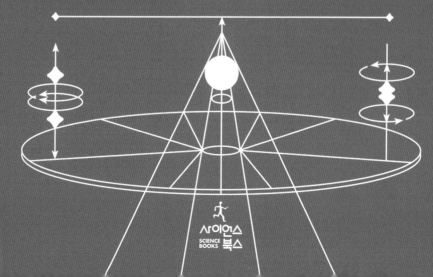

사이언스
SCIENCE
BOOKS 북스

모든 것을 가능하게 해 주신 부모님들께

이레네 서스킨드와 벤자민 서스킨드

조지 프리드먼과 트루디 프리드먼

이상하고 아름다운 양자 세계로

많은 면에서 양자 역학의 아버지였던 물리학자 알베르트 아인슈타인(Albert Einstein)은 그 '자식'과 애증의 관계에 있었던 것으로 악명이 높다. 아인슈타인과 닐스 보어(Niels Bohr)의 논쟁은 과학의 역사에서 유명하다. 보어는 양자 역학을 완전히 받아들였고 아인슈타인은 굉장히 회의적이었다. 대부분의 물리학자들은 둘의 논쟁에서 보어가 이겼고 아인슈타인이 졌다고 받아들인다. 나의 느낌을 말하자면, 이런 태도는 아인슈타인의 입장에서 공정하지 못하다. 이런 내 의견을 공유하는 물리학자들의 숫자가 점점 늘어나고 있다고 생각한다.

보어와 아인슈타인은 모두 섬세한 사람들이었다. 아인슈타인은 양자 역학이 일관되지 못하다는 점을 보이기 위해 아주 열심히 노력했다. 반면 보어는 언제나 아인슈타인의 주장을 반박할 수 있었다. 그러나 아인슈타인은 최후의 일격에서 아주 심오하고, 아주 반직관적이며, 아주 골치 아픈, 그럼에도 아주 흥미진진한 무언가를 제시했다. 그 결과 21세기가 시작될 무렵에는 이론 물리학자들을 매료시키기에 이르렀다. 아인슈타인의 최후의 위대한 발견에 대한 보어의 유일한 대답은 무시하는 것뿐이었다. 그 위대한 발견은 바로 얽힘(entanglement)이었다.

얽힘은 양자 역학의 핵심 요소로서, 양자 역학이 고전 역학과 대단히 다른 이유는 바로 이 때문이다. 얽힘은 물리적인 세상에서 무엇이 실재적인가에 대해 우리가 이해하고 있는 모든 것을 의문투성이로 만들어 버린다. 보통 우리가 물리계에 대해 갖고 있는 직관은 이렇다. 만약 우리가 어떤 계의 모든 것, 즉 원칙적으로 알 수 있는 모든 것을 알고 있다면, 그 부분에 대한 모든 것도 알고 있는 셈이다. 우리가 자동차의 상태에 대한 완벽한 지식을 갖고 있다면 자동차의 바퀴, 엔진, 변속기는 물론 실내 장식품들을 붙들고 있는 나사못에 대해서까지도 모두 알고 있다. 정비사가 "당신 자동차의 모든 것을 속속들이 다 알고 있지만, 안타깝게도 그 어떤 부품들에 대해서도 제가 할 수 있는 말은 전혀 없습니다."라고 말한다면 말도 안 되는 소리이다.

아인슈타인이 보어에게 설명했던 양자 역학이 바로 이것이었다. 계의 모든 것을 알 수 있으나 그 개별적인 부분에 대해서는 전혀 알 수가 없다. 하지만 보어는 이 사실을 알아채지 못했다. 몇 세대에 걸친 양자 역학 교재들도 이 점을 무시했다는 말을 보태고 싶다.

양자 역학이 이상하다는 것은 모두가 알고 있다. 그러나 정확하게 어떤 방식으로 이상한지를 말할 수 있는 사람은 극히 드물다고 생각한다. 이 책은 양자 역학에 대한 기술적인 강좌를 담았지만, 대부분의 강좌나 대부분의 교과서와는 다르다. 논리적인 원리에 집중했으며, 그 목표는 말도 안 되게 이상한 양자 논리를 숨기는 것이 아니라 오히려 대명천지의 광명 아래로 끄집어내는 것이다.

상기하자면 이 책은 나의 유튜브 강좌 시리즈 '최소한의 이론(Theoretical Minimum)'을 거의 그대로 옮긴 책들 중 하나이다. 공저자인 아트 프리드먼은 이 강좌의 학생이었다. 아트가 그 강좌를 배웠기 때문에 초급자에게 혼란스러울 수도 있는 이슈들에 대단히 민감하다는 것이 이 책의 장점이다. 이 책을 쓰는 동안 우리는 아주 즐거웠다. 그래서 약간의 유머를 곁들여 그 기분을 조금이나마 전달하기 위해 애썼다. 그것을 느끼지 못한다면 그냥 무시하면 된다.

레너드 서스킨드

✦ 서문 ✦

물리학에 서툰 우리 모두를 위해

내가 스탠퍼드 대학교에서 컴퓨터 과학으로 석사 과정을 끝마쳤을 때, 몇 년 뒤에 레너드 서스킨드의 물리학 강의를 들으러 다시 학교로 돌아오리라고는 꿈에도 생각하지 못했다. 나의 짧은 물리학 '경력'은 수 년 전에 학사 학위를 받았을 때 이미 끝났다. 그러나 물리학에 대한 흥미는 아주 생생하게 살아 있었다.

나에게는 동료들이 많아 보였다. 물리학에 진심으로, 대단히 깊은 관심을 갖고 있지만 삶이 그들을 다른 방향으로 데려가 버린 사람들로 세상이 가득 차 있는 것처럼 보였다. 이 책은 우리 모두를 위한 책이다.

양자 역학은 어느 정도까지는 순전히 정성적인 수준에서 이해할 수 있다. 그러나 수학이 있어야만 그 아름다움에 또렷한 초점을 맞출 수 있다. 나와 서스킨드는 수학적인 교양을 가진 비전 공자들이 이 멋진 일에 완전히 다가갈 수 있도록 하기 위해 최선을 다했다. 우리는 꽤나 잘 해낸 것 같다. 여러분도 그렇다고 느끼기를 바란다.

많은 사람들의 도움 없이는 불가능한 프로젝트였다. 출판 에이전시인 브록만 사(Brockman, Inc.)는 출간 업무를 쉽게 처리해 주었고, 페르세우스 북스(Perseus Books)의 편집·제작 부서는 일류였다. 그리고 TJ 켈러허(TJ Kelleher), 레이철 킹(Rachel King), 티세 타카기(Tisse Takagi)에게 진심으로 감사드린다. 유능한 편집자 존 세어시(John Searcy)와 함께 일한 것은 큰 행운이었다.

레너드 서스킨드의 평생 교육 과정 학생들에게도 감사드린다. 그들은 사려 깊으면서도 도발적인 질문을 일상적으로 제기해 주었고 수업이 끝난 뒤에도 자극이 되는 대화를 많이 나누었다. 롭 콜웰(Rob Colwell), 토드 크레이그(Todd Craig), 몬티 프로스트(Monty Frost), 존 내시(John Nash)는 원고에 대해 건설적인 논평을 해 주었다. 제레미 브란스컴(Jeremy Branscome)과 러시 브라이언(Russ Bryan)은 전체 원고를 세세하게 검토해 많은 문제점을 확인해 주었다.

다정하게 지원과 성원을 보내 준 가족과 친구들에게도 감사드린다. 특히 가게를 맡아 준 딸 하나에게 고맙다는 말을 전한다.

나의 멋진 아내 마거릿 슬론(Margaret Sloan)은 사랑과 격려와 통찰과 유머 감각을 제공해 주었을 뿐만 아니라 전체 도판 작업의 약 3분의 1과 힐베르트 공간 일러스트레이션 작업에도 기여를 했다. 고마워요, 매기.

이 작업을 시작할 때 레너드 서스킨드는 나의 진짜 동기를 알아채고는, 물리학을 배우는 최상의 방법 중 하나는 물리학 책을 쓰는 것이라고 말했다. 물론 그 말은 사실이지만, 그것이 얼마나 사실인지는 알지 못했다. 그것을 알아낼 수 있는 기회를 갖게 되어 무척 감사하다. 말도 못하게 고마워요, 레너드.

아트 프리드먼

✦ 차례 ✦

✦ 프롤로그 ✦

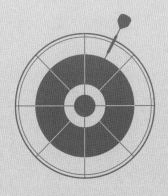

아트는 맥주 너머로 바라보며 말했다.

"레니, 아인슈타인-보어 게임 한판 하세."

"그러지. 그런데 난 이제 지는 데 지쳤어.

이번엔 네가 아트슈타인(Artstein)이 되고

내가 엘-보어(L-Bore)가 되는 걸로 하지. 먼저 시작해."

"그게 공평하겠군. 그럼 내가 먼저 공격하지. 신은 주사위 놀음 따위는 하지

않아. 하하. 엘-보어, 내가 한 점 땄어."

"잠깐만, 아트슈타인. 이 친구야, 자넨 양자 이론이 본질적으로 확률론적이다

고 지적한 최초의 사람이야. 헤헤헤, 그건 2점짜리야!"

"흠, 그럼 취소하지."

"안 돼."

"취소할 거야."

"안 된다니까."

1917년 알베르트 아인슈타인이 「복사의 양자 이론에 대하여(On the quantum theory of radiation)」라는 논문을 통해 감마선 방출이 통계 법칙을 따른다고 주장했다는 사실을 아는 사람은 거의 없다.

교수와 바이올리니스트가 바에 들어온다

전작 『물리의 정석: 고전 역학 편』에서는 2명의 존 스타인벡(John Steinbeck) 캐릭터에 살짝 기댄 가상의 인물인 레니와 조지 사이에 오간 짧은 대화를 끼워 넣었다. 이번 『물리의 정석: 양자 역학 편』에서의 설정은 데이먼 러니언(Damon Runyou)의 이야기에서 영감을 받았다. 그 세상은 도둑놈, 사기꾼, 불량배, 멋쟁이, 공상가로 가득 차 있다. 그저 하루하루 먹고 사느라 애쓰는 평범한 사람들도 있다. 연극은 힐베르트 공간(Hilbert space)이라 불리는 대중적인 술집에서 펼쳐진다. 캘리포니아 출신의 두 풋내기 레니와 아트가 투어 버스에서 조금 떨어져 이 무대로 어슬렁거리며 들어온다. 행운이 함께하길. 운이 꼭 따라야 할 테니까.

무엇이 필요할까?

이 여행을 떠나기 위해 여러분이 물리학자가 될 필요는 없다. 하지만 미적분학과 선형 대수학에 대한 몇몇 기본 지식은 꼭 알아야 한다. 또한『물리의 정석: 고전 역학 편』에서 다룬 몇몇 내용들도 알아야 한다. 여러분의 수학 실력이 약간 녹슬었어도 상관없다. 여행을 계속하면서 상당량의 수학, 특히 선형 대수학 관련 내용들을 복습하고 설명할 것이다. 전작에서는 미적분학의 기본 아이디어를 복습했다.

실없는 유머를 한다고 해서 우리가 바보 멍청이들을 위해 책을 쓰고 있다는 생각은 하지 않기 바란다. 그렇지 않다. 우리의 목표는 어려운 주제를 "최대한 단순하게, 하지만 너무 단순하지는 않게" 만드는 것이다. 그 길에 약간의 즐거움이 함께하기를 바란다. 힐베르트 공간에서 만날 수 있길.

❖「양자 역학 편」을 시작하며 ❖

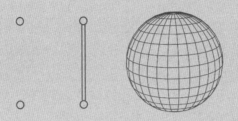

양자 역학이 실제로는 고전 역학보다 훨씬 더 쉽다.

—레너드 서스킨드

고전 역학은 직관적이다. 물체는 예측 가능한 방식으로 움직인다. 숙련된 프로 야구 선수는 날아가는 공을 재빨리 보고서 그 위치와 속도로부터 제때 공을 잡기 위해 어디로 달려가 위치를 잡아야 할지 알아챌 수 있다. 물론 갑자기 예기치 못한 돌풍이 불면 그 선수를 바보로 만들겠지만, 그것은 단지 그 선수가 모든 변수를 고려하지 않은 탓이다. 고전 역학이 직관적인 이유는 명확하다. 인간, 그리고 이전의 동물들은 생존을 위해 매일매일 여러 번 고전 역학을 이용해 왔다. 그러나 20세기 이전에 양자 역학을 사용한 사람은 아무도 없었다. 양자 역학은 아주 작은 것들을 기술하기 때문에 인간 감각의 범위를 완전히 넘어선다. 따라서 양자 세계를 이해하기 위해 우리의 직관이 진화하지 않았음은 너무나 당연하다. 양자 역학을 이해할 수 있는 유일한 방법은 추상적인 수학으로 직관 회로를 재배선하는 것뿐이다. 다행히도 다소 엉뚱한 이유로 우리는 그렇게 재배선할 수 있는 역량을 발전시켰다.

대개 우리는 양자 역학을 시도하기도 전부터 고전 역학을 배운다. 그러나 양자 역학은 고전 역학보다 훨씬 더 근본적이다. 우리가 아는 한 양자 역학은 모든 물리계를 정확하게 기술하지만, 어떤 물체는 충분히 거시적이기 때문에 양자 역학을 고전 역학으로 근사해도 믿을 만하다. 근사, 이것이 고전 역학의 모든 것이다. 논리적인 관점에서 보자면 양자 역학을 먼저 배워야 하지만, 그것을 추천하는 물리학 선생님은 극히 드물다. 「물리의 정석」 시리즈조차도 고전 역학부터 시작한다. 그럼에도 이 양자 역학 강의에서는 양자 역학의 기본 원리들을 설명한 한참 뒤에 거의 끝부분을 제외하고는 고전 역학이 별 역할을 못 할 것이다. 나는 이것이 단지 논리적으로뿐만 아니라 교육학적으로도 올바른 방법이라고 생각한다. 이 길을 가야만 우리는 양자 역학이 단지 고전 역학에 몇몇 새로운 술수들을 내던진 것에 불과하다는 사고의 함정에 빠지지 않는다. 이 길을 따라가면 양자 역학이 실제로는 고전 역학보다 훨씬 더 쉽다.

가장 간단한 고전적인 계 ― 컴퓨터 과학에서의 기본적인 논리 단위 ― 는 두 가지 상태를 갖는 계이다. 비트(bit)라고도 한다. 비트는 오직 두 상태만 갖고 있는 모든 것을 표현할 수 있다. 앞뒷면이 있는 동전, 켜지고 꺼지는 스위치, 북쪽이나 남쪽 한 곳을 가리키도록 설정된 작은 자석 등이 그렇다. 여러분, 특히 『물리의 정석: 고전 역학 편』의 1강 「고전 물리학의 본성」을 공부한 사람이라면 예상했겠지만 고전적인 2상태계는 극도로 간단하다. 사실 너무 지루할 정도이다. 이번 편에서는 큐비트(qubit, quantum bit)라 불리는 2상태계의 양자 버전부터 시작할 것이다. 큐비트는 훨씬 더 재미있다. 이를 이해하기 위해서는 완전히 새로운 사고 방식 ― 새로운 논리 기초 ― 가 필요하다.

계와 실험

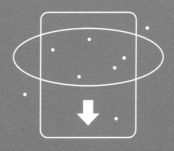

레니와 아트가 힐베르트 공간을 어슬렁거린다.

아트: 이게 뭐야? 중간 지대인가?

아니면 일종의 유령의 집? 난 방향 감각을 잃었어.

레니: 숨 좀 돌려 봐. 익숙해질 거야.

아트: 어디가 위쪽이야?

1.1 양자 역학은 다르다

양자 역학은 무엇이 그렇게 특별한가? 왜 그렇게도 이해하기 어려운가? '어려운 수학' 탓이라고 쉽게 이야기할 수도 있을 것이다. 물론 그 말이 맞기는 하다. 그러나 그것이 전부일 수는 없다. 많은 비전공자들도 고전 역학과 장론에 숙달할 수 있다. 이 또한 어려운 수학을 필요로 한다.

양자 역학은 우리 인간이 시각화하기에 전혀 준비가 되어 있지 않은, 굉장히 작은 물체의 운동을 다룬다. 개개의 원자는 크기라는 측면에서 보았을 때 이 작은 척도의 상한에 가깝다. 종종 전자를 연구 대상으로 삼는다. 우리의 감각 기관이 단지 전자의 운동을 감지하도록 만들어지지 않았을 뿐이다. 우리가 할 수 있는 최선의 일은 전자와 전자의 운동을 수학적인 추상화를 통해 이해하는 것이다.

회의론자들은 "그래서 뭐?"라고 말한다. "고전 역학도 끝까지 수학적인 추상화로 가득 차 있잖아. 점 질량, 강체, 관성 좌표계, 위치, 운동량, 장, 파동 — 계속 더 이야기할 수도 있어. 수학적인 추상화라고 해 봐야 새로운 게 없잖아." 사실 이렇게 말하는 것이 꽤나 타당하다. 실제로 고전 세계와 양자 세계는 몇몇 중요한 공통점을 갖고 있다. 그러나 양자 역학은 두 가지 면에서 다르다.

1. **다른 추상화**. 양자적인 추상화는 고전적인 추상화와 근본적으로 다르다. 예를 들어 양자 역학에서의 상태라는 관념은 그 고전적인 대응물과는 개념적으로 굉장히 다르다. 상태는 다른 수학적인 것으로 표현되며 다른 논리 구조를 가지고 있다.

2. **상태와 측정**. 고전 세계에서는 계의 상태와 그 계에 대한 측정 결과 사이의 관계가 아주 직접적이다. 사실 시시한 수준이다. 어떤 상태를 기술하는 표식(입자의 위치와 운동량 등)은 그 상태의 측정을 특징짓는 표식과 똑같다. 달리 말하자면 실험을 수행해서 어떤 계의 상태를 결정할 수 있다. 양자 세계에서는 그렇지 않다. 계와 측정은 전혀 다른 것이며, 둘 사이의 관계는 미묘하고도 비직관적이다.

이 아이디어가 핵심이기 때문에 우리는 계속해서 여기로 다시 돌아올 것이다.

1.2 스핀과 큐비트

스핀(spin)이라는 개념은 입자 물리학에서 유래했다. 입자는 공간에서의 위치 말고도 다른 특성들을 갖고 있다. 예를 들어 입자는 전하 또는 질량을 가지거나 가지지 않을 수도 있다. 전자는 쿼크나 중성미자와 똑같지 않다. 그러나 전자 같은 특정한 형태의 입자조차도 그 위치가 완전히 특정되지 않는다. 전자에는 스핀이라 불리는 부가적인 자유도가 덧붙어 있다. 쉽게 말해 스핀은 어떤 방향을 가리키는 작은 화살표로 그릴 수 있지만, 이렇게 어설픈 심상은 너무나 고전적이라 실제 상황을 정확하게 표현할 수 없다. 전자의 스핀은 거의 어떤 계가 취할 수 있는 가장 양자 역학적인 개념이라, 어떤 식으로든 스핀을 고전적으로 시각화하려 한다면 중요한 점을 놓치게 될 것이다.

우리는 스핀이라는 개념을 추상화할 수 있고 또 그렇게 할 것이다. 스핀이 전자에 들러붙어 있다는 생각은 잊어라. 양자 스핀은 그 자체로 연구할 수 있는 하나의 계이다. 사실 양자 스핀은 공간 속에서 그것을 품고 다니는 전자로부터 떼어 내서 생각하면 계라고 하는 것에 대한 가장 단순하면서도 가장 양자 역학적인 개념이다.

고립된 양자 스핀은 우리가 큐비트라 부르는 간단한 계의 일반적인 종류의 한 예이다. 큐비트는 논리 비트가 여러분의 컴퓨터 상태를 정의하는 것과 똑같은 역할을 양자 세계에서 수행한다. 큐비트를 조합하면 많은 상태—심지어 모든 상태—를 만들 수 있다. 그래서 스핀을 배우면 훨씬 더 많은 것을 배우는 셈이다.

1.3 어느 실험

우리가 생각할 수 있는 가장 간단한 예를 써서 이런 아이디어를 구체화시켜 보자. 전작에서 아주 간단한 결정론적인 계를 논의하며 첫 강의를 시작했다. 그 계는 앞면(H)과 뒷면(T)을 가진 동전이었다. 우리는 이 계를 2상태계, 또는 비트라 부를 수 있다. 여기서 두 상태는 H와 T이다. 좀 더 형식적으로 말하자면 우리는 두 값, 즉 +1과 −1을 가질 수 있는 σ라 불리는 자유도를 개발했다. H 상태는

$$\sigma = +1$$

로, T 상태는

$$\sigma = -1$$

로 대체된다. 고전적으로는 상태 공간에 존재하는 것은 이것이 전부이다. 이 계는 $\sigma = +1$인 상태이거나 $\sigma = -1$인 상태이며 그 사이에 아무것도 존재하지 않는다. 양자 역학에서는 이 계를 큐비트로 생각할 것이다.

전작에서 매 순간 상태를 어떻게 갱신할 것인지를 알려 주는 간단한 전화 법칙 또한 논의했다. 가장 간단한 법칙은 아무 일도 일어나지 않는 것이다. 이 경우 하나의 불연속적인 순간 n에서 다음 순간 $n + 1$로 옮겨 갈 때 전화 법칙은 다음과 같다.

$$\sigma(n+1) = \sigma(n). \qquad (1.1)$$

전작에서 우리가 주의를 기울이지 않았던 숨은 가정 하나를 꺼내 보자. 실험은 연구 대상 이외의 것까지 수반한다. 측정을 수행하고 측정 결과를 기록하는 장비 A도 관련이 있다. 우리의 2상태계의 경우 실험 장비는 계(스핀)와 상호 작용을 해서 σ 값을 기록한다. 그 실험 장비는 실험 결과를 보여 주는 창을 가진 일종의 블랙박스[1]로 생각할 수 있다. 또한 실험 장비에는 "이쪽 끝이 위"라는 화살표가 있다. 위쪽 화살표는 이 장비가 공간에서 어떤 방향을 가리키는지를 보여 주고 그 방향이 관측 결과에 영향을 줄 것이기 때문에 중요하다. 화살표가 z 축을 따라 가리키도록 하고 실험을 시작하자. (그림 1.1을 보라.) 처음에는 $\sigma = +1$인지 $\sigma = -1$인지 전혀 알 수 없다. 우리의 목적은 σ 값을 알아내기 위해 실험을 수행하는 것이다.

장비가 스핀과 상호 작용을 하기 전에는 장비의 창이 비어 있다. (그림 1.1에는 물음표로 표시되어 있다.). 장비가 σ를 측정하면 창에는 $+1$이나 -1이 보인다. 실험 장비를 바라보면 σ 값이 결정된다. 이 모든 과정이 σ를 측정하기 위해 설계된 아주 간단한 실험을 구성하고 있다.

이제 σ를 측정했으니까, 실험 장비를 중립으로 재설정하고 스핀을 건드리지 않은 채 다시 σ를 측정해 보자. 식 1.1의 간단

---

1) '블랙박스'란 그 장비 안에 무엇이 있는지, 어떻게 작동하는지 우리가 전혀 모른다는 의미이다. 그러나 안심하라. 고양이는 없다.

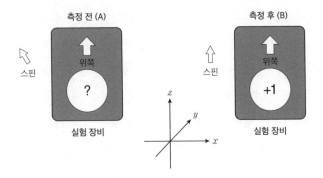

그림 1.1 (A) 측정 전 스핀과 고양이가 없는 장비. (B) 한 번 측정이 이루어져 $\sigma_z = +1$ 의 결과가 나온 이후의 스핀과 장비. 스핀은 이제 $\sigma_z = +1$인 상태로 준비되어 있다. 만약 스핀이 간섭을 받지 않고 장비가 똑같은 방향을 유지한다면 이후 모든 실험에서 똑같은 결과가 나올 것이다. 공간에서 우리가 방향을 어떻게 잡았는지 그 표기법은 좌표축이 보여 주고 있다.

한 법칙을 가정하면 처음 실험했을 때와 똑같은 결과를 얻어야 한다. $\sigma = +1$의 결과 뒤에는 $\sigma = +1$의 결과가 있을 것이다. $\sigma = -1$인 경우에도 마찬가지이다. 몇 번을 반복해도 똑같은 결과가 나올 것이다. 이는 우리가 실험 결과를 확신할 수 있으므로 좋은 일이다. 우리는 이를 다음과 같은 방식으로도 말할 수 있다. 장비 A와의 첫 상호 작용은 계를 두 상태 중 하나로 준비시킨다. 뒤이은 실험은 그 상태를 확인한다. 여기까지는 고전 역학과 양자 역학 사이에 아무런 차이가 없다.

이제 무언가 새로운 실험을 해 보자. 스핀을 A로 측정해 스

그림 1.2 이전에 측정된 스핀은 건드리지 않고 실험 장비만 뒤집은 후 새로 측정한다. 새로운 측정 결과는 $\sigma = -1$이다.

핀을 준비시킨 뒤, 실험 장비의 위아래를 뒤집어 σ를 다시 측정한다. (그림 1.2를 보라.) 원래 $\sigma = +1$로 준비되어 있었다면 위아래가 뒤집힌 장비에는 $\sigma = -1$로 기록됨을 알게 된다. 마찬가지로 원래 $\sigma = -1$였다면 위아래가 뒤집힌 장비에는 $\sigma = +1$로 기록된다. 즉 장비를 돌렸을 때 $\sigma = +1$과 $\sigma = -1$이 서로 뒤바뀐다. 이 결과로부터 우리는 σ가 공간에서의 방향 감각과 관계있는 자유도라 결론지을 수 있다. 예를 들어 만약 σ가 어떤 종류의 방향 벡터라면, 당연히 우리는 장비를 돌렸을 때 결과가 뒤집혀 나오리라고 기대할 것이다. 간단하게 설명하자면 그 장비는 장비에 내장된 축을 따라 벡터의 성분을 측정한다. 모든 설정에 대해서 이것이 올바른 설명일까?

만약 우리가 스핀이 벡터라고 확신한다면 스핀은 3개의 성분

σ_x, σ_y, σ_z로 자연스럽게 기술할 것이다. 장비를 z 축을 따라 세워 놓은 것은 σ_z를 측정하기 위함이다.

지금까지는 여전히 고전 물리학과 양자 물리학 사이에 어떤 차이점도 없다. 이 장비를 임의의 각도, 예를 들어 $\frac{\pi}{2}$ 라디안(90도) 돌렸을 때만 그 차이점이 명확해진다. 장비를 똑바로 세워 놓고 시작하자. (위쪽 화살표는 z 축을 따라 놓여 있다.) 스핀은 $\sigma = +1$로 준비된다. 이제 A를 돌려 위쪽 화살표가 x 축을 따라 놓이도록 한다. (그림 1.3을 보라.) 그리고 스핀의 x 성분, 즉 σ_x가 어떤 값일지 측정한다.

만약 σ가 정말로 위쪽 화살표를 따라 놓인 벡터의 성분을 나타낸다면 0의 결과를 얻을 것으로 기대된다. 왜? 애초에 우리는 σ가 z 축을 따라 방향을 가리키고 있었음을 확인했기 때문이다. 이는 x 축을 따르는 성분이 0이어야 함을 뜻한다. 그러나 σ_x를 측정하면 놀라운 결과를 얻는다. 관측 장비는 $\sigma_x = 0$이 아니라 $\sigma_x = +1$ 또는 $\sigma_x = -1$의 결과를 낸다. A는 고집이 아주 세다. 어느 방향으로 놓여 있든 $\sigma = \pm1$이 아닌 다른 어떤 대답도 거부한다. 만약 스핀이 정말로 벡터라면 아주 독특한 벡터이다.

그럼에도 무언가 흥미로운 점을 찾을 수 있다. 이와 같은 조작을 여러 번, 매회 똑같은 과정을 따라 되풀이한다고 생각해 보자.

1. A를 z 축을 따라 놓고 시작해 $\sigma = \pm1$로 준비시킨다.
2. x 축을 따라 방향을 가리키도록 실험 장비를 돌린다.

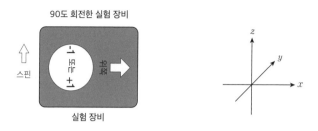

그림 1.3 90도 회전한 장비. 새로 관측하면 50퍼센트의 확률로 $\sigma_z = -1$의 결과가 나온다.

3. σ를 측정한다.

실험을 반복하면 +1과 −1이 무작위 연속으로 나온다. 결정론이 깨졌다. 그러나 특별한 방식으로 깨졌다. 실험을 많이 반복하면 $\sigma = +1$인 사건의 숫자와 $\sigma = -1$인 사건의 숫자가 통계적으로 똑같음을 알게 될 것이다. 즉 σ의 평균은 0이다. 고전적인 결과 — x 축을 따른 σ의 성분이 0이라는 결과 — 대신 우리는 반복된 측정의 평균이 0임을 알게 된다.

이제 A를 x 축 위에 놓이도록 돌리는 대신 단위 벡터[2] $\hat{n}$을 따라 임의의 방향을 가리키도록 돌려 이 모든 실험을 계속 반복

2) 단위 벡터(크기가 1인 벡터)에 대한 표준 표기법은 그 벡터를 나타내는 기호 위에 '모자(hat)'를 씌우는 것이다.

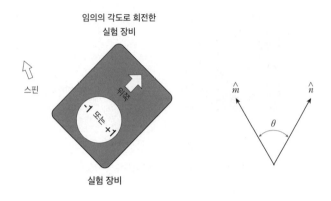

임의의 각도로 회전한
실험 장비

스핀

위쪽

-1 또는 +1

실험 장비

$\hat{m}$ $\hat{n}$

θ

그림 1.4 xz 평면 속에서 임의의 각도로 회전한 실험 장비. 평균적인 측정 결과는 $\hat{n} \cdot \hat{m}$ 이다.

해서 해 보자. 만약 $\hat{n}$이 벡터라면 고전적으로는 실험 결과가 $\hat{n}$ 축에 대한 성분일 것으로 기대된다. 만약 $\hat{n}$이 z 축에 대해 θ의 각도로 놓여 있다면, 고전적인 결과는 $\sigma = \cos \theta$일 것이다. 그러나 여러분도 예상했겠지만 우리가 매번 실험할 때마다 $\sigma = +1$ 또는는 $\sigma = -1$의 결과를 얻는다. 하지만 이 결과는 평균이 $\cos \theta$가 되게끔 통계적으로 편향되어 있다.

이 상황은 물론 좀 더 일반적이다. A가 z 축을 따라 방향을 가리키도록 놓아두고 시작하지 않아도 된다. 임의의 방향 $\hat{m}$을 골라 위쪽 화살표가 $\hat{m}$을 가리키도록 하고 시작한다. 실험 장비가 +1의 결과를 내도록 스핀을 준비한다. 그리고는 스핀을 건드리지 않고 그림 1.4에서 보듯이 $\hat{n}$ 방향으로 장비를 돌린다. 똑같은 스핀에 대해 새로운 실험을 하면 ±1의 무작위 결과가 나올 것이다. 그러나 평균은 $\hat{n}$과 $\hat{m}$ 사이의 각도에 대한 코사인값과 똑같다. 즉 그 평균은 $\hat{n} \cdot \hat{m}$일 것이다.

어떤 양 Q의 통계적 평균을 표현하는 양자 역학적인 표기법은 디랙 브라켓 표기법(Dirac's bracket notation, '디랙 괄호 표기법'이라고도 한다.) $\langle Q \rangle$이다. 실험으로 살펴본 결과를 다음과 같이 정리할 수 있다. 실험 장비 A를 $\hat{m}$ 방향으로 놓고 측정을 시작해 σ = +1임을 확인했다면, $\hat{n}$ 방향으로 A를 놓고 후속 실험을 했을 때의 통계적인 결과는 다음과 같다.

$$\langle \sigma \rangle = \hat{n} \cdot \hat{m}.$$

지금 우리가 배우고 있는 내용은 이렇다. 양자 역학적인 계는 결정론적이지 않다. 실험 결과는 통계적으로 무작위일 수 있다. 그러나 실험을 여러 번 반복하면 평균은 어느 정도까지는 고전 역학의 기댓값을 따를 수 있다.

1.4 실험은 결코 점잖지 않다

모든 실험은 그 결과를 기록하기 위해 계와 상호 작용을 해야만 하는 외부의 계, 즉 실험 장비와 결부된다. 그런 의미에서 모든 실험은 간섭적인 특성을 보인다. 이는 고전 물리학과 양자 물리학 모두에서 사실이다. 그러나 오직 양자 역학에서만 이 문제가 커진다. 왜 그럴까? 고전적으로는 이상적인 측정 장비는 그것이 측정하고 있는 계에 무시할 만큼 작은 효과만을 미친다. 고전적인 실험은 임의적으로 부드러우면서도 여전히 그 실험 결과를 정확하고 재현 가능하게 기록할 수 있다. 예를 들어 화살표에 빛을 반사시켜 초점을 맞추어 영상을 만들면 화살표의 방향을 결정할 수 있다. 영상을 만들기 위해서는 빛의 파장이 충분히 작아야 한다는 점은 사실이지만, 고전 물리학에서는 임의로 약한 빛으로 영상을 만들지 못할 이유가 하나도 없다. 즉 빛은 임의로 작은 에너지 함유량을 가질 수 있다.

양자 역학에서는 상황이 근본적으로 다르다. 계의 어떤 측면을 측정할 만큼 충분히 강력한 모든 상호 작용은 필연적으로 그 계의 어떤 다른 측면을 훼손할 만큼 충분히 강력하다. 그래서 양자계에 대해서는 무언가 다른 것을 변화시키지 않고서 알아낼 수 있는 것이 하나도 없다.

실험 장비 A와 측정량 σ와 관련된 앞의 예에서도 이 점은 명확하다. z 축을 따라 $\sigma = +1$인 경우부터 시작한다고 생각해 보자. 만약 z 방향의 A로 계속 σ를 측정하면 이전의 값을 계속 확인하게 될 것이다. 아무리 반복해서 이렇게 하더라도 그 결과는 바뀌지 않는다. 여기서 이런 가능성을 생각해 보자. z 축을 따라 연속적으로 측정을 하는 와중에 A를 90도 돌려 중간 실험을 하고 다시 원래 방향으로 돌려놓는다. 그 뒤로 z 축을 따라 측정을 하면 원래 측정 결과를 확증하게 될까? 그 답은 '아니오.'이다. x

축을 따라 중간 실험을 하면 스핀은 그 다음 실험에 관한 한 완전히 무작위의 상태에 놓이게 된다. 최종 측정 결과를 완전히 훼손하지 않고서 중간에 스핀을 결정할 수 있는 방법은 절대로 없다. 스핀의 한 성분을 측정하면 다른 성분에 대한 정보를 파괴한다고 말할 수 있다. 사실 어떤 경우에라도 2개의 다른 축에 대한 스핀의 성분을 동시에, 재현 가능한 방식으로 알 수 없을 뿐이다. 양자계의 상태와 고전계의 상태 사이에는 근본적으로 다른 무언가가 있다.

1.5 명제

고전계의 상태 공간은 하나의 수학적인 집합이다. 그 계가 동전이면 상태 공간은 H와 T라는 두 원소를 가진 집합이다. 우리는 집합 기호를 써서 {H, T}로 쓸 수 있다. 그 계가 육면체 주사위라면 상태 공간에는 {1, 2, 3, 4, 5, 6}의 이름을 가진 6개의 원소가 존재한다. 집합론의 논리는 불(Boole) 논리라 불린다. 불 논리는 명제에 대한 낯익은 고전 논리를 단지 공식화한 것일 뿐이다.

불 논리의 기본 아이디어는 진릿값(truth-value)이라는 개념이다. 명제의 진릿값은 참 또는 거짓이다. 그 둘 사이의 어떤 것도 허용되지 않는다. 그와 관련된 집합론의 개념이 부분 집합이다. 쉽게 말하자면 명제는 그에 상응하는 부분 집합의 모든 원소에 대해 참이고 그 부분 집합에 속하지 않은 모든 원소에 대해서 거짓이다. 예를 들어 그 집합이 주사위의 가능한 상태를 나타낸다면 다음과 같은 명제를 생각할 수 있다.

A: 주사위는 홀수면을 보여 준다.

이에 상응하는 부분 집합은 3개의 원소 {1, 3, 5}를 포함한다.

또 다른 명제는 이렇다.

B: 주사위는 4보다 작은 수를 보여 준다.

이에 상응하는 부분 집합은 {1, 2, 3}의 상태를 포함한다.

모든 명제는 부정 명제를 가진다. 명제 A를 예로 들어 보자.

부정 A: 주사위는 홀수면을 보이지 않는다.

이 부정 명제의 부분 집합은 {2,4,6}이다.

명제를 결합해 더 복잡한 명제를 만드는 규칙이 있다. 가장 중요한 것들은 **또는, 그리고, 부정**이다. 우리는 방금 **부정**의 한 예를 보았다. 이 경우에는 하나의 부분 집합 또는 명제에 적용되었다. **그리고**는 뻔하다. 그리고 한 쌍의 명제에 적용된다.[3] **그리고**

---

3) **그리고**는 여러 명제에 대해서도 정의할 수 있지만, 두 명제의 경우만 고려할 것이다. **또는**에 대해서도 마찬가지이다.

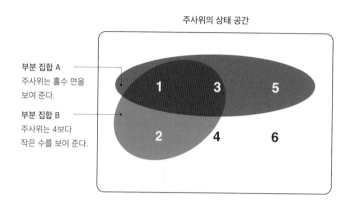

부분 집합 A
주사위는 홀수 면을
보여 준다.

부분 집합 B
주사위는 4보다
작은 수를 보여 준다.

그림 1.5 고전적인 상태 공간 모형의 한 예. 부분 집합 A는 "주사위는 홀수면을 보여 준다."라는 명제를 나타낸다. 부분 집합 B는 "주사위는 4보다 작은 수를 보여 준다."이 다. 어둡게 칠한 영역은 A와 B의 교집합을 보여 준다. 이는 명제 **A 그리고 B**를 나타낸다. 흰색 숫자는 A와 B의 합집합의 원소들로서, 명제 **A 또는 B**를 나타낸다.

는 둘 다 참임을 말한다. **그리고**를 두 부분 집합에 적용하면 두 집합 모두에 공통인 원소, 즉 두 부분 집합의 교집합이 나온다. 주사위의 예에서 부분 집합 A와 B의 교집합은 홀수이면서 4보다 작은 원소들의 부분 집합이다. 그림 1.5에서는 벤 다이어그램을 이용해 이것이 어떻게 돌아가는지 보여 주고 있다.

또는 규칙은 **그리고** 규칙과 비슷하다. 하지만 한 가지 더 미묘한 점이 있다. 일상 언어에서 '또는'이라는 단어는 일반적으로 배타적인 의미로 쓰인다. 배타적인 의미에서는 두 명제 중 둘 다가 아닌, 하나 또는 다른 하나가 참일 때만 참이다. 그러나 불 논리에서는 포괄적인 의미로 쓰인다. 즉 두 명제 중 어느 하나라도 참일 때 참이다. 그래서 포괄적인 **또는**에 따르면 다음 명제는 참이다.

> 알베르트 아인슈타인은 상대성 이론의 발견자, 또는 아이작 뉴턴은 영국인이다.

다음 명제도 마찬가지이다.

> 알베르트 아인슈타인은 상대성 이론의 발견자, 또는 아이작 뉴턴은 러시아 인이다.

포괄적인 **또는**은 두 명제가 모두 거짓일 때에만 거짓이다. 다음과 같은 예를 들 수 있다.

> 알베르트 아인슈타인은 아메리카 대륙의 발견자,[4] 또는 아이작 뉴턴은 러시아 인이다.

포괄적인 **또는**은 집합론에서 두 집합의 합집합으로 해석할 수 있다. 합집합은 합집합을 구성하는 부분 집합의 한쪽이나 양

---

4) 물론 아인슈타인이 아메리카 대륙을 발견했을 수는 있다. 하지만 최초는 아니다.

쪽 모두에 속하는 모든 것을 포함하는 부분 집합이다. 주사위의 예에서 **A 또는 B**는 부분 집합 {1, 2, 3, 5}를 나타낸다.

1.6 고전 명제 검증

하나의 스핀으로 구성된 간단한 양자계와, 실험 장비 A를 사용해 진릿값을 검증할 수 있는 다양한 명제들로 돌아가 보자. 다음 두 가지 명제를 생각해 보자.

> **A**: 스핀의 z 성분은 +1이다.
>
> **B**: 스핀의 x 성분은 +1이다.

각각의 명제는 의미가 있으며 적절한 축을 따라 A를 위치시키면 검증할 수도 있다. 각 명제의 부정 또한 의미가 있다. 예를 들어 첫 명제의 부정은 다음과 같다.

> **부정 A**: 스핀의 z 성분은 -1이다.

이제 복합 명제를 생각해 보자.

> **A 또는 B**: 스핀의 z 성분은 +1, 또는 스핀의 x 성분은 +1이다.
>
> **A 그리고 B**: 스핀의 z 성분은 +1, 그리고 스핀의 x 성분은 +1이다.

명제 **A 또는 B**를 어떻게 검증할 수 있을지 생각해 보자. 만약 스핀이 고전적으로 행동한다면(물론 그렇지는 않다.) 우리는 다음과 같이 진행할 수 있다.[5]

1. σ_z를 얌전하게 측정해서 그 값을 기록한다. 만약 +1이면 끝났다. 명제 **A 또는 B**는 참이다. 만약 σ_z가 -1이면 다음 단계로 넘어간다.
2. σ_x를 얌전하게 측정한다. 만약 +1이면 명제 **A 또는 B**는 참이다. 그렇지 않다면, σ_z도 σ_x도 +1과 같지 않다. 따라서 **A 또는 B**는 거짓이다.

또 다른 방법도 있다. 두 측정의 순서를 바꾸는 것이다. 뒤집힌 순서를 강조하기 위해 이 새로운 방법을 **B 또는 A**라 부르자.

1. σ_x를 얌전하게 측정해서 그 값을 기록한다. 만약 +1이면 끝났다. 명제 **B 또는 A**는 참이다. 만약 σ_x가 -1이면 다음 단계로 넘어간다.
2. σ_z를 얌전하게 측정한다. 만약 +1이면 명제 **B 또는 A**는 참이다. 그렇지 않다면, σ_x도 σ_z도 +1과 같지 않다. 따라서

---

5) σ의 고전적 의미는 양자 역학적 의미와 다르다는 점을 상기하라. 고전적으로 σ는 그저 3-벡터일 뿐이다. σ_x와 σ_z는 그 공간 성분을 나타낸다.

B 또는 A는 거짓이다.

고전 물리학에서는 두 가지 조작 과정이 똑같은 대답을 줄 것이다. 그 이유는 측정이 임의대로 얌전할 수 있기 때문이다. 너무나 얌전해서 이후의 측정 결과에 영향을 미치지 않는다. 따라서 명제 A 또는 B는 명제 B 또는 A와 의미가 똑같다.

1.7 양자 명제 검증

이제 앞서 기술했던 양자 세계로 가 보자. 우리가 알지 못하는 누군가(또는 무언가)가 비밀스럽게 $\sigma_z = +1$인 상태로 스핀을 준비해 놓았다고 상상해 보자. 우리가 할 일은 실험 장비 A를 기용해서 명제 A 또는 B가 참인지 거짓인지 결정하는 것이다. 우리는 앞에서 개략적으로 말한 과정을 따라갈 것이다.

먼저 σ_z를 측정한다. 미지의 인물이 사전에 설정해 놓은 대로 측정 결과는 $\sigma_z = +1$임을 알게 될 것이다. 계속할 필요도 없다. A 또는 B는 참이다. 그렇지만 단지 무슨 일이 일어나는지 알아보기 위해 σ_x를 검증해 볼 수 있다. 그 답은 예측 불가능하다. 무작위로 $\sigma_x = +1$ 또는 $\sigma_x = -1$를 얻을 것이다. 하지만 어느 결과든 명제 A 또는 B의 진릿값에 영향을 주지 않는다.

이제 측정의 순서를 뒤집어 보자. 마찬가지로 뒤집어진 과정을 B 또는 A라 부른다. 이번에는 σ_x부터 먼저 측정한다. 미지의 인물이 z 축을 따라 스핀이 +1이 되도록 설정해 두었기 때문에 σ_x를 측정하면 무작위의 결과가 나온다. 만약 $\sigma_x = +1$로 판명나면 여기서 끝이다. B 또는 A는 참이다. 그 반대의 결과, $\sigma_x = -1$을 얻었다고 가정해 보자. 스핀은 x 방향으로 놓여 있다. 여기서 잠시 멈추고 지금 무슨 일이 일어났는지 확실히 이해하고 넘어가자. 첫 측정의 결과 스핀은 더 이상 원래 상태인 $\sigma_z = +1$이 아니다. 스핀은 $\sigma_x = +1$ 또는 $\sigma_x = -1$인 새로운 상태에 있게 된다. 잠시 멈추어서 이 개념을 충분히 이해하기 바란다. 너무나 중요해서 아무리 강조해도 지나치지 않다.

이제 명제 B 또는 A의 나머지 절반을 검증할 준비가 되었다. 실험 장비 A를 z 축으로 돌려 σ_z를 측정한다. 양자 역학에 따르면 그 결과는 무작위로 ±1이다. 이는 측정 결과 $\sigma_x = -1$이고 $\sigma_z = -1$일 확률이 25퍼센트임을 뜻한다. 즉 우리는 4분의 1의 확률로 B 또는 A가 거짓임을 알게 된다. 숨은 인물이 애초에 확실히 $\sigma_z = +1$로 설정했음에도 이런 결과가 나온다.

이 예에서 포괄적인 **또는**은 확실히 대칭적이지 않다. **A 또는 B**의 진릿값은 두 명제를 확증하는 순서에 의존할 수 있다. 이는 사소한 문제가 아니다. 양자 물리학의 법칙이 고전 물리학의 대응물과 다르다는 것뿐만 아니라 양자 물리학에서는 논리의 기초 바로 그 자체 또한 다르다는 것을 뜻한다.

A 그리고 B는 어떨까? 첫 번째 측정에서 $\sigma_z = +1$, 두 번째 측정에서 $\sigma_x = +1$의 결과가 나왔다고 가정해 보자. 이는 물론 가능한 결과이다. 이제 우리는 **A 그리고 B**가 참이라고 말하고 싶

을 것이다. 하지만 과학, 특히 물리학에서 어떤 명제가 참이란 것은 뒤이은 관찰로 그 명제를 확증할 수 있음을 뜻한다. 고전 물리학에서는 관찰 행위가 그 대상에 대해 점잖다는 것은 뒤이은 실험이 영향을 받지 않으며 앞선 실험을 확증할 것임을 뜻한다. 앞면을 보인 동전이 그것을 관측하는 행위 때문에 뒷면으로 뒤집어지지는 않는다. 적어도 고전 역학적으로는 그렇다. 양자 역학적으로는 두 번째 측정($\sigma_x = +1$)이 첫 번째 측정 결과를 확인할 가능성을 망쳐 버린다. 일단 σ_x가 x 축을 따라 준비되어 있으면 또 다른 측정으로 σ_z를 쟀을 때 무작위한 답이 나올 것이다. 따라서 **A 그리고 B**는 확인할 수 없다. 실험의 두 번째 조각이 첫 번째 조각을 확증할 가능성에 간섭을 일으킨다.

양자 역학을 조금이라도 안다면 지금 우리가 불확정성 원리 (uncertainty principle)에 대해 말하고 있음을 아마 알아챘을 것이다. 불확정성 원리는 위치와 운동량(또는 속도)에만 적용되는 것이 아니다. 수많은 쌍의 관측량에도 적용된다. 스핀의 경우 2개의 다른 σ 성분과 관계된 명제들에도 적용된다. 위치와 운동량의 경우 우리가 고려해야 할 두 명제는 다음과 같다.

어떤 입자의 위치가 x이다.

그 입자의 운동량이 p이다.

이로부터 2개의 복합 명제를 만들 수 있다.

그 입자의 위치는 x, 그리고 그 입자의 운동량은 p이다.

그 입자의 위치는 x, 또는 그 입자의 운동량은 p이다.

어색하기는 하지만 두 명제 모두 언어로서 의미가 있음은 물론, 고전 물리학에서도 의미가 있다. 하지만 양자 역학에서는 첫번째 명제는 완전히 의미가 없으며(틀린 것조차 아니다.), 두 번째 명제는 여러분이 생각하는 것과는 아주 다른 무언가를 뜻한다. 이 모든 것은 결국 계의 상태에 대한 고전적인 개념과 양자적인 개념 사이의 심오한 논리적 차이에서 비롯된다. 상태에 대한 양자적인 개념을 설명하려면 다소 추상적인 수학이 필요하므로, 여기서 잠시 막간을 이용해 복소수와 벡터 공간을 살펴보자. 복소수가 왜 필요한지는 나중에 우리가 스핀 상태의 수학적 표현을 공부할 때 명확해질 것이다.

1.8 막간: 복소수에 대하여

「물리의 정석」 시리즈를 여기까지 따라온 사람들이라면 모두가 복소수를 알 것이다. 그렇지만 몇 줄에 걸쳐 여러분에게 핵심 내용들을 일깨워 줄 작정이다. 그림 1.6에서는 몇몇 기본 요소들을 소개하고 있다.

복소수 z는 하나의 실수와 하나의 허수의 합이다. 이를 다음과 같이 쓸 수 있다.

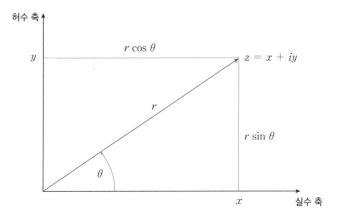

그림 1.6 복소수를 표현하는 두 가지 일반적인 방식인 직교 좌표계와 극 좌표계를 나타낸 그래프이다. 직교 좌표계에서는 x와 y가 각각 수평(실수) 및 수직(허수) 성분이다. 극 좌표계에서는 r가 반지름이고 θ는 x 축과 이루는 각도이다. 각 경우 모두 하나의 복소수를 나타내는 데 2개의 실수가 필요하다.

$$z = x + iy.$$

여기서 x와 y는 실수이고 $i^2 = -1$이다. 복소수는 기본적인 산술 규칙에 따라 더하고 곱하고 나눌 수 있다. 복소수는 (x, y) 좌표를 가진 복소 평면에 점으로 시각화할 수 있다. 극 좌표에서도 표현할 수 있다.

$$z = re^{i\theta} = r(\cos \theta + i \sin \theta).$$

복소수의 덧셈은 성분 형태로 썼을 때 쉽다. 그냥 성분들을 더하면 된다. 이와 비슷하게 복소수의 곱셈은 극 좌표 형태에서 쉽다. 간단하게 반지름을 곱하고 각도를 더하면 된다.

$$\left(r_1 e^{i\theta_1}\right)\left(r_2 e^{i\theta_2}\right) = (r_1 r_2)\, e^{i(\theta_1 + \theta_2)}.$$

모든 복소수 z는 켤레(conjugate) 복소수 z^*를 갖는다. 켤레 복소수는 허수부의 부호만 바꾸면 쉽게 얻는다. 만약

$$z = x + iy = re^{i\theta}$$

이면

$$z^* = x - iy = re^{-i\theta}$$

이다. 복소수와 그 켤레 복소수를 곱하면 결과적으로 항상 양의 실수를 얻는다.

$$z^* z = r^2.$$

물론 모든 켤레 복소수는 그 자체로 하나의 복소수이긴 하지만, z와 z^*가 분리된 '이원적' 수 체계에 속한다고 생각하면 종종 도움

이 된다. 여기서 이원적이라는 것은 모든 z에 대해 고유한 z^*가 존재하며 그 반대도 마찬가지임을 뜻한다.

특별한 부류의 복소수도 있다. 이를 위상 인자(phase−factor) 라 부를 참이다. 위상 인자는 그저 r 성분이 1인 복소수이다. 만약 z가 위상 인자라면 다음 관계식이 성립한다.

$$z^* z = 1$$
$$z = e^{i\theta}$$
$$z = \cos\theta + i\sin\theta.$$

1.9 막간: 벡터 공간에 대하여

1.9.1 공리

고전계에서 벡터 공간이란 하나의 집합(가능한 상태들의 집합)이며 고전 물리학의 논리는 불 논리학이다. 이는 자명해 보여서 다른 어떤 가능성을 상상하기도 어렵다. 그럼에도 실제 세계는 완전히 다른 방향으로 흘러간다. 적어도 양자 역학이 중요할 때는 항상 그렇다. 양자계의 상태 공간은 수학적인 집합[6]이 아니다. 그 공간은 벡터 공간이다. 벡터 공간의 원소들 사이의 관계는 집합의 원소들 사이의 관계와는 다르다. 또한 명제 논리도 다르다.

---

6) 조금 더 엄밀히 말해 상태 공간을 집합으로 간주할 수는 있으나 그 집합론적 성질에 초점을 맞추지는 않을 것이다.

벡터 공간에 대해 말하기 전에 벡터라는 용어를 명확히 할 필요가 있다. 여러분도 알겠지만, 보통의 공간에서 크기와 방향을 갖는 것을 가리키는 용어로 벡터를 사용한다. 벡터는 공간의 3차원에 상응하는 3개의 성분을 갖는다. 여러분이 벡터라는 개념을 완전히 잊어버렸으면 좋겠다. 이제부터 보통의 공간에서 크기와 방향을 갖는 것을 말할 때마다 그것을 명시적으로 '3-벡터'라 부를 것이다. 수학적인 벡터 공간은 보통의 공간과 모종의 관계가 있을 수도 있고 없을 수도 있는 추상적인 구조물이다. 1부터 무한대까지 어떤 수의 차원도 가질 수 있고, 정수, 실수 또는 심지어 훨씬 일반적인 것들을 그 성분으로 가질 수 있다.

우리가 양자 역학적인 상태를 정의하기 위해 사용하는 벡터 공간을 힐베르트 공간이라 부른다. 여기서 수학적인 정의를 하지는 않을 참이지만, 이 용어를 여러분의 어휘 사전에 추가해 두는 것이 좋을 것이다. 양자 역학에서 힐베르트 공간이라는 용어를 접하면, 이는 상태 공간을 말한다. 힐베르트 공간은 유한하거나 무한한 숫자의 차원을 가질 수 있다.

양자 역학에서는 벡터 공간이 켓(ket) 벡터 또는 그냥 켓이라 불리는 원소 $|A\rangle$로 구성되어 있다. ('켓 벡터 에이' 또는 '켓 에이'라고 읽는다.) 양자계 상태의 벡터 공간을 정의하는 데 사용할 공리는 다음과 같다. (z와 w는 복소수이다.)

1. 임의의 두 켓 벡터를 더한 것은 켓 벡터이다.

$$|A\rangle + |B\rangle = |C\rangle.$$

2. 덧셈의 교환 법칙이 성립한다.

$$|A\rangle + |B\rangle = |B\rangle + |A\rangle.$$

3. 덧셈의 결합 법칙이 성립한다.

$$\{|A\rangle + |B\rangle\} + |C\rangle = |A\rangle + \{|B\rangle + |C\rangle\}.$$

4. 특별한 벡터 0이 있어서 어떤 켓에 0을 더하더라도 똑같은 켓을 돌려준다.

$$|A\rangle + 0 = |A\rangle.$$

5. 임의의 켓 $|A\rangle$에 대해 고유한 켓 $-|A\rangle$가 있어서 다음의 성질을 만족한다.

$$|A\rangle + (-|A\rangle) = 0.$$

6. 임의의 켓 $|A\rangle$와 임의의 복소수 z에 대해 둘을 곱해 새로운 켓을 얻을 수 있다. 또한 스칼라 곱은 선형적이다.

$$|zA\rangle = z|A\rangle = |B\rangle.$$

7. 분배 법칙이 성립한다.

$$z\{|A\rangle + |B\rangle\} = z|A\rangle + z|B\rangle$$
$$\{z + w\}|A\rangle = z|A\rangle + w|A\rangle.$$

공리 6과 공리 7은 함께 종종 '선형성(linearity)'이라고 불린다.

일반적인 3-벡터는 한 가지를 제외하고 이 공리들을 만족한다. 공리 6에 따르면 벡터에 임의의 복소수를 곱할 수 있다. 일반적인 3-벡터에는 실수(양수, 음수, 또는 0)를 곱할 수 있지만 복소수의 곱은 정의되지 않는다. 3-벡터는 실벡터 공간을 형성하고, 켓은 복소 벡터 공간을 형성한다고 생각할 수 있다. 켓 벡터 정의는 아주 추상적이다. 앞으로 보게 되겠지만, 켓 벡터를 표현하는 구체적인 방법이 또한 다양하다.

1.9.2 함수와 열 벡터

복소 벡터 공간의 구체적인 사례를 살펴보자. 우선 변수 x에 대한 연속적인 복소 함수 집합을 생각해 보자. 그 함수를 $A(x)$라 하자. 임의의 그런 함수 둘을 더할 수도 있고 복소수를 곱할 수도 있다. 이 함수들이 7개의 모든 공리를 만족함을 확인할 수 있다. 이 사례에서 보듯이 확실히 우리는 3차원 화살표보다 훨씬 더 일반적인 무언가에 관해 말하고 있다.

또 다른 구체적 사례로 2차원 열 벡터를 들 수 있다. 2차원 열 벡터는 한 쌍의 복소수 α_1과 α_2를 다음 형태로 쌓아 올려 만든다.

$$\begin{pmatrix} \alpha_1 \\ \alpha_2 \end{pmatrix}.$$

그리고 이렇게 '쌓아 올린 것'을 켓 벡터 $|A\rangle$라 하자. 복소수 α는 $|A\rangle$의 성분이다. 두 열 벡터의 성분끼리 더하면 두 열 벡터의 합이 된다.

$$\begin{pmatrix} \alpha_1 \\ \alpha_2 \end{pmatrix} + \begin{pmatrix} \beta_1 \\ \beta_2 \end{pmatrix} = \begin{pmatrix} \alpha_1 + \beta_1 \\ \alpha_2 + \beta_2 \end{pmatrix}.$$

또한 각 성분에 복소수 z를 곱하면 열 벡터와 복소수의 곱이 된다.

$$z \begin{pmatrix} \alpha_1 \\ \alpha_2 \end{pmatrix} = \begin{pmatrix} z\alpha_1 \\ z\alpha_2 \end{pmatrix}.$$

임의 차원의 열 벡터도 만들 수 있다. 예를 들어 5차원 열 벡터는

$$\begin{pmatrix} \alpha_1 \\ \alpha_2 \\ \alpha_3 \\ \alpha_4 \\ \alpha_5 \end{pmatrix}$$

이다. 보통 서로 다른 차원의 벡터끼리는 섞지 않는다.

1.9.3 브라와 켓

앞서 보았듯이 복소수에는 켤레 복소수라는 형태의 짝이 있다. 똑같은 방식으로, 복소 벡터 공간은 본질적으로 그 짝인 켤레 복소 벡터 공간을 갖고 있다. 모든 켓 벡터 $|A\rangle$에 대해 그 짝 공간에는 브라(bra) 벡터가 있으며 $\langle A|$로 나타낸다. ('브라 벡터 에이' 또는 '브라 에이'라 읽는다.) 왜 브라와 켓이라는 이상한 말을 쓸까? 곧 우리는 브라와 켓의 내적을 정의할 것이다. 내적은 $\langle B|A\rangle$와 같이 표현되며, 그래서 브라-켓, 즉 브라켓(bracket, 괄호)을 만들게 된다. 내적은 양자 역학의 수학 기제에서, 그리고 일반적으로 벡터 공간을 특징짓는 데 매우 중요하다.

브라 벡터는 켓 벡터와 똑같은 공리를 만족한다. 다만 켓과 브라 사이의 대응 관계에서 명심해야 할 사항이 둘 있다.

1. $\langle A|$가 켓 $|A\rangle$에 대응되는 브라라 하고 $\langle B|$를 켓 $|B\rangle$에 대응되는 브라라 하자. 그러면

$$|A\rangle + |B\rangle$$

에 대응되는 브라는

$$\langle A| + \langle B|$$

이다.

2. z가 복소수이면, $z|A\rangle$에 대응되는 브라는 $\langle A|z$가 아니다. 복소 켤레를 생각해야 한다. 그래서

$$z|A\rangle$$

에 대응되는 브라는

$$\langle A|z^*$$

이다.

켓을 열 벡터로 표현했던 구체적인 사례에서 그 짝이 되는 브라는 행 벡터로 표현되며, 그 입력 항목들은 켤레 복소수를 취한다. 따라서 켓 $|A\rangle$가 열 벡터

$$\begin{pmatrix} \alpha_1 \\ \alpha_2 \\ \alpha_3 \\ \alpha_4 \\ \alpha_5 \end{pmatrix}$$

로 표현된다면 그에 대응되는 브라 $\langle A|$는 다음과 같은 행 벡터로 표현된다.

$$\left(\begin{array}{ccccc} \alpha_1^* & \alpha_2^* & \alpha_3^* & \alpha_4^* & \alpha_5^* \end{array} \right).$$

1.9.4 내적

여러분은 틀림없이 일반적인 3-벡터에 대해 정의된 스칼라 곱에 익숙할 것이다. 브라와 켓에 대한 유사한 연산이 내적이다. 내적은 언제나 브라와 켓의 곱이며 다음과 같이 쓴다.

$$\langle B|A\rangle.$$

이 연산의 결과는 복소수이다. 내적에 대한 공리, 즉 내적 공리는 어렵지 않게 생각해 낼 수 있다.

1. 내적은 선형적이다.

$$\langle C|\{|A\rangle + |B\rangle\} = \langle C|A\rangle + \langle C|B\rangle.$$

2. 브라와 켓을 바꾸면 복소 켤레를 취한 것과 같다.

$$\langle B|A\rangle = \langle A|B\rangle^*.$$

브라와 켓을 행과 열로 구체적으로 표현했을 때 그 내적은 성분들을 써서 정의된다.

$$\langle B|A\rangle = \begin{pmatrix} \beta_1^* & \beta_2^* & \beta_3^* & \beta_4^* & \beta_5^* \end{pmatrix} \begin{pmatrix} \alpha_1 \\ \alpha_2 \\ \alpha_3 \\ \alpha_4 \\ \alpha_5 \end{pmatrix}$$

$$= \beta_1^* \alpha_1 + \beta_2^* \alpha_2 + \beta_3^* \alpha_3 + \beta_4^* \alpha_4 + \beta_5^* \alpha_5. \quad (1.2)$$

내적의 규칙은 본질적으로 스칼라 곱과 똑같다. 내적을 계산하는 벡터들의 대응되는 성분들을 곱해서 더하면 된다.

내적을 이용해 우리는 일반적인 3-벡터에서 익숙한 몇몇 개념들을 정의할 수 있다.

1. **정규 벡터**(normalized vector): 자신과의 내적이 1인 벡터를 정규 벡터라 한다. 정규 벡터는

$$\langle A | A \rangle = 1$$

을 만족한다. 일반적인 3-벡터에서는 정규 벡터라는 용어 대신 단위 벡터, 즉 크기가 1인 벡터라는 말로 바꾸어 쓴다.

2. **직교 벡터**(orthogonal vector): 두 벡터의 내적이 0이면 두 벡터는 직교한다고 말한다. 만약

$$\langle B | A \rangle = 0$$

이면 $|A\rangle$와 $|B\rangle$는 직교한다. 이는 두 3-벡터의 스칼라 곱이 0이면 그 둘은 직교한다는 것과 비슷하다.

1.9.5 직교 정규 기저

일반적인 3-벡터를 다룰 때 서로 직교하는 3개의 단위 벡터들의 집합을 도입해 임의의 벡터를 만드는 기저(basis)로 사용하면 대단히 편리하다. 간단한 예를 들자면 x, y, z 축을 가리키는 단위

3-벡터가 있다. 이들을 대개 $\hat{i}$, $\hat{j}$, $\hat{k}$라 부른다. 각각은 길이가 1이고 서로 수직이다. 이 3개와 수직인 네 번째 기저 벡터를 찾으려 해보았자 헛수고이다. 3차원에서는 절대 찾을 수 없다. 그러나 공간에 차원이 더 있다면 기저 벡터가 더 있을 것이다. 공간의 차원은 그 공간에서 서로 직교하는 기저 벡터 수의 최댓값으로 정의할 수 있다.

특정한 축 x, y, z에 대해서는 특별할 것이 없다. 기저 벡터의 크기가 1이고 서로 직교하기만 한다면 직교 정규 기저(orthonormal basis)를 구성할 수 있다.

복소 벡터 공간에서도 똑같은 원리가 적용된다. 임의의 정규 벡터로 시작해 그와 수직인 두 번째 정규 벡터를 찾을 수 있다. 그렇게 하나를 찾으면 그 공간은 적어도 2차원이다. 그리고 세 번째, 네 번째 등을 계속 찾아 나가면 된다. 결국에는 새로운 방향이 바닥날 것이고 더 이상 수직인 후보가 없을 것이다. 서로 수직인 벡터의 최댓값이 그 공간의 차원이다. 열 벡터의 경우 그 차원은 단지 그 열에 입력된 항목의 개수이다.

N차원 공간과 $|i\rangle$로 딱지 붙인 켓 벡터의 특별한 직교 정규 기저를 생각해 보자.[7] i라는 딱지는 1부터 N까지의 값을 가진다. 벡터 $|A\rangle$를 기저 벡터의 합으로 다음과 같이 써 보자.

---

7) 수학적으로 기저 벡터는 직교 정규일 필요가 없다. 그러나 양자 역학에서는 일반적으로 그렇다. 이 책에서 기저라고 말할 때는 언제나 직교 정규 기저를 뜻한다.

$$|A\rangle = \sum_i \alpha_i |i\rangle. \qquad (1.3)$$

α_i는 벡터의 성분이라 불리는 복소수이다. 성분을 계산하기 위해서는 양변에 기저 브라 $\langle j|$를 내적하면 된다.

$$\langle j|A\rangle = \sum_i \alpha_i \langle j|i\rangle. \qquad (1.4)$$

이제 기저 벡터가 직교 정규라는 사실을 이용한다. 이는 $i \neq j$일 때 $\langle j|i\rangle = 0$이고, $i = j$일 때 $\langle j|i\rangle = 1$임을 뜻한다. 다시 말해 $\langle j|i\rangle = \delta_{ij}$이다. 덕분에 식 1.4의 합은 하나의 항만 남게 된다.

$$\langle j|A\rangle = \alpha_j. \qquad (1.5)$$

따라서 벡터의 성분은 기저 벡터와 그 벡터의 내적임을 알 수 있다. 식 1.3은 다음과 같이 우아한 형태로 쓸 수 있다.

$$|A\rangle = \sum_i |i\rangle \langle i|A\rangle.$$

양자 상태

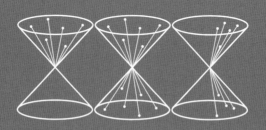

아트: 참 이상하게도 맥주를 마시니까 내 머리가 돌아가질 않아.

지금 우리 상태가 어떤 거지?

레니: 나도 알고 싶어. 근데 그게 문제가 되나?

아트: 그럴지도. 우리가 더 이상 캘리포니아에 있는 것 같지 않아.

고전 물리학에서는 어떤 계의 상태를 알면 그 계의 미래를 예측하기 위해 필요한 모든 것을 알게 되는 셈이다. 앞선 1강에서 보았듯이 양자계는 완전히 예측 가능하지는 않다. 확실히 양자 상태는 고전 상태와 아주 다르다. 대략적으로 말해 양자 상태를 안다는 것은 그 계가 어떻게 준비되어 있는지에 대해 알 수 있는 한 가장 많이 안다는 뜻이다. 앞선 강의에서 우리는 실험 장비를 이용해 스핀 상태를 준비하는 것에 대해 이야기했다. 사실 우리는 스핀 상태에 대해 더 이상 세밀하게 특정하거나 특정할 수 있는 세부 사항이 없다고 암묵적으로 가정했다.

예측 불가능성이 양자 상태라는 개념의 불완전성에 기인하는가 하는 질문을 던지는 것도 당연하다. 이 문제에 대해 다양한 의견이 있다. 몇몇을 소개하면 다음과 같다.

- **그렇다.** 보통의 양자 상태 개념은 불완전하다. 숨은 변수(hidden variable)라는 것이 있어서, 만약 우리가 그 변수에 접근할 수만 있다면 완전하게 예측 가능해진다. 이런 관점에는 두 가지 버전이 있다. 버전 A에서는 숨은 변수를 측정하기 어렵지만 원리적으로는 실험으로 얻을 수 있다. 버전 B에서는 우리가 양자 역학적인 물질로 만들어졌고, 따

라서 양자 역학의 제한 조건에 종속되기 때문에 숨은 변수는 원리적으로 검출되지 않는다.

- **그렇지 않다.** 숨은 변수라는 개념은 우리를 유익한 방향으로 이끌지 못한다. 양자 역학은 불가피하게 예측이 불가능하다. 양자 역학은 가능한 한 가장 완전한 확률 계산법이다. 물리학자가 할 일은 이 계산법을 배우고 이용하는 것이다.

이 질문에 대한 궁극의 대답이 무엇일지 또는 이것이 유용한 질문으로 판명날 것인지는 잘 모르겠다. 하지만 우리의 목적을 위해서는 어느 특별한 물리학자가 양자 상태의 궁극적인 의미에 관해 무엇을 믿는지는 중요하지 않다. 실용적인 이유 때문에 우리는 두 번째 관점을 택할 것이다.

1강의 양자 스핀에 대해 이것이 의미하는 바는 실제로 이렇다. 실험 장비 A가 작용해서 $\sigma_z = +1$ 또는 $\sigma_z = -1$임을 우리에게 알려 줄 때, 더 이상 우리가 알아야 할 것도, 알 수 있는 것도 없다는 뜻이다. 마찬가지로 만약 A를 회전시켜 $\sigma_x = +1$ 또는 $\sigma_x = -1$을 측정한다면, 더 이상 알아야 할 것이 없다. σ_y나 다른 어떤 스핀의 성분에 대해서도 마찬가지이다.

2.2 스핀 상태의 표현

이제 상태 벡터를 이용해 스핀 상태를 표현해 볼 때가 되었다. 우리의 목표는 스핀의 행동에 대해 우리가 아는 모든 것을 포착하는 표현을 구축하는 것이다. 이때 그 과정은 형식적이기보다는 조금 더 직관적일 것이다. 이미 배운 것을 토대로 가능한 한 최선으로 이것저것 잘 짜 맞추려고 노력할 것이다. 이번 강의를 주의 깊게 읽기 바란다. 나를 믿으면 보답이 있을 것이다.

3개의 좌표축을 따라 가능한 스핀 상태에 딱지를 붙이는 것으로 시작하자. 만약 A가 z 축을 따라 놓여 있다면 준비될 수 있는 가능한 두 상태는 $\sigma_z = \pm 1$에 해당한다. 이를 각각 위쪽(up)과 아래쪽(down)이라 부르고 켓 벡터 $|u\rangle$와 $|d\rangle$로 표기하자. 그러니까 관측 장비가 z 축을 따라 놓여 있고 $+1$을 기록하면 $|u\rangle$ 상태가 준비된 것이다.

한편 관측 장비가 x 축을 따라 놓여 있고 -1을 기록하면 $|l\rangle$ 상태가 준비된 것이다. 이를 왼쪽(left)이라 부르자. 만약 A가 y 축을 따라 놓여 있다면 $|i\rangle$와 $|o\rangle$ 상태(안쪽(in)과 바깥쪽(out))가 준비될 수 있다. 무슨 말인지 이해했을 것이다.

숨은 변수가 없다고 생각하면 수학적 표현이 아주 간단하다. 하나의 스핀에 대한 상태 공간은 오직 2차원이다. 이 점은 강조할 필요가 있다.

가능한 모든 스핀 상태는 2차원 벡터 공간으로 표현할 수 있다.

우리는 다소 임의로 $|u\rangle$와 $|d\rangle$를 2개의 기저 벡터로 골라

어떤 상태라도 이 둘의 선형 결합으로 쓸 수 있다.[1] 지금 우리는 이 선택을 따를 것이다. 일반적인 상태를 $|A\rangle$라는 기호로 쓰자. 이 상태는 다음과 같은 방정식으로 쓸 수 있다.

$$|A\rangle = \alpha_u |u\rangle + \alpha_d |d\rangle.$$

여기서 α_u와 α_d는 $|u\rangle$와 $|d\rangle$의 기저 방향에 대한 $|A\rangle$의 성분이다. 수학적으로 $|A\rangle$의 성분은 다음과 같이 구할 수 있다.

$$\begin{aligned} \alpha_u &= \langle u|A\rangle \\ \alpha_d &= \langle d|A\rangle. \end{aligned} \tag{2.1}$$

이 방정식은 극도로 추상적이어서 그 물리적 의미가 무엇인지 전혀 명확하지 않다. 이것이 무슨 의미인지 지금 즉시 이야기해 주려고 한다. 우선 $|A\rangle$는 어떤 식으로 준비되었든 간에 스핀의 임의의 상태를 나타낼 수 있다. 그 성분인 α_u와 α_d는 복소수이다. 그 자체로는 실험적인 의미가 없지만, 그 크기는 의미가 있다. 특히, $\alpha_u^* \alpha_u$와 $\alpha_d^* \alpha_d$의 의미는 다음과 같다.

• 스핀이 $|A\rangle$ 상태로 준비되었고 관측 장비가 z 축을 따라

---

[1] 이 선택이 완전히 임의적이지는 않다. 기저 벡터는 서로 수직이어야만 한다.

놓여 있다면, $\alpha_u^* \alpha_u$ 라는 양은 스핀이 $\sigma_z = +1$로 측정될 확률이다. 즉 이 양은 z 축을 따라 측정했을 때 스핀이 위쪽일 확률이다.

- 마찬가지로 $\alpha_d^* \alpha_d$ 는 σ_z를 측정했을 때 스핀이 아래쪽일 확률이다.

α 값, 즉 $\langle u|A \rangle$와 $\langle d|A \rangle$를 확률 진폭(probablity amplitude)이라 부른다. 그 자체는 확률이 아니다. 확률을 계산하려면 그 크기를 제곱해야 한다. 즉 위쪽과 아래쪽을 측정할 확률은

$$P_u = \langle A|u \rangle \langle u|A \rangle$$
$$P_d = \langle A|d \rangle \langle d|A \rangle \qquad (2.2)$$

로 주어진다. 측정하기 전에 σ_z가 무엇일지에 대해서는 내가 아무 말도 하지 않았음에 유의하라. 측정 전에는 우리가 가진 전부라고는 벡터 $|A \rangle$뿐이다. $|A \rangle$는 잠재적인 가능성만 표현하지 실제 측정값을 표현하는 것이 아니다.

다른 두 가지 사항도 중요하다. 먼저 $|u \rangle$와 $|d \rangle$는 서로 수직임에 유의하라. 즉

$$\langle u|d \rangle = 0$$
$$\langle d|u \rangle = 0 \qquad (2.3)$$

이다. 이것의 물리적 의미는, 만약 스핀이 위쪽 상태로 준비되어 있다면 그것이 아래쪽으로 감지될 확률이 0이라는 뜻이다. 그 반대도 마찬가지이다. 이 점은 굉장히 중요해서 한 번 더 말해야겠다. 2개의 수직인 상태는 물리적으로 전혀 별개이고 서로 배타적이다. 스핀이 이들 중 하나의 상태에 있다면 다른 상태에는 있을 수 없다. (그럴 확률이 0이다.) 이 아이디어는 스핀뿐만 아니라 모든 양자계에 적용된다.

그러나 상태 벡터의 수직을 공간에서 수직인 방향으로 착각해서는 안 된다. 사실 위쪽과 아래쪽은 그와 관련된 상태 벡터가 상태 공간에서 수직이라 하더라도 보통의 공간에서는 수직이 아니다.

둘째로 중요한 점은, 전체 확률이 1이 되어야 하므로

$$\alpha_u^* \alpha_u + \alpha_d^* \alpha_d = 1 \qquad (2.4)$$

이어야 한다는 점이다. 이는 벡터 $|A\rangle$가 단위 벡터로 '정규화'되었다고 말하는 것과 같다.

$$\langle A | A \rangle = 1.$$

이는 아주 일반적인 양자 역학의 원리로서 모든 양자계로 확장된다. 어떤 계의 상태는 상태 벡터 공간에서 하나의 단위(정규) 벡

터로 표현된다. 게다가 특별한 기저 벡터에 대한 상태 벡터의 성
분의 크기를 제곱한 값은 다양한 실험 결과에 대한 확률을 나타
낸다.

2.3 x 축을 따라 준비된 스핀의 표현

앞서 임의의 스핀 상태를 기저 벡터 $|u\rangle$와 $|d\rangle$의 선형 결합으로
나타낼 수 있다고 했다. 이제는 x 축을 따라 준비된 스핀을 나타
내는 벡터 $|r\rangle$(right, 오른쪽)와 $|l\rangle$에 대해 이를 시도해 보자. $|r\rangle$
부터 시작한다. 1강을 떠올려 보자. 만약 A가 애초에 $|r\rangle$를 준비
하고 있었고 σ_z를 측정하기 위해 A를 돌렸다면, 위쪽과 아래쪽
을 측정할 확률은 똑같을 것이다. 따라서 $\alpha_u^* \alpha_u$와 $\alpha_d^* \alpha_d$는 모두
$\frac{1}{2}$과 같아야 한다. 이 규칙을 만족하는 간단한 벡터는

$$|r\rangle = \frac{1}{\sqrt{2}}|u\rangle + \frac{1}{\sqrt{2}}|d\rangle \qquad (2.5)$$

이다. 이렇게 고른 데에는 약간의 모호함이 있다. 그러나 곧 보게
되겠지만 이는 x 축과 y 축의 정확한 방향을 선택하는 데에서 오
는 모호함이다.

　다음으로 벡터 $|l\rangle$을 살펴보자. 우리가 아는 바는 다음과 같
다. 스핀이 왼쪽 방향으로 준비되어 있었다면 σ_z의 확률은 이번
에도 똑같이 $\frac{1}{2}$이다. 이는 $\alpha_u^* \alpha_u$와 $\alpha_d^* \alpha_d$의 값을 결정하기에
충분하지는 않지만, 우리는 다른 조건을 추론할 수 있다. 앞서 나

는 $|u\rangle$와 $|d\rangle$가 수직이라고 말했다. 그 이유는 간단하다. 만약 스핀이 위쪽이면, 스핀은 결코 아래쪽이 아니기 때문이다. 하지만 위쪽과 아래쪽에 대해 특별한 것이 없듯이 오른쪽과 왼쪽에 대해서도 마찬가지이다. 특히 만약 스핀이 오른쪽이면 왼쪽일 확률은 0이다. 따라서 식 2.3과 비슷하게

$$\langle r|l\rangle = 0$$
$$\langle l|r\rangle = 0$$

이다. 이 때문에 $|l\rangle$은 다음과 같은 형태를 가질 수밖에 없다.

$$|l\rangle = \frac{1}{\sqrt{2}}|u\rangle - \frac{1}{\sqrt{2}}|d\rangle. \tag{2.6}$$

연습 문제 2.1: 식 2.5의 벡터 $|r\rangle$는 식 2.6의 벡터 $|l\rangle$과 직교함을 증명하라.

여기서도 $|l\rangle$을 선택할 때 약간의 모호함이 있다. 이를 위상 모호함(phase ambiguity)이라고 한다. $|l\rangle$에 임의의 복소수 z를 곱한다고 생각해 보자. 그 결과가 일반적으로 더 이상 정규화되지 않더라도(단위 길이가 아니더라도), 그것이 $|r\rangle$에 수직인가의 여

부에는 아무런 영향을 미치지 않을 것이다. 하지만 만약 우리가 $z = e^{i\theta}$로 고른다면(θ는 임의의 실수일 수 있다.) 정규화에 아무런 영향을 주지 않을 것이다. 왜냐하면 $e^{i\theta}$의 크기가 1이기 때문이다. 달리 말해 $a_u^* a_u + a_d^* a_d$는 1과 같은 값을 유지하게 될 것이다. $z = e^{i\theta}$ 형태의 숫자를 위상 인자라 부르므로, 이 모호함을 위상 모호함이라 부른다. 나중에 우리는 전체적인 위상 인자에 민감한 관측량이 없다는 것을 알게 될 것이다. 따라서 상태를 특정할 때에는 무시할 수 있다.

2.4 y 축을 따라 준비된 스핀의 표현

마지막으로, 이 절에서는 y 축을 따라 놓인 스핀을 나타내는 벡터인 $|i\rangle$와 $|o\rangle$를 알아보자. 이들이 만족해야 하는 조건을 살펴보자. 먼저

$$\langle i | o \rangle = 0 \qquad (2.7)$$

이 있다. 이 조건은 안쪽과 바깥쪽이 위쪽과 아래쪽의 경우와 똑같은 방식으로 서로 수직인 벡터로 표현된다는 점을 말하고 있다. 물리적으로 이것은 스핀이 안쪽이라면 결코 바깥쪽이 아니라는 뜻이다.

벡터 $|i\rangle$와 $|o\rangle$에 대해 추가적인 제한 조건이 있다. 식 2.1과 식 2.2로 표현된 관계와 우리의 실험에 대한 통계적인 결과를 이

용하면 다음과 같이 쓸 수 있다.

$$\langle o|u \rangle \langle u|o \rangle = \frac{1}{2}$$

$$\langle o|d \rangle \langle d|o \rangle = \frac{1}{2}$$

$$\langle i|u \rangle \langle u|i \rangle = \frac{1}{2}$$

$$\langle i|d \rangle \langle d|i \rangle = \frac{1}{2}. \qquad (2.8)$$

처음 두 방정식에서 $|o\rangle$는 식 2.1과 식 2.2의 $|A\rangle$의 역할을 한다. 나머지 두 방정식에서는 $|i\rangle$가 그 역할을 한다. 이 조건들이 말하는 바는 다음과 같다. 만약 스핀이 y 축을 따라 놓여 있고 그리고 z 축을 따라 측정을 하면 위쪽이거나 아래쪽일 가능성이 똑같다. 또한 x 축을 따라 스핀을 측정하면 오른쪽이거나 왼쪽일 확률이 똑같을 것이라 기대할 수 있다. 그 결과 추가적인 조건은 다음과 같다.

$$\langle o|r \rangle \langle r|o \rangle = \frac{1}{2}$$

$$\langle o|l \rangle \langle l|o \rangle = \frac{1}{2}$$

$$\langle i|r \rangle \langle r|i \rangle - \frac{1}{2}$$

$$\langle i|l \rangle \langle l|i \rangle = \frac{1}{2}. \qquad (2.9)$$

이 조건들이면 위상 모호함을 제외하고 벡터 $|i\rangle$와 $|o\rangle$의 형태를 결정하기에 충분하다. 그 결과는 다음과 같다.

$$|i\rangle = \frac{1}{\sqrt{2}}|u\rangle + \frac{i}{\sqrt{2}}|d\rangle$$

$$|o\rangle = \frac{1}{\sqrt{2}}|u\rangle - \frac{i}{\sqrt{2}}|d\rangle. \qquad (2.10)$$

연습 문제 2.2: $|i\rangle$와 $|o\rangle$가 식 2.7, 식 2.8, 식 2.9의 모든 조건을 만족함을 증명하라. 그런 면에서 $|i\rangle$와 $|o\rangle$는 유일한가?

식 2.10의 두 성분이 복소수라는 점은 흥미롭다. 물론 우리는 줄곧 상태 공간이 복소 벡터 공간이라고 말해 왔다. 하지만 지금까지 우리는 계산에서 복소수를 사용할 필요가 없었다. 식 2.10의 복소수는 편의로 도입한 것인가 아니면 필요해서 도입한 것인가? 스핀 상태에 대한 우리의 수학 구조에서는 이를 알아낼 방법이 없다. 이것을 보이는 일은 다소 지루하지만 그 단계는 명확하다. 다음 연습 문제에 로드맵이 나와 있다. 복소수가 필요하다는 것은 양자 역학의 일반적인 특성이며 앞으로 더 많은 예를 보게 될 것이다.

연습 문제 2.3: 당분간은 식 2.10이 $|u\rangle$와 $|d\rangle$를 써서 $|i\rangle$와 $|o\rangle$를 효율적으로 정의한다는 점을 잊어버리고 미지의 성분 $\alpha, \beta, \gamma, \delta$를 가정하자.

$$|i\rangle = \alpha|u\rangle + \beta|d\rangle$$
$$|o\rangle = \gamma|u\rangle + \delta|d\rangle.$$

(a) 식 2.8을 이용해 다음을 보여라.

$$\alpha^*\alpha = \beta^*\beta = \gamma^*\gamma = \delta^*\delta = \frac{1}{2}.$$

(b) 앞의 결과와 식 2.9를 이용해 다음을 보여라.

$$\alpha^*\beta + \alpha\beta^* = \gamma^*\delta + \gamma\delta^* = 0.$$

(c) $\alpha^*\beta$와 $\gamma^*\delta$는 각각 순허수임을 보여라. 만약 $\alpha^*\beta$가 순허수라면 α와 β는 모두 실수일 수가 없다. 똑같은 추론이 $\gamma^*\delta$에도 적용된다.

2.5 변수 세기

어떤 계를 특징짓는 데에 소요되는 독립적인 변수가 얼마나 많은지를 아는 것은 언제나 중요하다. 예를 들어 『물리의 정석: 고전 역학 편』에서 우리가 사용한 일반화 좌표(q_i)는 각각 독립적인 자유도를 나타냈다. 그런 접근법 덕분에 우리는 물리적인 제한 조건을 기술하는 명시적인 방정식을 써야 하는 어려운 작업을 피할 수 있었다. 이와 비슷하게, 다음으로 우리가 할 일은 스핀에 대해 물리적으로 명확한 상태 수를 세는 것이다. 두 가지 방법을 이용해서, 어느 방식으로든 똑같은 답이 나온다는 것을 보여 줄 작정이다. 첫 번째 방법은 간단하다. 임의의 단위 3-벡터[2] $\hat{n}$ 방향으로 관측 장비를 놓고 그 축을 따라 스핀이 $\sigma = +1$이 되게 준비시킨다. 만약 $\sigma = -1$이면 스핀이 $-\hat{n}$ 축을 따라 놓여 있다고 생각할 수 있다. 따라서 단위 3-벡터의 모든 방향에 대해 하나의 상태가 있어야 한다. 그런 방향을 특정하기 위해 얼마나 많은 변수가 필요할까? 그 답은 물론 둘이다. 3차원 공간에서 하나의 방향을 정의하는 데에는 2개의 각이 필요하다.[3]

이제 다른 관점에서 똑같은 질문을 생각해 보자. 일반적인 스핀 상태는 2개의 복소수 α_u와 α_d로 정의된다. 각각의 복소 변수는 2개의 실수로 계산되니까, 이는 4개의 실변수를 추가하는 것처럼 보인다. 하지만 벡터는 식 2.4에서처럼 정규화되어야 함을 상기하자. 이 정규화 조건은 실변수를 수반하는 하나의 방정식을 주므로 변수의 개수가 3개로 줄어든다.

---

[2] 3-벡터는 브라와 켓이 아님을 명심하라.

[3] 구면 좌표계에서는 원점에 대해 하나의 점의 방향을 나타내기 위해 2개의 각을 이용한다. 위도와 경도가 또 다른 예이다.

앞서 말했듯이 상태 벡터의 물리적 성질은 전체 위상 인자에 의존하지 않는다는 것을 결국 알게 될 것이다. 이는 3개의 남은 변수 중 하나가 여분으로 남는다는 뜻이다. 따라서 단 2개의 변수만 남는다. 이는 3차원 공간에서 방향을 특정하기 위해 필요로 했던 변수의 개수와 똑같다. 따라서 어느 축을 따라 실험하더라도 오직 2개의 가능한 결과가 나올 뿐이지만

$$\alpha_u |u\rangle + \alpha_d |d\rangle$$

라고 표현하면 스핀의 가능한 모든 방향을 기술하기에 충분하다.

2.6 열 벡터를 이용한 스핀 상태 표현

지금까지 우리는 상태 벡터의 추상적인 형태, 즉 $|u\rangle$와 $|d\rangle$ 등을 이용해서 많은 것을 배울 수 있었다. 이런 추상화 덕분에 우리는 불필요하게 세세한 사항들을 염려하지 않고 수학적인 관계에만 집중할 수 있었다. 그러나 곧 우리는 스핀 상태에 대해 자세한 계산을 수행해야 하므로 이를 위해 상태 벡터를 열 형태로 쓸 필요가 있다. 위상 무관함 덕분에 열 표현은 유일하지는 않아서, 우리는 가능한 가장 간단하고 가장 편리한 형태를 고를 것이다.

이전과 마찬가지로 $|u\rangle$와 $|d\rangle$로 시작하자. 이들은 길이가 1이어야 하고 서로 수직이어야 한다. 이런 요구 조건을 만족하는 한 쌍의 열은 다음과 같다.

$$|u\rangle = \begin{pmatrix} 1 \\ 0 \end{pmatrix} \qquad\qquad (2.11)$$

$$|d\rangle = \begin{pmatrix} 0 \\ 1 \end{pmatrix}. \qquad\qquad (2.12)$$

이 열 벡터만 있으면 식 2.5와 식 2.6을 이용해 $|r\rangle$와 $|l\rangle$에 대한, 식 2.10을 이용해 $|i\rangle$와 $|o\rangle$에 대한 열 벡터를 쉽게 만들 수 있다. 다음 3강에서 이 벡터들을 만들어 볼 참이다. 그 결과가 필요하기 때문이다.

2.7 이 모두를 모아서

이번 2강에서는 기초를 많이 다루었다. 진도를 계속 나가기 전에, 우리가 한 것들을 돌아보자. 우리의 목표는 스핀과 벡터 공간에 대해 우리가 아는 것을 이리저리 결합해 보는 것이었다. 우리는 벡터를 이용해 스핀 상태를 표현하는 방법을 알아냈고 그 과정에서 상태 벡터가 가지고 있는(또한 가지고 있지 않은) 정보의 종류를 엿볼 수 있었다. 우리가 했던 개요를 간단히 소개하면 다음과 같다.

• 스핀 측정에 대한 지식을 바탕으로, 우리는 서로 직교하는 기저 벡터 3쌍을 골랐다. 각 쌍별로 우리는 $|u\rangle$와 $|d\rangle$, $|r\rangle$와 $|l\rangle$, $|i\rangle$와 $|o\rangle$라 이름 지었다. 기저 벡터 $|u\rangle$와 $|d\rangle$ 는 물리적으로 별개의 상태를 나타내므로 이 둘은 서로 수직이라고 주장할 수 있었다. 즉 $\langle u|d\rangle = 0$이다. $|r\rangle$와 $|l\rangle$,

$|i\rangle$와 $|o\rangle$에 대해서도 똑같은 결과가 성립한다.

- 우리는 스핀 상태를 특정하기 위해 2개의 독립 변수가 필요하다는 것을 알아냈다. 그리고 모든 스핀 상태를 표현하는 기저 벡터로서 서로 직교하는 쌍들 중 하나인 $|u\rangle$와 $|d\rangle$를 골랐다. 상태 벡터 속의 두 복소수를 특정하기 위해서는 4개의 실수가 필요함에도 그렇게 했다. 어떻게 그럴 수 있었을까? 우리는 꽤나 현명해서 이 4개의 숫자가 모두 독립적이지는 않다는 것을 알고 있었다.[4] 정규화 제한 조건(전체 확률이 1이다.)이 하나의 독립 변수를 없애고 위상 무관함(상태 벡터의 물리학은 그 전체 위상 인자의 영향을 받지 않는다.)이 두 번째 변수를 없앤다.

- $|u\rangle$와 $|d\rangle$를 주요 기저 벡터로 고른 뒤, 우리는 추가적인 직교성과 확률에 기초한 제한 조건을 이용해 다른 2쌍의 기저 벡터를 $|u\rangle$와 $|d\rangle$의 선형 결합으로 어떻게 표현하는지 알아냈다.

- 마지막으로 주요 기저 벡터를 열로 표현하는 방법을 확립했다. 이 표현은 유일하지는 않다. 다음 3강에서 우리는 $|u\rangle$와 $|d\rangle$의 열 벡터를 이용해 다른 두 기저에 대한 열 벡터를 유도할 것이다.

---

4) 자기 만족의 미소를 만끽하길.

이렇게 구체적인 결과를 얻는 와중에 우리는 어떤 상태 벡터의 수학이 작동하고 있음을 알게 되었고 어떻게 이 수학 기제들이 물리적인 스핀에 대응하는지에 대해 무언가를 배울 기회도 있었다. 우리는 스핀에 집중하겠지만, 똑같은 개념과 기법이 다른 양자계에도 또한 적용된다. 다음 강의로 넘어가기 전에 잠시 시간을 갖고 우리가 다루었던 것들을 소화할 시간을 갖기 바란다. 시작할 때 말했듯이, 정말로 보상이 있을 것이다.

양자 역학의 원리

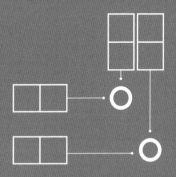

아트: 난 너와 같지 않아, 레니.

내 머리는 양자 역학을 위해 만들어진 것이 아니라고.

레니: 물론이지, 내 머리도 그렇지 않아. 그런 걸 정말로 시각화할 수 없을 뿐이야.

하지만 이 말은 해 주고 싶네. 예전에 꼭 전자처럼 생각했던 녀석이 있었지.

아트: 그 사람한테 무슨 일이 있었나?

레니: 아트, 난 그저 그게 확실히 예쁘지는 않다는 걸 말하려는 것뿐이네.

아트: 흠, 그 유전자는 널리 퍼지지 못했을 것 같구먼.

그렇다. 우리는 양자 현상을 감지하도록 만들어지지 않았다. 대신 힘이나 온도 같은 고전적인 것들을 감지할 수 있게끔 만들어졌다. 그러나 우리는 대단히 적응을 잘하는 생명체여서 양자 역학을 직접 시각화할 수 있게 해 주었을지도 모를 상실된 감각을 추상적인 수학으로 대체할 수 있었다. 그리고 마침내 우리는 새로운 종류의 직관을 개발했다.

이번 강의에서는 양자 역학의 원리를 소개한다. 그 원리들을 기술하기 위해서는 몇몇 새로운 수학 도구들이 필요하다. 시작해 보자.

3.1 막간: 선형 연산자에 대하여

3.1.1 기계와 행렬

양자 역학에서의 상태는 벡터 공간의 벡터로 기술된다. 물리적인 관측량―우리가 측정할 수 있는 것들―은 선형 연산자(linear operator)로 기술된다. 우리는 이를 하나의 공리로 받아들일 것이며, 나중에(3.1.5 참조) 물리적 관측량에 대응하는 연산자는 선형 연산자일 뿐만 아니라 에르미트 연산자(Hermitian operator)여야 함을 알게 될 것이다. 연산자와 관측량 사이의 대응 관계는 미묘해서 이를 이해하려면 조금 노력을 기울여야 한다.

관측량은 우리가 측정하는 것들이다. 예를 들어 우리는 입자의 좌표를 직접 측정할 수 있다. 계의 에너지, 운동량, 각운동량, 전기장을 측정할 수도 있다. 또한 관측량은 벡터 공간과 관련이 있지만 그것이 상태 벡터는 아니다. 관측량은 우리가 측정하는 것들—σ_x가 한 예이다.—이며 선형 연산자로 표현된다. 존 휠러(John Wheeler)는 그런 수학적인 대상을 "기계"라 부르기를 좋아했다. 휠러는 2개의 포트, 즉 입력 포트와 출력 포트를 가진 기계를 상상했다. 입력 포트에는 $|A\rangle$ 같은 벡터를 삽입한다. 기어가 돌아가고 기계는 출력 포트에 결과를 전달한다. 이 결과는 또 다른 벡터 $|B\rangle$이다.

연산자는 굵은 글씨체 $\mathbf{M}$(machine, 기계)으로 표기하자. $\mathbf{M}$이 벡터 $|A\rangle$에 작용해 $|B\rangle$를 준다는 사실을 표현하는 방정식은 다음과 같다.

$$\mathbf{M}|A\rangle = |B\rangle.$$

모든 기계가 선형 연산자인 것은 아니다. 선형성은 몇몇 간단한 성질을 만족해야 한다. 먼저 선형 연산자는 공간의 모든 벡터에 대해 유일한 결과를 내야 한다. 몇몇 벡터들에 대해서는 결과를 내지만 다른 벡터들은 그냥 갈아엎어서 아무런 결과도 내지 않는 기계를 생각할 수도 있다. 그런 기계는 선형 연산자가 아니다. 우리가 집어넣는 모든 것에 대해 무언가가 나와야 한다.

다음 성질은 이렇다. 선형 연산자가 입력 벡터의 배수에 작용하면 그 결과는 출력 벡터의 똑같은 배수로 나온다. 따라서 만약 $\mathbf{M}|A\rangle = |B\rangle$이고 z가 임의의 복소수라면

$$\mathbf{M}z|A\rangle = z|B\rangle$$

이다. 나머지 규칙은 이렇다. 벡터의 합에 $\mathbf{M}$이 작용하면 그 결과는 그저 서로 더한 것과 같다.

$$\mathbf{M}\{|A\rangle + |B\rangle\} = \mathbf{M}|A\rangle + \mathbf{M}|B\rangle.$$

선형 연산자의 구체적인 표현을 살펴보기 위해 1강에서 사용했던 브라 벡터와 켓 벡터에 대한 행 벡터와 열 벡터 표현으로 돌아가 보자. 행-열의 표기법은 우리의 기저 벡터 선택에 달려 있다. 벡터 공간이 N 차원이면 N 개의 직교 정규 켓 벡터 집합을 선택한다. 이 켓 벡터를 $|j\rangle$라 하고, 그 짝이 되는 브라 벡터를 $\langle j|$라 하자.

이제 방정식

$$\mathbf{M}|A\rangle = |B\rangle$$

를 그 성분 형태로 쓰고자 한다. 식 1.3에서 했듯이 임의의 켓

$|A\rangle$를 기저 벡터에 대한 합으로 표현할 것이다.

$$|A\rangle = \sum_j \alpha_j |j\rangle.$$

여기서 우리는 i 대신 j를 첨자로 사용하고 있다. 우리가 안쪽 스핀 상태에 대해서 말하고 있다는 생각은 조금도 들지 않을 것이다. 이제 $|B\rangle$를 똑같은 방식으로 표현하고 이 둘을 모두 $\mathbf{M}|A\rangle = |B\rangle$에 끼워 넣자. 그 결과는

$$\sum_j \mathbf{M}|j\rangle \alpha_j = \sum_j \beta_j |j\rangle$$

이다. 마지막 단계는 특별한 기저 벡터 $|k\rangle$로 양변에 내적을 취하는 것이다. 그 결과는

$$\sum_j \langle k|\mathbf{M}|j\rangle \alpha_j = \sum_j \beta_j \langle k|j\rangle \qquad (3.1)$$

이다. 이 결과를 이해하려면 $\langle k|j\rangle$는 j와 k가 같지 않을 때 0이고 같을 때 1임을 기억하라. 이는 우변을 하나의 항 β_k로 합칠 수 있다는 뜻이다.

좌변에는 $\langle k|\mathbf{M}|j\rangle \alpha_j$와 같은 양이 있다. $\langle k|\mathbf{M}|j\rangle$는 기호 m_{kj}로 줄여서 쓸 수 있다. 각각의 m_{kj}는 그저 하나의 복소수임에 유의하라. 왜 그런지 보려면, $|j\rangle$에 $\mathbf{M}$이 작용해서 어떤 새로운

켓 벡터가 나온다는 점을 생각해 보라. 이 새로운 켓 벡터에 $\langle k|$ 를 내적하면 복소수가 나와야 한다. m_{kj}라는 양은 $\mathbf{M}$의 행렬 원소라 불리며 종종 $N \times N$ 정사각 행렬로 배열할 수 있다. 예를 들어 만약 $N = 3$이면 다음과 같은 기호로 식을 쓸 수 있다.

$$\mathbf{M} = \begin{pmatrix} m_{11} & m_{12} & m_{13} \\ m_{21} & m_{22} & m_{23} \\ m_{31} & m_{32} & m_{33} \end{pmatrix}. \tag{3.2}$$

이 식은 기호를 약간 남용하고 있어서 순수주의자들의 속을 불편하게 할 것이다. 좌변은 추상적인 선형 연산자이고 우변은 특별한 기저에서 그 연산자를 구체적으로 표현한 것이다. 이 둘을 같다고 놓으면 날림이긴 하지만 혼란을 야기하지는 않을 것이다.

이제 식 3.1로 다시 돌아가서 $\langle k|\mathbf{M}|j\rangle$를 m_{kj}로 바꾸면 다음을 얻는다.

$$\sum_j m_{kj}\alpha_j = \beta_k. \tag{3.3}$$

이는 행렬 형태로도 쓸 수 있다. 식 3.3은

$$\begin{pmatrix} m_{11} & m_{12} & m_{13} \\ m_{21} & m_{22} & m_{23} \\ m_{31} & m_{32} & m_{33} \end{pmatrix} \begin{pmatrix} \alpha_1 \\ \alpha_2 \\ \alpha_3 \end{pmatrix} = \begin{pmatrix} \beta_1 \\ \beta_2 \\ \beta_3 \end{pmatrix} \tag{3.4}$$

과 같이 된다. 아마도 여러분은 행렬의 곱셈 규칙에 익숙할 것이지만, 만약을 위해서 다시 알려 주려고 한다. 우변의 첫 성분인 β_1을 계산하려면 행렬의 첫 행을 α 열과 '내적'하면 된다.

$$\beta_1 = m_{11}\alpha_1 + m_{12}\alpha_2 + m_{13}\alpha_3.$$

둘째 성분은 행렬의 둘째 행과 α 열을 내적한다.

$$\beta_2 = m_{21}\alpha_1 + m_{22}\alpha_2 + m_{23}\alpha_3.$$

이런 식으로 계속 하면 된다. 행렬의 곱셈에 익숙하지 않다면 컴퓨터로 달려가 즉시 찾아보기 바란다. 우리 계산법에 너무나 결정적인 부분이라 이제부터는 여러분이 행렬의 곱셈을 안다고 가정할 것이다.

벡터와 선형 연산자를 열과 행과 행렬(통틀어 '성분'이라 한다.)로 구체적으로 표현하는 데에는 장단점이 있다. 장점은 명확하다. 성분을 사용하면 완전히 명시적인 일단의 산술 규칙으로 기계를 작동시킬 수 있다. 단점은 성분들이 기저 벡터의 특정한 선택에 의존한다는 점이다. 벡터와 연산자 사이의 저변에 깔린 관계는 우리가 선택하는 특별한 기저에 무관하며, 구체적인 표현을 쓰면 그 사실이 불분명해진다.

3.2.1 고윳값과 고유 벡터

일반적으로 벡터에 선형 연산자를 작용시키면 그 벡터의 방향
도 바뀔 수 있다. 이는 기계에서 나오는 결과물, 즉 출력 벡터
가 단지 입력 벡터에 숫자를 곱한 것이 아니라는 뜻이다. 하지
만 어떤 특별한 선형 연산자에 대해서는 입력될 때와 출력될 때
방향이 똑같은 벡터들도 있다. 이런 특별한 벡터를 고유 벡터
(eigenvector)라 한다. $\mathbf{M}$의 고유 벡터는

$$\mathbf{M}|\lambda\rangle = \lambda|\lambda\rangle \qquad (3.5)$$

를 만족하는 벡터 $|\lambda\rangle$로 정의된다. λ를 2번 사용해서 약간 혼란
스럽다는 점은 인정한다. 무엇보다 λ는 ($|\lambda\rangle$와 달리) 숫자(스칼라)
이다. 일반적으로 복소수이지만, 여전히 숫자이다. 반면 $|\lambda\rangle$는
켓 벡터이다. 게다가 $\mathbf{M}$과 아주 특별한 관계가 있는 켓이다. $|\lambda\rangle$
를 기계 $\mathbf{M}$ 속으로 집어넣을 때 어떤 일이 벌어지는가 하면, $|\lambda\rangle$
에 숫자 λ가 곱해져서 나온다. 예를 들어 보자. $\mathbf{M}$이 2×2 행렬

$$\begin{pmatrix} 1 & 2 \\ 2 & 1 \end{pmatrix}$$

이라 하면 벡터

$$\begin{pmatrix} 1 \\ 1 \end{pmatrix}$$

은 **M**을 작용시켰을 때 3을 곱한 결과가 나온다. 직접 확인해 보기 바란다. **M**에는 마침 또 다른 고유 벡터가 있다.

$$\begin{pmatrix} 1 \\ -1 \end{pmatrix}.$$

이 고유 벡터에 **M**이 작용하면 다른 숫자, 즉 −1을 곱한 결과가 나온다. 다른 한편, **M**이 벡터

$$\begin{pmatrix} 1 \\ 0 \end{pmatrix}$$

에 작용하면 그 결과로 나온 벡터는 원래 벡터에 단지 숫자만 곱한 벡터가 아니다. **M**은 벡터의 크기뿐만 아니라 방향도 바꾼다.

　　M이 작용했을 때 그 결과로 숫자가 곱해지는 벡터를 **M**의 고유 벡터라 부른 것처럼 고유 벡터에 곱해지는 상수를 고윳값(eigenvalue)이라 부른다. 일반적으로 고윳값은 복소수이다. 여기 여러분 스스로 계산해 볼 수 있는 예가 있다. 행렬

$$\mathbf{M} = \begin{pmatrix} 0 & -1 \\ 1 & 0 \end{pmatrix}$$

에 대해 벡터

$$\begin{pmatrix} 1 \\ i \end{pmatrix}$$

는 고윳값이 $-i$인 고유 벡터임을 보여라.

선형 연산자는 브라 벡터에도 작용할 수 있다. $\mathbf{M}$와 $\langle B|$의 곱은 다음과 같이 표기한다.

$$\langle B| \, \mathbf{M}.$$

이런 형태의 곱셈 규칙만 알려 주는 것으로 논의를 짧게 줄이려 한다. 성분 형태로 쓰면 아주 간단하다. 브라는 성분 형태에서 행 벡터로 표현됨을 기억하라. 예를 들어 브라 $\langle B|$는

$$\langle B| = \left(\begin{array}{ccc} \beta_1^* & \beta_2^* & \beta_3^* \end{array} \right)$$

로 표현된다. 곱셈 규칙은 또다시 행렬 곱이다. 표기법을 약간 남 용하자면 다음과 같이 쓸 수 있다.

$$\langle B| \, \mathbf{M} = \left(\begin{array}{ccc} \beta_1^* & \beta_2^* & \beta_3^* \end{array} \right) \begin{pmatrix} m_{11} & m_{12} & m_{13} \\ m_{21} & m_{22} & m_{23} \\ m_{31} & m_{32} & m_{33} \end{pmatrix}. \qquad (3.6)$$

3.1.3 에르미트 켤레

만약 $\mathbf{M}|A\rangle = |B\rangle$이면 $\langle A| \, \mathbf{M} = \langle B|$라고 생각할지도 모른다. 그러나 틀렸다. 문제는 복소 켤레이다. 심지어 단지 복소수 Z에 대해서도 만약 $Z|A\rangle = |B\rangle$이면 일반적으로 $\langle A| \, Z = \langle B|$가

아니다. 켓에서 브라로 갈 때에는 Z의 복소 켤레를 취해야 한다. 즉 $\langle A|Z^* = \langle B|$이다. 물론 만약 Z가 우연히도 실수라면 복소 켤레는 아무런 영향이 없다. 모든 실수는 자신의 복소 켤레와 똑같다.

우리에게 필요한 것은 연산자에 대한 복소 켤레라는 개념이다. 식 $\mathbf{M}|A\rangle = |B\rangle$의 성분 표기법을 살펴보면

$$\sum_i m_{ji}\alpha_i = \beta_j$$

이고, 그 복소 켤레는

$$\sum_i m_{ji}^*\alpha_j^* = \beta_j^*$$

이다. 우리는 이 식을 브라와 켓 대신 행렬 형태로 쓰려고 한다. 이 작업을 할 때, 브라 벡터는 열이 아니라 행으로 표현됨을 기억해야 한다. 또한 결과가 올바르게 나오기 위해서는 행렬 $\mathbf{M}$의 복소 켤레 원소를 재배열할 필요가 있다. 이렇게 재배열하는 표기법은 $\mathbf{M}^\dagger$로, 아래에 설명되어 있다. 새로운 식은 다음과 같다.

$$\langle A|\mathbf{M}^\dagger = \begin{pmatrix} \alpha_1^* & \alpha_2^* & \alpha_3^* \end{pmatrix} \begin{pmatrix} m_{11}^* & m_{21}^* & m_{31}^* \\ m_{12}^* & m_{22}^* & m_{32}^* \\ m_{13}^* & m_{23}^* & m_{33}^* \end{pmatrix}. \tag{3.7}$$

이 식의 행렬과 식 3.6의 행렬 사이의 차이점을 자세히 살펴보자. 두 가지 차이점을 알게 될 것이다. 가장 명확한 점은 각 원소의 복소 켤레이지만, 원소의 첨자에서도 차이점을 발견할 수 있을 것이다. 예를 들어 식 3.6의 m_{23}이 있는 곳에 식 3.7에서는 m_{32}^{*}가 있다. 달리 말해 행과 열이 서로 뒤바뀌었다.

켓 형태에서 브라 형태로 식을 바꿀 때, 행렬은 두 단계로 고쳐야 한다.

1. 행과 열을 바꾼다.
2. 각 행렬 원소의 복소 켤레를 취한다.

행렬 표기법에서는 행과 열을 바꾸는 것을 전치(transpose)라 하고 위 첨자 T로 표시한다. 따라서 행렬 $\mathbf{M}$의 전치는

$$\begin{pmatrix} m_{11} & m_{12} & m_{13} \\ m_{21} & m_{22} & m_{23} \\ m_{31} & m_{32} & m_{33} \end{pmatrix}^{T} = \begin{pmatrix} m_{11} & m_{21} & m_{31} \\ m_{12} & m_{22} & m_{32} \\ m_{13} & m_{23} & m_{33} \end{pmatrix}$$

이다. 행렬의 전치는 주대각선(왼쪽 위에서 오른쪽 아래로 향하는 대각선)에 대해 행렬을 뒤집는다는 점에 유의하라.

전치 행렬의 복소 켤레를 에르미트 켤레라 부르고 단검 기호 †(영어로 단검을 의미하는 말 '대거(dagger)'로 읽는다.)로 표기한다. 단검 표기는 복소 켤레에 쓰이는 별 기호 *('스타(star)'라 읽는다.)와

전치 기호 T를 합성한 것으로 생각할 수 있다. 기호로 쓰면

$$\mathbf{M}^{\dagger} = \left[\mathbf{M}^{T} \right]^{*}$$

이다. 요컨대 $\mathbf{M}$이 켓 $|A\rangle$에 작용해 $|B\rangle$가 나오면 $\mathbf{M}^{\dagger}$는 브라 $\langle A|$에 작용해 $\langle B|$가 나온다. 기호로는 이렇다. 만약

$$\mathbf{M}|A\rangle = |B\rangle$$

이면

$$\langle A|\mathbf{M}^{\dagger} = \langle B|$$

이다.

3.1.4 에르미트 연산자

실수는 물리학에서 특별한 역할을 한다. 어떤 측정을 한 결과도 실수로 나온다. 가끔 2개의 양을 측정해 i와 함께 엮어(복소수로 만들어) 그 숫자를 측정 결과라 부른다. 하지만 이는 실제로는 단지 2개의 실수 측정을 결합하는 방식일 뿐이다. 아는 척을 하고 싶다면 관측량이 자기 자신의 복소 켤레와 똑같다고 말할 수도 있다. 이는 물론 그 숫자가 실수라는 것을 단지 환상적으로 말하는

것일 뿐이다. 우리는 곧 양자 역학적인 관측량은 선형 연산자로 표현됨을 알게 될 것이다. 어떤 종류의 선형 연산자인가? 실수 연산자에 가장 가까운 그런 종류이다. 양자 역학에서의 관측량은 자기 자신의 에르미트 켤레와 똑같은 선형 연산자이다. 이를 에르미트 연산자라 부른다. 프랑스의 수학자 샤를 에르미트(Charles Hermite)에서 따온 이름이다. 에르미트 연산자는 다음 성질을 만족한다.

$$\mathbf{M} = \mathbf{M}^{\dagger}.$$

행렬 원소로는 이렇게 말할 수 있다.

$$m_{ji} = m_{ij}^{*}.$$

즉 에르미트 행렬을 주대각 원소에 대해 뒤집고 복소 켤레를 취하면 그 결과는 원래 행렬과 똑같다. 에르미트 연산자(그리고 행렬)는 몇몇 특별한 성질을 가진다. 첫째, 그 고윳값이 모두 실수이다. 이를 증명해 보자.

에르미트 연산자 $\mathbf{L}$의 고윳값과 그에 대응되는 고유 벡터를 λ와 $|\lambda\rangle$라 하자. 기호로 쓰면

$$\mathbf{L}|\lambda\rangle = \lambda|\lambda\rangle$$

이다. 그러면, 에르미트 켤레의 정의에 따라

$$\langle \lambda | L^\dagger = \langle \lambda | \lambda^*.$$

이다. 하지만 L이 에르미트이므로 L은 $L^\dagger$ 와 같다. 따라서 두 방 정식을 다음과 같이 다시 쓸 수 있다.

$$L | \lambda \rangle = \lambda | \lambda \rangle \qquad (3.8)$$
$$\langle \lambda | L = \langle \lambda | \lambda^*. \qquad (3.9)$$

이제 식 3.8에 $\langle \lambda |$를, 식 3.9에 $| \lambda \rangle$를 곱한다. 두 식은

$$\langle \lambda | L | \lambda \rangle = \lambda \langle \lambda | \lambda \rangle$$
$$\langle \lambda | L | \lambda \rangle = \lambda^* \langle \lambda | \lambda \rangle$$

와 같이 된다. 두 식이 참이려면 확실히 λ와 λ^* 가 똑같아야 한다. 즉 λ(즉 에르미트 연산자의 임의의 고윳값)는 실수이어야 한다.

3.1.5 에르미트 연산자와 직교 정규 기저

이제 우리는 기초 수학 정리에 이르게 되었다. 나는 이를 근본 정리라고 부를 것이다. 양자 역학의 토대 역할을 하기 때문이다. 기본 아이디어는 이렇다. 양자 역학의 관측량은 에르미트 연산자로 표현된다. 아주 간단한 정리이지만 극도로 중요한 정리이기도 하

다. 이를 다음과 같이 조금 더 엄밀하게 말할 수 있다.

근본 정리

- **정리 1:** 에르미트 연산자의 고유 벡터는 완전 집합(complete set)이다. 이는 연산자가 만들 수 있는 임의의 벡터를 그 고유 벡터의 합으로 전개할 수 있다는 뜻이다.
- **정리 2:** 어떤 에르미트 연산자의 서로 다른 두 고윳값을 λ_1과 λ_2라 하면 그에 대응되는 고유 벡터는 서로 수직이다.
- **정리 3:** 두 고윳값이 서로 같다 하더라도, 그에 대응되는 고유 벡터는 서로 수직이도록 고를 수 있다. 2개의 서로 다른 고유 벡터가 똑같은 고윳값을 갖는 이런 상황을 겹침(degeneracy)이라 부른다. 나중에 5.1에서 논의하겠지만 겹침은 두 연산자가 똑같은 고유 벡터를 가질 때 나타난다.

근본 정리는 다음과 같이 요약할 수 있다. 에르미트 연산자의 고유 벡터는 직교 정규 기저를 형성한다. 정리 2부터 증명해 보자.

고유 벡터와 고윳값의 정의에 따라 다음과 같이 쓸 수 있다.

$$\mathbf{L}|\lambda_1\rangle = \lambda_1|\lambda_1\rangle$$
$$\mathbf{L}|\lambda_2\rangle = \lambda_2|\lambda_2\rangle.$$

이제 $\mathbf{L}$이 에르미트(그 자신이 에르미트 켤레)라는 사실을 이용해 첫 식을 브라 식으로 뒤집을 수 있다. 따라서 다음과 같다.

$$\langle \lambda_1 | \mathbf{L} = \lambda_1 \langle \lambda_1 |$$
$$\mathbf{L} | \lambda_2 \rangle = \lambda_2 | \lambda_2 \rangle.$$

이제 증명 방법은 명확하지만, 직접 이야기하겠다. 첫 방정식에 $|\lambda_2\rangle$를 내적한다. 그리고 두 번째 방정식에는 $\langle \lambda_1 |$을 내적한다. 그 결과는

$$\langle \lambda_1 | \mathbf{L} | \lambda_2 \rangle = \lambda_1 \langle \lambda_1 | \lambda_2 \rangle$$
$$\langle \lambda_1 | \mathbf{L} | \lambda_2 \rangle = \lambda_2 \langle \lambda_1 | \lambda_2 \rangle$$

이다. 두 식을 빼면

$$(\lambda_1 - \lambda_2)\langle \lambda_1 | \lambda_2 \rangle = 0$$

을 얻는다. 따라서 만약 λ_1과 λ_2가 다르다면 내적 $\langle \lambda_1 | \lambda_2 \rangle$는 0 이어야 한다. 즉 두 고유 벡터는 수직이어야 한다.

이제 정리 3, $\lambda_1 = \lambda_2$이더라도 서로 수직인 두 고유 벡터를 고를 수 있음을 증명하자.

$$\mathbf{L} | \lambda_1 \rangle = \lambda | \lambda_1 \rangle$$
$$\mathbf{L} | \lambda_2 \rangle = \lambda | \lambda_2 \rangle \tag{3.10}$$

이라 하자. 즉 똑같은 고윳값을 갖는 2개의 서로 다른 고유 벡터 가 있다. 이 두 고유 벡터를 임의로 선형 결합한 벡터 또한 똑같

은 고윳값을 갖는 고유 벡터임은 명확하다. 이렇게 많은 자유도가 있으므로 2개의 수직인 선형 결합을 항상 찾을 수 있다.

어떻게 가능한지 알아보자. 이 두 고유 벡터의 임의의 선형 결합을 생각해 보자.

$$|A\rangle = \alpha|\lambda_1\rangle + \beta|\lambda_2\rangle.$$

양변에 **L**을 작용하면

$$\mathbf{L}|A\rangle = \alpha\mathbf{L}|\lambda_1\rangle + \beta\mathbf{L}|\lambda_2\rangle = \alpha\lambda|\lambda_1\rangle + \beta\lambda|\lambda_2\rangle$$

를 얻고 결국

$$\mathbf{L}|A\rangle = \lambda(\alpha|\lambda_1\rangle + \beta|\lambda_2\rangle) = \lambda|A\rangle$$

이다. 이 식은 $|\lambda_1\rangle$과 $|\lambda_2\rangle$의 임의의 선형 결합 또한 똑같은 고윳값을 갖는 **L**의 고유 벡터임을 보여 준다. 처음의 가정에 따라 이 두 벡터는 선형적으로 독립이다. 그렇지 않다면 이 둘은 서로 다른 상태를 나타내지 않을 것이다. 또한 우리는 두 벡터가 고윳값 λ를 갖는 **L**의 고유 벡터 부분 공간을 아우른다고 가정할 것이다. 부분 공간을 아우르는 서로 독립인 벡터 집합이 주어졌을 때, 그 부분 공간의 직교 정규 기저를 찾는 간단한 방법이 있다. 이를

그람-슈미트(Gram-Schmidt) 과정이라 부른다. 쉽게 말해 $|\lambda_1\rangle$과 $|\lambda_2\rangle$의 선형 결합으로 2개의 직교 정규 고유 벡터를 찾을 수 있다. 그람-슈미트 과정은 이어지는 3.1.6에 요약해 두었다.

정리의 나머지 부분인 정리 1은 고유 벡터가 완전하다는 명제이다. 즉 공간이 N차원이면 N개의 직교 정규 고유 벡터가 있다는 말이다. 증명은 쉬우므로 여러분에게 맡겨 둔다.

연습 문제 3.1: 다음을 증명하라.

벡터 공간이 N차원이면 에르미트 연산자의 고유 벡터로부터 N-벡터의 직교 정규 기저를 구축할 수 있다.

3.1.6 그람-슈미트 과정

때때로 우리는 직교 정규 집합을 형성하지 않는 선형 독립인 고유 벡터 집합을 접하게 된다. 어떤 계가 겹침 상태를 가질 때 전형적으로 이런 일이 생긴다. 겹침 상태란 똑같은 고윳값을 갖는 서로 다른 상태들이다. 이 상황에서 우리는 항상 선형 독립인 벡터를 이용해 똑같은 공간을 아우르는 직교 정규 집합을 만들 수 있다. 앞서 말했듯이 이 방법이 그람-슈미트 과정이다. 그림 3.1에는 2개의 선형 독립인 벡터가 있는 간단한 경우에 이 방법이 어떻게 작동하는지 보여 주고 있다. 두 벡터 $\vec{V_1}$과 $\vec{V_2}$로 시작해 이로부터 2개의 직교 정규 벡터 $\hat{v}_1$과 $\hat{v}_2$를 구축할 수 있다.

첫 단계에서는 $\vec{V}_1$을 자신의 크기인 $|\vec{V}_1|$으로 나눈다. 그 결과 $\vec{V}_1$에 평행한 단위 벡터를 얻는다. 이 단위 벡터를 $\hat{v}_1$이라 부르자. $\hat{v}_1$은 우리의 직교 정규 집합의 첫 벡터이다. 다음으로, 내적 $\langle \vec{V}_2 | \hat{v}_1 \rangle$을 해서 $\vec{V}_2$를 $\hat{v}_1$ 방향으로 투사시킨다. 이제 $\vec{V}_2$에서 $\langle \vec{V}_2 | \hat{v}_1 \rangle$을 뺀다. 이렇게 뺀 결과를 $\vec{V}_{2\perp}$라 하자. 그림 3.1에서 $\vec{V}_{2\perp}$는 $\hat{v}_1$에 수직임을 알 수 있다. 마지막으로 $\vec{V}_{2\perp}$를 자신의 크기로 나누면 우리의 직교 정규 집합의 둘째 원소 $\hat{v}_2$를 얻는다. 이 과정

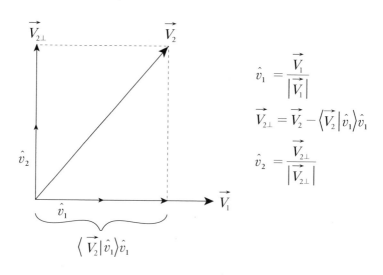

$$\hat{v}_1 = \frac{\vec{V}_1}{|\vec{V}_1|}$$

$$\vec{V}_{2\perp} = \vec{V}_2 - \langle \vec{V}_2 | \hat{v}_1 \rangle \hat{v}_1$$

$$\hat{v}_2 = \frac{\vec{V}_{2\perp}}{|\vec{V}_{2\perp}|}$$

그림 3.1 그람-슈미트 과정. 서로 수직일 필요가 없는 2개의 선형 독립인 벡터 $\vec{V}_1$과 $\vec{V}_2$가 주어졌을 때 2개의 직교 정규 벡터 $\hat{v}_1$과 $\hat{v}_2$를 구축할 수 있다. $\vec{V}_{2\perp}$은 이 과정에서 사용된 중간 결과이다. 이 과정은 더 큰 선형 독립 벡터 집합으로 확장할 수 있다.

을 더 큰 차원에서 더 큰 선형 독립 벡터 집합으로 확장할 수 있음은 분명하다. 예를 들어 지면 바깥쪽을 가리키는 세 번째 선형 독립인 벡터 $\vec{V_3}$이 있다면, 이 벡터를 단위 벡터 $\hat{v}_1$과 $\hat{v}_2$ 각각에 투사한 양을 빼서 그 결과를 그 자신의 길이로 나누면 된다.[1]

3.2 양자 역학의 원리

이제 우리는 양자 역학의 원리를 논할 만큼 충분히 준비되었다. 더 이상 야단법석 떨지 말고 시작해 보자.

그 원리들은 모두 관측량이라는 개념과 관계가 있으며 그 밑바닥에는 복소 벡터 공간이 존재한다고 가정한다. 이 공간의 벡터는 계의 상태를 나타낸다. 이번 강의에서는 상태 벡터의 시간에 따른 변화와 관련이 없는 4개의 원리들을 제시할 것이다. 4강에서 우리는 시간에 따른 계의 상태 변화를 다루는 다섯 번째 원리를 추가할 것이다.

관측량은 측정량이라고도 부를 수 있다. 이는 적절한 장비로 여러분이 측정할 수 있는 무언가이다. 앞서 스핀의 성분 σ_x, σ_y, σ_z를 측정하는 것에 대해 이야기했다. 이는 관측량의 예이다. 이 문제로 다시 돌아오겠지만, 먼저 그 원리들부터 살펴보자.

---

[1] 이 예에서 "지면 바깥쪽"이라는 말은 $\vec{V_3}$이 반드시 이 지면의 평면에 수직이어야 한다는 뜻이 아니다. 직교하지 않는 벡터를 출발점으로 삼을 수 있다는 것은 그람-슈미트 과정의 중요한 특징이다.

- **원리 1:** 양자 역학의 관측량 또는 측정량은 선형 연산자 L 로 표현된다.

이런 부류의 가망 없이 추상적인 언명 때문에 사람들이 양자 역학을 포기하고 파도타기나 하러 간다는 것을 나는 깨달았다. 하지만 걱정 마라. 그 의미는 이번 강의의 끝에서 명확해질 것이다.

우리는 곧 L이 에르미트여야 한다는 것도 알게 될 것이다. 여러 양자 역학 교재들의 저자들이 이를 하나의 가정 또는 기본 원리로 여기기도 한다. 그 대신 우리는 다른 원리들로부터 이를 유도할 것이다. 어느 쪽이든 마지막 결과는 똑같다. 관측량을 표현하는 연산자는 에르미트 연산자이다.

- **원리 2:** 가능한 관측 결과는 관측량을 표현하는 연산자의 고윳값이다. 이 고윳값을 λ_i라 부르자. 측정 결과가 명백하게 λ_i인 상태는 그 고윳값에 대응되는 고유 벡터 $|\lambda_i\rangle$이다. 아직은 서프보드 짐을 풀지 말 것!

  이를 다른 식으로도 말할 수 있다. 계가 고유 상태 $|\lambda_i\rangle$에 있다면 측정의 결과는 확실히 λ_i이다.
- **원리 3:** 명확하게 구분되는 상태는 수직인 벡터들로 표현된다.
- **원리 4:** 만약 $|A\rangle$가 어떤 계의 상태 벡터이고 관측량 L을

관측하면, λ_i 값을 관측할 확률은

$$P(\lambda_i) = \langle A \,|\, \lambda_i \rangle \langle \lambda_i \,|\, A \rangle. \qquad (3.11)$$

이다. λ_i는 L의 고윳값이고 $|\lambda_i\rangle$는 그에 대응하는 고유 벡터임을 상기하고자 한다.

이 간단한 명제들은 자명할 가망이 거의 없어서 살을 좀 붙일 필요가 있다. 당분간은 첫 항목, 즉 모든 관측량은 선형 연산자와 동일시된다는 원리를 받아들이자. 우리는 이미 하나의 연산자는 그 고윳값과 함께 상태들을 포장하는 한 방식임을 알아챌 수 있다. 고윳값은 그런 상태들을 측정했을 때의 가능한 결과들이다. 이런 생각들은 앞으로 계속 진도를 나가면서 명확해질 것이다.

앞서 스핀을 논의할 때 중요했던 점 몇 가지를 상기해 보자. 우선 일반적으로 측정 결과는 통계적으로 불확실하다. 그러나 임의의 관측량에 대해 그 결과가 절대적으로 확실한 특별한 상태들이 있다. 예를 들어 스핀 측정 장비 A가 z 축을 따라 놓여 있다면 $|u\rangle$ 상태는 언제나 $\sigma_z = +1$의 값을 낸다. 마찬가지로 $|d\rangle$ 상태는 오직 $\sigma_z = -1$의 값만 낸다. 원리 1에 따르면 이런 사실들을 새롭게 바라볼 수 있다. 이는 각 관측량($\sigma_x,\ \sigma_y,\ \sigma_z$)이 스핀을 기술하는 2차원 상태 공간 속의 특정한 선형 연산자와 동일하다

는 뜻이다.

관측량을 측정하면 그 결과는 언제나 가능한 결과들의 집합으로부터 끄집어낸 실수이다. 예를 들어 원자의 에너지를 측정하면 그 결과는 그 원자의 이미 잘 알려진 에너지 준위(level)들 중 하나일 것이다. 익숙한 스핀의 경우에는 임의의 성분이 가질 수 있는 가능한 값이 ±1이다. 관측 장비는 결코 다른 결과를 내지 않는다. 원리 2는 관측량을 표현하는 연산자와 측정 결과 가능한 수치적 결과 사이의 관계를 정의한다. 즉 측정 결과는 언제나 연산자에 대응하는 고윳값들 중 하나이다. 따라서 스핀 연산자의 각 성분은 ±1과 같은 2개의 고윳값을 가져야 한다.[2]

원리 3은 가장 흥미롭다. 적어도 내 생각은 그렇다. 이 원리는 명확하게 구분되는 상태를 말하고 있다. 이는 우리가 이미 접했던 핵심 아이디어이다. 만약 모호함 없이 두 상태를 구분할 수 있는 측정이 가능하다면 그 두 상태는 물리적으로 별개이다. 예를 들어 $|u\rangle$와 $|d\rangle$는 σ_z를 측정해서 구분할 수 있다. 만약 여러분이 스핀을 건네받고, 그 스핀이 $|u\rangle$ 상태이거나 $|d\rangle$ 상태이니 두 상태 중 어느 상태가 옳은 상태인지 알아내라는 말을 들었다면, 여러분은 그저 A를 z 축으로 정렬하고 σ_z를 측정하기만 하면 된다. 실수할 가능성은 없다. $|l\rangle$과 $|r\rangle$에 대해서도 똑같이 사실이다. σ_x를 측정하면 두 상태를 구분할 수 있다.

---

2) 스핀 연산자의 '성분'이 무슨 뜻인지는 아직 설명하지 않았다. 곧 설명할 예정이다.

하지만 그 대신 스핀이 $|u\rangle$나 $|r\rangle$(이때 오른쪽 상태는 각각 50퍼센트의 확률로 위쪽 또는 아래쪽인 상태이다.) 두 상태 중 하나라는 말을 들었다고 하자. 측정을 해서 그 스핀의 진짜 상태를 명확하게 말해 줄 것이 아무것도 없다. σ_z를 측정한다고 될 일이 아니다. 만약 $\sigma_z = +1$을 얻었다면 초기 상태는 $|r\rangle$이었을 가능성도 있다. 왜냐하면 $|r\rangle$ 상태에서 이 답을 얻을 확률이 50퍼센트이기 때문이다. 이런 이유로 $|u\rangle$와 $|d\rangle$는 물리적으로 구분할 수 있다고 말하지만, $|u\rangle$와 $|r\rangle$는 그렇지 않다. 두 상태의 내적이 두 상태를 확실히 구분할 수 없는 척도라고 말할 수도 있다. 이따금 이 내적을 중복(overlap)이라 부른다. 원리 3은 물리적으로 서로 별개인 상태가 수직인 상태 벡터로 표현되어야 함을 요구한다. 즉 벡터들 사이에 중복이 없어야 한다. 따라서 스핀 상태에 대해 $\langle u|d\rangle = 0$이지만 $\langle u|r\rangle = \dfrac{1}{\sqrt{2}}$이다.

마지막으로 원리 4는 이런 아이디어를 실험의 다양한 결과에 대한 확률을 표현하는 규칙으로 정량화한다. 어떤 계가 상태 $|A\rangle$로 준비되어 있고 뒤이어 관측량 $\mathbf{L}$을 측정한다고 가정하면, 그 결과는 연산자 $\mathbf{L}$의 고윳값 들 중의 하나일 것이다. 하지만 일반적으로 이 값들 중 어느 값이 관측될 것인지 확실하게 말해 줄 방법은 없다. 다만 그 결과가 λ_i일 확률— $P(\lambda_i)$라 하자.— 만 있을 뿐이다. 원리 4는 그 확률을 어떻게 계산하는지를 말해 준다. 그 확률은 $|A\rangle$와 $|\lambda_i\rangle$의 중복으로 표현된다. 조금 더 엄밀히 말해 확률은 그 중복 크기의 제곱

$$P(\lambda_i) = \left| \langle A | \lambda_i \rangle \right|^2,$$

또는

$$P(\lambda_i) = \langle A | \lambda_i \rangle \langle \lambda_i | A \rangle$$

이다. 왜 확률이 중복 그 자체가 아닐까 하고 궁금해할지도 모르겠다. 왜 중복의 제곱일까? 두 벡터의 내적은 항상 양수가 아닐 수도 있고 심지어 실수도 아닐 수 있다는 점을 명심하라. 반면 확률은 양의 실수이다. 따라서 $P(\lambda_i)$를 $\langle A | \lambda_i \rangle$와 동일시하는 것은 말이 안 된다. 하지만 크기의 제곱, 즉 $\langle A | \lambda_i \rangle \langle \lambda_i | A \rangle$은 항상 양의 실수이므로 주어진 결과의 확률로 취급할 수 있다.

이 원리들의 중요한 결과는 다음과 같다.

관측량을 표현하는 연산자는 에르미트이다.

그 이유는 두 가지이다. 첫째, 실험의 결과는 실수여야 하므로 연산자 **L**의 고윳값 또한 실수여야 한다. 둘째, 명확하게 구분 가능한 결과를 표현하는 고유 벡터는 서로 다른 고윳값을 가져야 한다. 따라서 수직이어야 한다. 이런 조건들을 통해 **L**이 에르미트라는 사실을 증명할 수 있다.

3.3 예제: 스핀 연산자

아주 믿기 힘들겠지만, 하나의 스핀 — 그 자체로 아주 단순한 물리계 — 은 여전히 양자 역학에 대해 우리에게 가르쳐 줄 것이 많다. 우리는 그 모든 단물을 빨아먹을 작정이다. 이번 강의의 목표는 스핀 연산자를 2 × 2 행렬의 구체적인 형태로 쓰는 것이다. 특정한 상황에서 그 연산자가 어떻게 작동하는지 알게 될 것이다. 우리는 스핀 연산자와 상태 벡터를 구축할 것이다. 하지만 세부 사항으로 뛰어들기 전에, 연산자들이 어떻게 물리적인 측정과 연관되어 있는지 조금 더 말하려고 한다. 그 관계는 미묘해서 진도를 나가면서 더 많은 이야기를 할 참이다.

여러분도 알겠지만 물리학자들은 스칼라나 벡터 같은 다양한 형태의 물리량을 인식한다. 그렇다면 벡터(스핀 등)의 측정과 연관된 연산자는 그 자체로 벡터의 성격을 갖고 있다는 점은 전혀 놀랍지 않다.

지금까지의 여정에서 우리는 한 종류 이상의 벡터를 보아 왔다. 3-벡터는 가장 단순하며 하나의 전형으로 역할을 한다. 3차원 공간에서 하나의 화살표를 수학적으로 표현하며 종종 열 행렬로 쓰인 3개의 실수로 표현한다. 3-벡터의 성분은 실수이므로 양자 상태를 표현하기에는 그다지 충분히 풍성하지 않다. 이를 위해 복소수 성분을 갖는 브라와 켓이 필요하다.

어떤 종류의 벡터가 스핀 연산자 σ일까? 확실히 상태 벡터(브라나 켓)는 아니다. 정확히 3-벡터도 아니다. 하지만 공간에서의 방향과 관련이 있기 때문에 가족처럼 많이 닮았다. 사실 우리는 종종 σ가 마치 그저 3-벡터인 것처럼 이용할 것이다. 하지만 모든 것이 제자리를 잡도록 하기 위해 σ를 3-벡터 연산자라 부를 것이다.

그런데 그것이 실제로는 무슨 뜻일까? 물리학 용어로 말하자면 이렇다. 스핀 측정 장치가 특정 방향의 스핀 상태에 대한 질문에만 답할 수 있듯이, 스핀 연산자도 특정 방향의 스핀 성분에 대한 정보만 제공할 수 있을 뿐이다. 다른 방향에서 물리적으로 스핀을 측정하려면 측정 장비를 돌려 새로운 방향을 가리키게 해야 한다. 똑같은 아이디어가 스핀 연산자에도 적용된다. 새로운 방향에서의 스핀 성분에 대해 말하고 싶다면 그 또한 '회전'시켜야 한다. 그러나 이런 종류의 회전은 수학적으로 하는 일이다. 요점은 이렇다. 관측 장비를 위치시킬 수 있는 각 방향에 대해 스핀 연산자가 존재한다.

3.4 스핀 연산자 구축

이제 스핀 연산자를 자세히 만들어 보자. 첫 목표는 스핀의 성분 σ_x, σ_y, σ_z를 표현하는 연산자를 구축하는 것이다. 그리고 그 결과의 토대 위에 임의의 방향에서의 스핀 성분을 표현하는 연산자를 구축할 것이다. 늘 그렇듯 σ_z부터 시작하자. 우리는 σ_z가 $|u\rangle$와 $|d\rangle$ 상태에 대해 확실하고도 명백한 값을 가지며 그에 대응되는 관측값은 $\sigma_z = +1$과 $\sigma_z = -1$임을 알고 있다. 처음 세 원리가

말하는 바는 다음과 같다.

- **원리 1:** σ의 각 성분은 선형 연산자로 표현된다.
- **원리 2:** σ_z의 고유 벡터는 $|u\rangle$와 $|d\rangle$이다. 그에 대응하는 고윳값은 $+1$과 -1이다. 이를 추상적인 방정식으로 표현할 수 있다.

$$\sigma_z|u\rangle = |u\rangle$$
$$\sigma_z|d\rangle = -|d\rangle. \tag{3.12}$$

- **원리 3:** $|u\rangle$와 $|d\rangle$ 상태는 서로 수직이며 다음과 같이 표현할 수 있다.

$$\langle u|d\rangle = 0. \tag{3.13}$$

식 2.11과 식 2.12로부터 $|u\rangle$와 $|d\rangle$의 열 표현을 돌이켜 보면 식 3.12를 행렬의 형태로 다음과 같이 쓸 수 있다.

$$\begin{pmatrix} (\sigma_z)_{11} & (\sigma_z)_{12} \\ (\sigma_z)_{21} & (\sigma_z)_{22} \end{pmatrix} \begin{pmatrix} 1 \\ 0 \end{pmatrix} = \begin{pmatrix} 1 \\ 0 \end{pmatrix} \tag{3.14}$$

$$\begin{pmatrix} (\sigma_z)_{11} & (\sigma_z)_{12} \\ (\sigma_z)_{21} & (\sigma_z)_{22} \end{pmatrix} \begin{pmatrix} 0 \\ 1 \end{pmatrix} = -\begin{pmatrix} 0 \\ 1 \end{pmatrix}. \tag{3.15}$$

이 방정식을 만족하는 행렬은 오직 하나이다. 다음 결과를 증명하는 것은 연습 문제로 남겨 둔다.

$$\begin{pmatrix} (\sigma_z)_{11} & (\sigma_z)_{12} \\ (\sigma_z)_{21} & (\sigma_z)_{22} \end{pmatrix} = \begin{pmatrix} 1 & 0 \\ 0 & -1 \end{pmatrix}. \tag{3.16}$$

이 결과를 조금 더 간결하게 쓰면 다음과 같다.

$$\sigma_z = \begin{pmatrix} 1 & 0 \\ 0 & -1 \end{pmatrix}. \tag{3.17}$$

연습 문제 3.2: 식 3.16이 식 3.14와 식 3.15의 유일한 풀이임을 증명하라.

이는 양자 역학 연산자에 대한 우리의 첫 사례이다. 일이 어떻게 진행되어 왔는지 요약해 보자. 먼저 어떤 실험 데이터가 있다. $|u\rangle$와 $|d\rangle$라 불리는 어떤 상태가 있어서 σ_z를 측정하면 명백하게 ±1의 결과를 준다. 다음으로 원리에 따르면 $|u\rangle$와 $|d\rangle$는 서로 수직이며 선형 연산자 σ_z의 고유 벡터이다. 마지막으로 우리는 원리들로부터 고유 벡터에 대응하는 고윳값이 관측값(또는 측정값), 즉 ±1임을 알고 있다. 식 3.17을 유도하는 데에 필요한 것은 이것이 전부다.

스핀의 다른 두 성분, σ_x와 σ_y에 대해서도 똑같은 작업을 할

수 있을까? 물론 그럴 수 있다.[3] σ_x의 고유 벡터는 $|r\rangle$와 $|l\rangle$이고 고유 벡터는 각각 $+1$과 -1이다. 식으로 쓰면

$$\sigma_x|r\rangle = |r\rangle$$
$$\sigma_x|l\rangle = -|l\rangle \qquad (3.18)$$

이다. $|r\rangle$와 $|l\rangle$은 $|u\rangle$와 $|d\rangle$의 선형 결합이라는 사실을 돌이켜 보자.

$$|r\rangle = \frac{1}{\sqrt{2}}|u\rangle + \frac{1}{\sqrt{2}}|d\rangle$$
$$|l\rangle = \frac{1}{\sqrt{2}}|u\rangle - \frac{1}{\sqrt{2}}|d\rangle. \qquad (3.19)$$

$|u\rangle$와 $|d\rangle$를 적절한 열 벡터로 대체하면 다음을 얻는다.

$$|r\rangle = \begin{pmatrix} \dfrac{1}{\sqrt{2}} \\[2mm] \dfrac{1}{\sqrt{2}} \end{pmatrix}$$

---

3) 우리는 정치 슬로건에 빠져들지 않을 것이다. 정말이다. 슬로건은 그만. (원문 "Yes, we can."은 미국의 버락 오바마 대통령이 2008년 선거에 나섰을 때 사용했던 슬로건이다. ─옮긴이)

$$| l \rangle = \begin{pmatrix} \dfrac{1}{\sqrt{2}} \\ \dfrac{-1}{\sqrt{2}} \end{pmatrix}.$$

식 3.18을 조금 더 명확하게 하기 위해 행렬 형태로 쓸 수 있다.

$$\begin{pmatrix} (\sigma_x)_{11} & (\sigma_x)_{12} \\ (\sigma_x)_{21} & (\sigma_x)_{22} \end{pmatrix} \begin{pmatrix} \dfrac{1}{\sqrt{2}} \\ \dfrac{1}{\sqrt{2}} \end{pmatrix} = \begin{pmatrix} \dfrac{1}{\sqrt{2}} \\ \dfrac{1}{\sqrt{2}} \end{pmatrix}$$

$$\begin{pmatrix} (\sigma_x)_{11} & (\sigma_x)_{12} \\ (\sigma_x)_{21} & (\sigma_x)_{22} \end{pmatrix} \begin{pmatrix} \dfrac{1}{\sqrt{2}} \\ \dfrac{-1}{\sqrt{2}} \end{pmatrix} = - \begin{pmatrix} \dfrac{1}{\sqrt{2}} \\ -\dfrac{1}{\sqrt{2}} \end{pmatrix}.$$

이 방정식을 보통 표기법으로 풀어서 쓰면 행렬 원소 $(\sigma_x)_{11}$, $(\sigma_x)_{12}$, $(\sigma_x)_{21}$, $(\sigma_x)_{22}$에 대한 풀기 쉬운 방정식 4개로 바꿀 수 있다. 그 풀이는 다음과 같다.

$$\begin{pmatrix} (\sigma_x)_{11} & (\sigma_x)_{12} \\ (\sigma_x)_{21} & (\sigma_x)_{22} \end{pmatrix} = \begin{pmatrix} 0 & 1 \\ 1 & 0 \end{pmatrix},$$

즉

$$\sigma_x = \begin{pmatrix} 0 & 1 \\ 1 & 0 \end{pmatrix}$$

이다. 마지막으로 똑같은 작업을 σ_y에 대해서도 할 수 있다. σ_y의 고유 벡터는 안쪽과 바깥쪽 상태인 $|i\rangle$와 $|o\rangle$이다.

$$|i\rangle = \frac{1}{\sqrt{2}}|u\rangle + \frac{i}{\sqrt{2}}|d\rangle$$

$$|o\rangle = \frac{1}{\sqrt{2}}|u\rangle - \frac{i}{\sqrt{2}}|d\rangle.$$

성분으로 쓰면 이 방정식은

$$|i\rangle = \begin{pmatrix} \dfrac{1}{\sqrt{2}} \\ \dfrac{i}{\sqrt{2}} \end{pmatrix}$$

$$|o\rangle = \begin{pmatrix} \dfrac{1}{\sqrt{2}} \\ \dfrac{-i}{\sqrt{2}} \end{pmatrix}$$

이며 다음 결과를 쉽게 계산할 수 있다.

$$\sigma_y = \begin{pmatrix} 0 & -i \\ i & 0 \end{pmatrix}.$$

요약하자면 3개의 연산자 σ_x, σ_y, σ_z는 3개의 행렬

$$\sigma_z = \begin{pmatrix} 1 & 0 \\ 0 & -1 \end{pmatrix}$$

$$\sigma_x = \begin{pmatrix} 0 & 1 \\ 1 & 0 \end{pmatrix}$$

$$\sigma_y = \begin{pmatrix} 0 & -i \\ i & 0 \end{pmatrix} \tag{3.20}$$

으로 표현된다. 이 3개의 행렬은 아주 유명하며 발견자의 이름을 갖고 있다. 바로 파울리 행렬(Pauli matrices)이다.[4]

3.5 흔한 오해

이제 여러분들에게 잠재적인 위험을 경고하기에 적당한 시점이 되었다. 연산자와 측정 사이의 대응 관계는 양자 역학의 근본이 다. 이는 또한 오해하기 십상이다. 양자 역학의 연산자에 대한 진실은 다음과 같다.

1. 연산자는 고윳값과 고유 벡터를 계산하는 데에 사용하는 도구다.
2. 연산자는 상태 벡터(추상적이고 수학적인 대상)에 작용할 뿐, 실제 물리계에 작용하지 않는다.
3. 연산자가 상태 벡터에 작용하면 그 결과로 새로운 상태

---

4) 2 × 2 단위 행렬과 함께 이 행렬은 4원수이다.

벡터를 만든다.

연산자에 대한 진실이 무엇인지를 말했으니까, 흔한 오해에 대해서 경고를 하고자 한다. 관측량을 측정하는 것과 그에 대응되는 연산자를 상태에 작용하는 것이 똑같다고 종종 생각하기도 한다. 예를 들어 관측량 L을 측정하는 데에 관심이 있다고 하자. 측정은 장비가 계에 행하는 어떤 종류의 작용이다. 하지만 그 작용은 연산자 L을 그 상태에 작용하는 것과 전혀 같지 않다. 예를 들어 측정 전 계의 상태를 $|A\rangle$라 하면, L을 측정한 것이 상태를 $L|A\rangle$로 바꾸었다고 말하는 것은 옳지 않다.

이를 이해하기 위해 예를 하나 자세히 살펴보자. 다행히도 앞선 절에서의 스핀 사례가 딱 우리에게 필요한 것들이다. 식 3.12를 돌아보면 다음과 같다.

$$\sigma_z |u\rangle = |u\rangle$$
$$\sigma_z |d\rangle = -|d\rangle.$$

이 상황에서는 함정이 없다. 왜냐하면 $|u\rangle$와 $|d\rangle$는 σ_z의 고유 벡터이기 때문이다. 만약 계가 예컨대 $|d\rangle$ 상태로 준비되었다면 측정 결과는 명확하게 -1이며 σ_z 연산지는 그 준비된 상태를 그에 상응하는 실험 후 상태, 즉 $-|d\rangle$로 변환시킨다. $-|d\rangle$ 상태는 곱해진 상수만 제외하면 $|d\rangle$와 똑같다. 따라서 두 상태는

정말로 똑같다. 여기서는 어떤 문제도 없다.

이제 $|r\rangle$로 준비된 상태에 σ_z를 작용하는 것을 되돌아보자. $|r\rangle$ 상태는 σ_z의 고유 벡터가 아니다. 식 3.19로부터 우리는

$$|r\rangle = \frac{1}{\sqrt{2}}|u\rangle + \frac{1}{\sqrt{2}}|d\rangle$$

임을 알고 있다. 이 상태 벡터에 σ_z를 작용하면 그 결과는

$$\sigma_z|r\rangle = \frac{1}{\sqrt{2}}\sigma_z|u\rangle + \frac{1}{\sqrt{2}}\sigma_z|d\rangle$$

$$\sigma_z|r\rangle = \frac{1}{\sqrt{2}}|u\rangle - \frac{1}{\sqrt{2}}|d\rangle \qquad (3.21)$$

이다. 자, 여기 함정이 있다. 여러분이 어떤 생각을 하든 식 3.21의 우변의 상태 벡터는 σ_z를 측정한 결과의 상태가 명백하게 아니다. σ_z를 측정한 결과는 계를 $|u\rangle$ 상태로 남기는 경우 $+1$이거나, 계를 $|d\rangle$ 상태로 남기는 경우 -1이다. 그 어떤 경우도 식 3.12에서 표현된 중첩 상태로 계의 상태 벡터를 남기지 않는다.

그러나 그 상태 벡터가 측정 결과와 무언가 관계를 가져야 함은 확실하지 않은가? 사실 그렇다. 우리는 그 답의 일부를 4강에서 알아볼 것이다. 새로운 상태 벡터로부터 어떻게 각각의 가능한 측정 결과에 대한 확률을 계산할 수 있는지 공부할 것이다. 하지만 측정 결과는 관측 장비를 계의 일부로 고려하지 않고서는

적절하게 기술할 수 없다. 측정 과정에서 실제 무슨 일이 일어나는지는 7.8의 주제이다.

3.6 3-벡터 연산자를 되돌아본다

이제 3-벡터 연산자의 아이디어를 되돌아보자. 나는 σ_x, σ_y, σ_z를 세 축에 대한 스핀의 성분이라 불렀다. 이는 이들이 어떤 종류의 3-벡터의 성분임을 암시한다. 물리학에서 항상 그 모습을 드러내는 벡터의 두 가지 개념으로 돌아가기에 지금이 좋은 시점이다. 먼저 보통의 3차원 공간에서 흔히 볼 수 있는 벡터가 있다. 우리는 이를 3-벡터라 부르기로 했다. 우리가 보아 왔듯이 3-벡터는 공간의 세 방향을 따라 성분을 갖는다.

벡터라는 용어에 대한 완전히 또 다른 의미는 계의 상태 벡터이다. 따라서 $|u\rangle$와 $|d\rangle$, $|r\rangle$와 $|l\rangle$, 그리고 $|i\rangle$와 $|o\rangle$는 2차원 스핀 상태 공간에서의 상태 벡터이다. σ_x, σ_y, σ_z는 어떤가? 벡터인가? 만약 그렇다면, 어떤 종류의 벡터인가?

분명히 상태 벡터는 아니다. 이들은 측정할 수 있는 스핀의 세 성분에 대응되는 (행렬로 표현된) 연산자이다. 사실 이 3-벡터 연산자는 새로운 형태의 벡터를 나타낸다. 상태 벡터 및 보통의 3-벡터 모두와 다르다. 하지만 스핀 연산자가 3-벡터와 너무나 비슷하게 행동하기 때문에 이들을 이런 식으로 여기더라도 전혀 해가 없다. 여기서 우리가 하려는 것이 바로 그것이다.

우리는 측정 장비 A를 세 축 중 임의의 한 방향으로 놓고 작동시켜 스핀 성분을 측정한다. 그런데, A를 임의의 축 방향으로 놓고 그 축을 따라 σ의 성분을 측정하면 왜 안 되는가? 즉 n_x, n_y, n_z의 성분을 갖는 임의의 단위 3-벡터 $\hat{n}$을 취해 장비 A의 화살표가 $\hat{n}$ 방향이 되게 위치시킨다. A를 작동하면 $\hat{n}$ 축을 따른 σ의 성분을 측정할 것이다. 이 측정 가능한 양에 대응하는 연산자가 반드시 있어야 한다.

만약 σ가 정말로 3-벡터처럼 행동한다면, $\hat{n}$ 방향의 σ 성분은 그저 σ와 $\hat{n}$ 사이의 보통의 내적이다.[5), 6)] σ의 그 성분을 σ_n이라 표기하면

$$\sigma_n = \vec{\sigma} \cdot \hat{n}$$

이며 전개해서 쓴 형태는 다음과 같다.

$$\sigma_n = \sigma_x n_x + \sigma_y n_y + \sigma_z n_z. \tag{3.22}$$

이 식의 의미를 명확히 하기 위해 $\hat{n}$의 성분은 단지 숫자임을 명

---

5) σ_x 같은 성분을 말할 때를 제외하고는 이제부터 $\vec{\sigma}$ 기호를 쓰기 시작할 것이다.

6) 주의 깊은 독자라면 반발할지도 모르겠다. 왜냐하면 이 "보통의" 내적은 스칼라가 아니라 2 × 2 행렬이기 때문이다. 따라서 아주 보통은 아니다. 그 결과로 나오는 행렬 연산자가 벡터 성분에 대응되며 그것이 스칼라라는 사실이 좀 위안이 될 수 있을 것이다. 결국에는 이 모든 것이 잘 작동한다.

심하라. 그 자신들은 연산자가 아니다. 식 3.22는 각각이 숫자 계수 n_x, n_y, n_z를 가진 세 항의 합으로 구성된 벡터 연산자이다. 조금 더 구체적으로 식 3.22를 행렬 형태로 쓸 수 있다.

$$\sigma_n = n_x \begin{pmatrix} 0 & 1 \\ 1 & 0 \end{pmatrix} + n_y \begin{pmatrix} 0 & -i \\ i & 0 \end{pmatrix} + n_z \begin{pmatrix} 1 & 0 \\ 0 & -1 \end{pmatrix}.$$

훨씬 더 명시적으로 쓰자면 이 세 항을 하나의 행렬로 꿰맞출 수 있다.

$$\sigma_n = \begin{pmatrix} n_z & (n_x - in_y) \\ (n_x + in_y) & -n_z \end{pmatrix}. \tag{3.23}$$

이것이 어디에 쓸모 있을까? σ_n의 고유 벡터와 고윳값을 알기 전까지는 그리 많지 않다. 일단 그 둘을 알게 되면 우리는 $\hat{n}$ 방향을 따라 측정했을 때 가능한 결과를 알게 될 것이다. 또한 그 결과에 대한 확률을 계산할 수도 있을 것이다. 즉 3차원 공간에서의 스핀 측정에 관한 완벽한 그림을 갖게 된다. 나 혼자 하는 말이긴 하지만, 그건 정말 엄청나게 멋진 일이다.

3.7 결과를 수확하며

이제 우리는 무언가 실제 계산을 할 수 있는 위치에 서게 되었다. 이를 통해 여러분 마음속의 물리학자가 기뻐 날뛰게 될 것이다. $\hat{n}$이 xz 평면 위에 놓여 있는 특별한 경우를 살펴보자. xz 평면

은 이 지면이 놓여 있는 평면이다. $\hat{n}$이 단위 벡터이므로 다음과
같이 쓸 수 있다.

$$n_z = \cos \theta$$
$$n_x = \sin \theta$$
$$n_y = 0.$$

여기서 θ는 z 축과 $\hat{n}$ 축 사이의 각도이다. 이 결과를 식 3.23에
끼워 넣으면 다음과 같이 쓸 수 있다.

$$\sigma_n = \begin{pmatrix} \cos \theta & \sin \theta \\ \sin \theta & -\cos \theta \end{pmatrix}.$$

연습 문제 3.3: σ_n의 고유 벡터와 고윳값을 계산하라. 힌트: 고유 벡터
$|\lambda_1\rangle$이 다음과 같은 형태

$$\begin{pmatrix} \cos \alpha \\ \sin \alpha \end{pmatrix}$$

라 가정하자. 여기서 α는 미지의 변수이다. 이 벡터를 고윳값 방정식
에 끼워 넣고 α를 θ로 푼다. 왜 하나의 변수 α만 사용했을까? 우리가
제안한 열 벡터는 길이가 1이어야 함을 유의하라.

그 결과는 다음과 같다.

$$\lambda_1 = 1$$

$$|\lambda_1\rangle = \begin{pmatrix} \cos \dfrac{\theta}{2} \\ \\ \sin \dfrac{\theta}{2} \end{pmatrix}$$

이고

$$\lambda_2 = -1$$

$$|\lambda_2\rangle = \begin{pmatrix} -\sin \dfrac{\theta}{2} \\ \\ \cos \dfrac{\theta}{2} \end{pmatrix}$$

이다. 몇몇 중요한 사항들에 주목하자. 먼저 두 고윳값은 여전히 +1과 −1이다. 전혀 놀랍지 않다. 관측 장비 A는 어느 방향을 가리키든 간에 두 값 중 하나만 줄 수 있기 때문이다. 하지만 방정식에서 이 결과를 확인하는 것은 좋은 일이다. 두 번째 사실은 두 고유 벡터가 서로 수직이라는 점이다.

이제 우리는 실험 결과를 예측할 수 있게 되었다. A가 처음에는 z 축을 가리키고 있었고 우리가 스핀을 위쪽 상태 $|u\rangle$로 준비했다고 가정해 보자. 그다음, A를 돌려 $\hat{n}$ 축을 따라 놓이게 한다. $\sigma_n = +1$을 관측할 확률은 얼마인가? 원리 4에 따르면, 그리고 $\langle u|$와 $|\lambda_1\rangle$에 대한 행과 열 표현을 사용하면 그 답은

$$P(+1) = |\langle u|\lambda_1\rangle|^2 = \cos^2 \frac{\theta}{2} \tag{3.24}$$

이다. 이와 비슷하게 똑같은 설정에 대해

$$P(-1) = \left|\langle u | \lambda_2 \rangle\right|^2 = \sin^2 \frac{\theta}{2} \qquad (3.25)$$

이다. 이 결과로부터 우리는 이제 거의 한 바퀴 돌아 제자리로 왔다. 스핀을 소개할 때, 만약 우리가 많은 수의 스핀을 위쪽 상태로 준비해서 z 축과 θ의 각도로 $\hat{n}$ 방향에 따른 성분을 측정한다면, 관측 결과의 평균은 $\cos \theta$일 것이라고 주장했다. 이 결과는 고전 물리학에서 간단한 3-벡터에 대해 우리가 얻게 될 결과와 똑같다. 우리의 수학 기법이 똑같은 결과를 줄까? 더 좋은 결과를 준다! 이론이 실험과 맞지 않는다면 절간을 떠나야 할 것은 이론이다. 우리의 이론이 지금까지 얼마나 잘 적용되었는지 살펴보자.

불행히도 다음 강의에서야 충분히 설명하게 될 방정식을 이용하는 속임수를 좀 써야겠다. 이는 측정에 대한 평균(또는 기댓값으로도 불린다.)을 어떻게 계산하는지 알려 주는 식이다. 그 식은 다음과 같다.

$$\langle \mathbf{L} \rangle = \sum_i \lambda_i P(\lambda_i). \qquad (3.26)$$

식 3.26은 평균에 대한 표준 공식이라는 사실을 말해 둘 필요가 있겠다. 양자 역학에만 쓰이는 것이 아니다.

연산자 L에 대응하는 측정의 기댓값을 계산하기 위해 각 고 윳값을 그 확률에 곱한 뒤 그 결과를 더하면 된다. 물론 지금 우리가 살펴보는 연산자는 다름 아닌 σ_n이며, 이미 필요한 모든 값을 갖고 있다. 그걸 다 꿰맞추어 보자. 식 3.24와 식 3.25 및 우리가 알고 있는 고윳값을 이용하면 다음과 같이 쓸 수 있다.

$$\langle \sigma_n \rangle = (+1) \cos^2 \frac{\theta}{2} + (-1) \sin^2 \frac{\theta}{2},$$

즉

$$\langle \sigma_n \rangle = \cos^2 \frac{\theta}{2} - \sin^2 \frac{\theta}{2}$$

이다. 삼각 함수를 기억한다면 이 결과는

$$\langle \sigma_n \rangle = \cos \theta$$

이다. 실험과 완벽하게 일치한다. 그래, 우리가 해냈다!

여기까지 왔으니 조금 더 일반적인 문제에 손을 쓰고 싶을지도 모르겠다. 예전처럼 장비 A가 z 방향을 가리키는 것으로 시작한다. 하지만 지금은 스핀이 위쪽 상태로 일단 준비되었으므로 두 번째 관측을 위해 A를 공간 속의 임의의 방향으로 돌릴 수 있다. 이 경우 $n_y \neq 0$이다. 계속 진행해 보기 바란다.

연습 문제 3.4: $n_z = \cos\theta$, $n_x = \sin\theta\cos\phi$, $n_y = \sin\theta\sin\phi$라 하자. 각 θ와 ϕ는 구면 좌표계(그림 3.2를 보라.)의 보통 표기법에 따라 정의된다. 식 3.23의 행렬에 대한 고윳값과 고유 벡터를 계산하라.

여러분은 또한 두 방향 $\hat{n}$과 $\hat{m}$을 수반하는 훨씬 더 복잡한 예제를 풀 수도 있을 것이다. 이 설정에서는 A가 임의의 방향에서 단지 끝나는 것이 아니라 (다른) 임의의 방향으로 돌아가기 시작한다.

연습 문제 3.5: $\sigma_m = +1$이 되게 스핀이 준비되어 있다고 가정하자. 그리고 관측 장비가 $\hat{n}$ 방향으로 돌아가 σ_n을 측정한다. 그 결과가 +1일 확률은 얼마인가? 우리가 σ_n에 사용했던 것과 똑같은 표기법을 사용하면 $\sigma_m = \sigma \cdot \hat{m}$임에 유의하라.

그 답은 $\hat{m}$과 $\hat{n}$ 사잇각의 절반의 코사인을 제곱한 값이다. 이를 보일 수 있겠는가?

3.8 스핀 편광 원리

여러분이 증명해 볼 수 있는 중요한 정리가 있다. 나는 이것을 다음과 같이 부른다.

스핀 편광 원리(spin-polarization principle): 단일 스핀의 임의의 상태는 그 스핀의 어떤 성분의 고유 벡터이다.

즉 주어진 임의의 상태

$$|A\rangle = \alpha_u |u\rangle + \alpha_d |d\rangle$$

에 대해 어떤 방향 $\hat{n}$이 있어서 다음 관계가 성립한다.

$$\vec{\sigma} \cdot \vec{n} \, |A\rangle = |A\rangle.$$

이는 임의의 스핀 상태에 대해 장비 A의 어떤 방향이 있어서 A가 작동하면 +1의 결과를 줄 것임을 뜻한다. 물리적인 용어로 말하자면 이렇다. 스핀의 상태는 편광 벡터(polarization vector)로 규정되며 그 편광 벡터를 따라 스핀의 성분은 +1로 예측된다. 물론 우리가 상태 벡터를 알고 있다고 가정해야 한다.

이 정리의 흥미로운 결과는 스핀의 모든 세 성분의 기댓값이 0이 되는 상태가 없다는 점이다. 이를 표현하는 정량적인 방법이 있다. $\hat{n}$ 방향을 따른 스핀의 기댓값을 생각해 보자. $|A\rangle$는 $\vec{\sigma} \cdot \vec{n}$의 고유 벡터(고윳값이 +1)이므로 그 기댓값은 다음과 같이 표현할 수 있다.

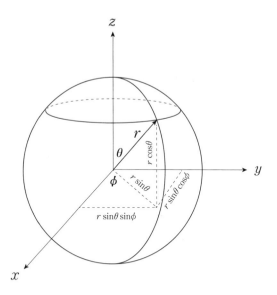

그림 3.2 구면 좌표계. 이 그림은 통상적인 구면 좌표계의 지표 r, θ, ϕ를 보여 주고 있다. 또한 직교 좌표계로의 변환 관계도 보여 준다. $x = r \sin\theta \cos\phi$, $y = r \sin\theta \sin\phi$, $z = \cos\theta$.

$$\langle \vec{\sigma} \cdot \vec{n} \rangle = 1.$$

한편 상태 $|A\rangle$에서는 σ의 수직 성분에 대한 기댓값이 0이다. 따라서 σ의 모든 세 성분의 기댓값을 제곱해서 더하면 1이다. 게다가 이는 임의의 상태에 대해서도 사실이다.

$$\langle \sigma_x \rangle^2 + \langle \sigma_y \rangle^2 + \langle \sigma_z \rangle^2 = 1. \qquad (3.27)$$

이 사실을 기억하라. 6강에서 다시 돌아올 것이다.

⊕ 4강 ⊕

시간과 변화

바의 끝에 육중하고 조용하고 위협적인 사내가 혼자 앉아 있다.

그의 티셔츠에는 '-1'이 쓰여 있다.

아트: 저쪽 구석에 있는 '마이너스 일' 녀석은 누구지? 경비원인가?

레니: 그 이상이야. 바로 법칙이지.

저 사람이 없다면 이 모든 장소가 산산이 부서질 걸세.

4.1 고전적인 유품

『물리의 정석: 고전 역학 편』에서는 한 쪽보다 조금 더 많은 분량을 할애해 고전 역학에서 상태란 무엇인지 설명했다. 양자 역학 편에서는 똑같은 수준으로 가는 데까지 강의 3개, 막간 3개, 그리고 내가 대략 계산해 보기로는 약 1만 7000단어가 소요되었다. 하지만 내 생각에 최악은 끝났다. 이제 우리는 상태가 무엇인지 안다. 하지만 고전 물리학에서와 꼭 마찬가지로 계의 상태를 아는 것은 이야기의 절반밖에 안 된다. 나머지 절반은 상태가 시간에 따라 어떻게 변하는지에 관한 규칙과 관계가 있다. 그것이 다음 작업이다.

고전 물리학에서 변화의 본질을 어떻게 보는지 빨리 상기시켜 주려고 한다. 고전 물리학에서는 상태 공간이 수학적인 집합이다. 논리는 불 논리이고 상태의 시간에 따른 변화는 결정론적이며 가역적이다. 우리가 고려했던 가장 단순한 예에서 상태 공간은 몇몇 점들로 구성되어 있었다. 동전의 경우 앞면과 뒷면, 주사위의 경우 {1, 2, 3, 4, 5, 6}이었다. 상태는 지면에 점들의 집합으로 그려졌고, 시간에 따른 변화는 다음에 어디로 갈지를 알려 주는 규칙일 뿐이었다. 운동 법칙은 상태들을 연결하는 화살표들이 있는 그래프로 구성된다. 주요 규칙(결정론)은 이렇다. 여러분이 상태 공간의 어디에 있든지 다음 상태는 운동 법칙에 따라 완전히 정해진다. 그런데 '가역성'이라 불리는 또 다른 규칙도 있었다. 가역성에 따르면 적절하게 공식화된 법칙은 여러분에게 여러분이 이전에 어디에 있었는지도 반드시 말할 수 있어야 한다. 좋은 법칙은 각 상태에서 정확하게 하나의 화살표가 들어오고 하나의 화살표가 나가는 그래프에 대응된다.

이 요구 조건을 기술하는 다른 방법이 있다. 나는 이것을 "제-1법칙"이라 불렀다. 왜냐하면 이것은 다른 모든 것의 밑바닥에 깔려 있기 때문이다. 그것은 정보는 결코 손실되지 않는다는 법칙이다. 만약 2개의 똑같은 고립계가 다른 상태에서 시작한다면 이들은 다른 상태로 머물러 있을 것이다. 게다가 과거에 이들은 또한 다른 상태에 있었다. 반면 2개의 똑같은 계가 어떤 시점에 똑같은 상태에 있다면 이들의 과거와 미래의 변화 또한 똑같아야 한다. 즉 구별이 보존된다. 제-1법칙의 양자 버전에는 이름이 있다. 바로 일원성(unitarity)이다.

4.2 일원성

시간 t에 양자 상태 $|\Psi\rangle$에 있는 닫힌계를 생각해 보자. (계의 변화를 고려할 때 양자 상태에 대해 전통적으로 그리스 문자 Ψ('프사이'라 부른다.)를 사용한다.) 그 상태가 특정한 시각 t에 $|\Psi\rangle$였다는 점을 나타내기 위해 표기법이 약간 복잡해지더라도 이 상태를 $|\Psi(t)\rangle$라 부르자. 물론 이 표기법은 단지 "상태가 시간 t에 $|\Psi\rangle$였다."보다

는 조금 더 많은 것을 암시한다. 이는 또한 그 상태가 다른 시간에는 다를 수 있음을 뜻한다. 따라서 우리는 $|\Psi(t)\rangle$가 계의 전체 이력을 나타낸다고 생각할 수 있다.

양자 역학의 기본적인 동역학적 가정은 이렇다. 만약 여러분이 어느 시간에 양자 상태를 안다면 양자 운동 방정식은 그 상태가 나중에 어떻게 될 것인지를 알려 준다. 초기 시간을 0, 나중 시간을 t로 잡더라도 일반성이 사라지지는 않는다. 시간 t에서의 상태는 우리가 $\mathbf{U}(t)$라 부르는 어떤 연산자를 통해 주어진다. $\mathbf{U}(t)$는 시간이 0일 때의 상태에 작용한다. $\mathbf{U}(t)$의 성질을 더 이상 정해 주지 않는다면 $|\Psi(t)\rangle$가 $|\Psi(0)\rangle$에 따라 결정된다는 것 말고는 거의 할 말이 없다. 이 관계를 식으로 표현하면

$$|\Psi(t)\rangle = \mathbf{U}(t)|\Psi(0)\rangle \qquad (4.1)$$

이다. 연산자 $\mathbf{U}$를 그 계에 대한 시간 전개 연산자라 부른다.

4.3 양자 역학에서의 결정론

이 시점에서 조금 주의 깊게 구별할 필요가 있다. 우리는 상태 벡터가 결정론적인 방식으로 변화하는 그런 방식으로 $\mathbf{U}$를 설정하고 있다. 그래, 여러분은 내 이야기를 정확하게 들은 것이 맞다. 상태 벡터의 시간 변화는 결정론적이다. 이는 좋은 점이다. 왜냐하면 우리가 예측할 수 있는 무언가를 제공해 주기 때문이다. 그

렇다면 우리 관측 결과의 통계적인 성질을 갖고 있는 그 제곱은 어떻게 되나?

우리가 보아 왔듯이 양자 상태를 아는 것이 어떤 실험 결과를 확실하게 예측할 수 있음을 뜻하지 않는다. 예를 들어 스핀의 상태가 $|r\rangle$임을 알면 σ_x를 측정한 결과를 알 수 있지만, σ_y나 σ_z의 측정에 관해서는 아무것도 알 수 없다. 이런 이유 때문에 식 4.1은 고전적인 결정론과 똑같지 않다. 고전적인 결정론 덕분에 우리는 실험 결과를 예측할 수 있다. 양자적인 상태 변화는 나중 실험의 결과에 대한 확률을 계산할 수 있게 해 준다.

이것이 고전 역학과 양자 역학 사이의 핵심적인 차이점 중 하나이다. 이는 이 책을 시작할 때 우리가 말했던 상태와 측정 사이의 관계로까지 되돌아간다. 고전 역학에서는 상태와 측정 사이에 아무런 실질적 차이가 없다. 양자 역학에서는 그 차이가 심오하다.

4.4 U(t)를 더 자세히 들여다보면

통상적인 양자 역학에서는 **U**에 대해 두 가지 요구 조건이 있다. 먼저, **U**(t)는 선형 연산자여야 한다. 이것은 그다지 놀랍지 않다. 양자 역학에서 상태들 사이의 관계는 항상 선형적이다. 이는 상태 공간이 벡터 공간이라는 아이디어와 연결된다. 그러나 선형성이 **U**(t)에 대한 양자 역학의 유일한 요구 사항은 아니다. 제-1법칙의 양자 유사물, 즉 구별 보존(conservation of distinction)도 요구

된다.

　바로 앞 강의에서 두 상태가 수직이면 구분 가능하다는 점을 떠올려 보자. 수직이기 때문에 2개의 다른 기저 벡터는 2개의 구분 가능한 상태를 표현한다. $|\Psi(0)\rangle$과 $|\Phi(0)\rangle$을 2개의 구분 가능한 상태라 가정하자. 즉 이 둘을 구분할 수 있는 엄밀한 실험을 수행할 수 있다. 따라서 둘은 수직이어야 한다.

$$\langle\Psi(0)|\Phi(0)\rangle = 0.$$

구별 보존이란 이 둘이 모든 시간에 대해 항상 수직함을 뜻한다. 모든 t 값에 대해 이를 다음과 같이 표현할 수 있다.

$$\langle\Psi(t)|\Phi(t)\rangle = 0. \tag{4.2}$$

이 원래 때문에 시간 전개 연산자 $\mathbf{U}(t)$는 다음과 같은 결과에 이르게 된다. 그것이 무엇인지 알아보기 위해, 식 4.1의 켓 벡터를 그에 대응되는 브라 벡터로 뒤집어 보자.

$$\langle\Psi(t)| = \langle\Psi(0)|\,\mathbf{U}^{\dagger}(t). \tag{4.3}$$

단검 기호는 에르미트 켤레를 나타낸다는 사실을 명심하라. 이제 식 4.1과 4.3을 식 4.2에 끼워 넣어 보자.

$$\langle \Psi(0)| \mathbf{U}^{\dagger}(t)\mathbf{U}(t)|\Phi(0)\rangle = 0. \qquad (4.4)$$

이 식의 결과를 살펴보기 위해 직교 정규 기저 벡터 $|i\rangle$를 생각해 보자. 어떤 기저라도 상관없다. 직교 정규성은 방정식 형태로 다음과 같이 표현할 수 있다.

$$\langle i|j\rangle = \delta_{ij}.$$

여기서 δ_{ij}는 크로네커 델타(kronecker delta) 기호이다.

다음으로 $|\Psi(0)\rangle$과 $|\Phi(0)\rangle$을 이 직교 정규 기저의 일원이라 하자. 식 4.4에 대입해 넣으면 i와 j가 같지 않을 때

$$\langle i|\mathbf{U}^{\dagger}(t)\mathbf{U}(t)|j\rangle = 0 \quad (i \neq j)$$

이다. 반면 i와 j가 똑같으면 출력 벡터인 $\mathbf{U}(t)|i\rangle$와 $\mathbf{U}(t)|j\rangle$ 또한 그렇다. 이 경우 둘 사이의 내적은 1이어야 한다. 따라서 일반적인 관계는 다음과 같은 형태이다.

$$\langle i|\mathbf{U}^{\dagger}(t)\mathbf{U}(t)|j\rangle - \delta_{ij}.$$

즉 연산자 $\mathbf{U}^{\dagger}(t)\mathbf{U}(t)$는 기저 집합의 임의의 원소들 사이에 작용할 때 단위 연산자 I처럼 행동한다. 이로부터 $\mathbf{U}^{\dagger}(t)\mathbf{U}(t)$가 임

의의 상태에 작용할 때 단위 연산자 I처럼 작용한다는 것을 증명하기는 쉬운 문제이다.

$$\mathbf{U}^{\dagger}\mathbf{U} = I$$

를 만족하는 연산자를 일원적이라고 한다. 전문 용어로 말하자면, 시간 전개는 일원적이다.

일원적 연산자는 양자 역학에서 엄청난 역할을 한다. 상태 공간에서의 모든 종류의 변환을 표현한다. 시간 전개는 단지 한 사례일 뿐이다. 따라서 이 강의를 양자 역학의 다섯 번째 원리로 마무리하고자 한다.

• **원리 5:** 상태 벡터의 시간에 따른 전개는 일원적이다.

연습 문제 4.1: 만약 **U**가 일원적이고, $|A\rangle$와 $|B\rangle$가 임의의 두 상태 벡터라면 $\mathbf{U}|A\rangle$와 $\mathbf{U}|B\rangle$의 내적은 $|A\rangle$와 $|B\rangle$의 내적과 똑같음을 증명하라. 이를 중복 보존(conservation of overlap)이라고 부를 수 있다. 이는 상태들 사이의 논리적 관계가 시간에 대해 보존된다는 사실을 나타낸다.

4.5 해밀토니안

고전 역학을 공부할 때 우리는 시간의 점증 변화라는 개념을 잘 알게 되었다. 양자 역학도 이런 면에서 차이점이 없다. 수많은 극소 간격을 결합해서 유한한 시간 간격을 만들 수 있다. 이를 통해 상태 벡터의 변화에 대한 미분 방정식을 얻게 될 것이다. 그 목적을 위해 시간 간격 t를 극소 시간 간격 ε으로 바꾸고 이 작은 시간 간격에 대해 시간 전개 연산자를 고려해 보자.

점증 변화 연구에 들어가는 두 가지 원리가 있다. 첫 원리는 일원성이다.

$$\mathbf{U}^{\dagger}(\varepsilon)\mathbf{U}(\varepsilon) = I. \tag{4.5}$$

두 번째 원리는 연속성이다. 이는 상태 벡터가 부드럽게 변한다는 뜻이다. 이를 엄밀히 하기 위해, 먼저 ε이 0인 경우부터 생각해 보자. 이 경우 시간 전개 연산자는 단지 단위 연산자 I 이다. 연속성이란 ε이 아주 작을 때 $\mathbf{U}(\varepsilon)$이 단위 연산자에 가까우며 그 차이가 얼마간의 ε 차수 정도임을 뜻한다. 따라서 이렇게 쓸 수 있다.

$$\mathbf{U}(\varepsilon) = I - i\varepsilon\mathbf{H}. \tag{4.6}$$

여러분은 아마도 내가 왜 $\mathbf{H}$ 앞에 음의 부호와 i를 넣었는지 궁금

할 것이다. 이 단계에서는 이런 인자들이 완전히 임의적이다. 즉 내용 없는 표기법에 불과하다. 나는 나중을 위해서 이들을 사용할 것이다. 그때쯤이면 $\mathbf{H}$가 고전 물리학에서 익숙했던 어떤 것임을 알게 될 것이다.

$\mathbf{U}^{\dagger}$를 위한 표현도 필요하다. 에르미트 켤레에서는 계수가 복소 켤레가 되어야 한다는 것을 기억한다면 다음 결과를 얻을 수 있다.

$$\mathbf{U}^{\dagger}(\varepsilon) = I + i\varepsilon\mathbf{H}^{\dagger}. \tag{4.7}$$

이제 식 4.6과 식 4.7을 일원성 조건은 식 4.5에 끼워 넣으면 다음의 결과를 얻는다.

$$(I + i\varepsilon\mathbf{H}^{\dagger})(I - i\varepsilon\mathbf{H}) = I.$$

이를 ε의 1차 항까지만 전개하면 다음 결과를 얻는다.

$$\mathbf{H}^{\dagger} - \mathbf{H} = 0.$$

조금 더 분명하게 써 보면

$$\mathbf{H}^{\dagger} = \mathbf{H} \tag{4.8}$$

이다. 이 마지막 방정식은 일원성 조건을 나타낸다. 하지만 이는 또한 **H**가 에르미트 연산자임을 말하고 있다. 이는 굉장히 중요하다. 우리는 이제 **H**가 하나의 관측량이며 직교 정규 고유 벡터의 완전 집합과 고윳값을 갖는다고 말할 수 있다. 진도를 더 나아가면 **H**는 아주 익숙한 개념, 양자 해밀토니안(quantum Hamitonian)이 될 것이다. 그 고윳값은 양자계의 에너지를 측정한 결과로 나오는 값이다. 정확히 왜 우리가 **H**를 고전 해밀토니안 이라는 개념과 동일시하고 또 그 고윳값을 에너지라고 보는지는 곧 분명해질 것이다.

이제 식 4.1로 돌아가 극소 시간의 경우인 $t = \varepsilon$로 특정시켜 보자. 식 4.6을 이용하면 다음을 얻는다.

$$|\Psi(\varepsilon)\rangle = |\Psi(0)\rangle - i\varepsilon \mathbf{H} |\Psi(0)\rangle.$$

이는 그저 일종의 방정식으로, 쉽게 미분 방정식으로 바꿀 수 있다. 먼저 우변의 첫 항을 좌변으로 넘긴 뒤 ε으로 나눈다.

$$\frac{|\Psi(\varepsilon)\rangle - |\Psi(0)\rangle}{\varepsilon} = -i\mathbf{H}|\Psi(0)\rangle.$$

미저분을 떠올려 보면(빨리 복습하려면 『물리의 정석: 고전 역학 편』을 보라.) 이 식의 좌변은 정확히 도함수의 정의와 똑같다. $\varepsilon \to 0$인 극한을 취하면 이는 상태 벡터의 시간 도함수가 된다.

$$\frac{\partial |\Psi\rangle}{\partial t} = -i\mathbf{H}|\Psi\rangle. \qquad (4.9)$$

애초에 시간 변수를 0으로 설정했지만, $t = 0$에 대해서는 특별할 것이 전혀 없다. 다른 시간을 골라 똑같은 작업을 했어도 정확히 똑같은 결과, 즉 식 4.9를 얻었을 것이다. 이 식은 상태 벡터가 어떻게 변하는지를 말해 준다. 만약 우리가 어느 한 순간에 상태 벡터를 안다면 이 방정식은 그 상태가 다음 순간에 어떨지를 말해 준다. 식 4.9는 너무나 중요해서 그 이름이 있다. 이 식은 '일반화된 슈뢰딩거 방정식', 보다 일반적으로 '시간 의존 슈뢰딩거 방정식(time-dependent Schrödinger equation)'이라 부른다. 만약 우리가 해밀토니안을 안다면, 방해받지 않고 가만히 있는 계의 상태가 시간에 따라 어떻게 변하는지 이 식을 통해 알 수 있다. 아트는 이 상태 벡터를 슈뢰딩거 켓(Schödinger's Ket)이라 부르기를 좋아한다. 아트는 심지어 작은 수염으로 그리스 문자를 만들려고 했지만, 내가 어딘가에 선을 그어야만 했다.[1]

4.6 $\hbar$에는 대체 무슨 일이 일어났나?

여러분 모두 플랑크 상수에 대해 들어 보았을 것이라 확신한다. 독일 물리학자 막스 플랑크(Max Planck)가 그 상수를 h라 불렀고 약 6.6×10^{-34} kg · m³/s의 값을 주었다. 플랑크 다음 세대는 이

---

1) 정말 그랬다는 것은 아니다.

것을 2π의 인수만큼 나누어서 재정의하고 $\hbar$('에이치 바(h bar)'라 읽는다.)라 불렀다.

$$\hbar = \frac{h}{2\pi} = 1.054571726 \cdots \times 10^{-34} \, \text{kg} \cdot \text{m}^2/\text{s}.$$

왜 2π로 나누었을까? 그렇게 하면 다른 많은 경우에 2π를 쓸 필요가 없어지기 때문이다. 양자 역학에서 플랑크 상수의 중요성을 생각했을 때, 플랑크 상수가 아직 모습을 드러내지 않은 것이 다소 이상해 보인다. 이제 그 점을 바로 잡으려 한다.

고전 물리학에서와 마찬가지로 양자 역학에서 해밀토니안은 계의 에너지를 나타내는 수학 기제이다. 아주 주의 깊게 생각해 보면 이 시점에서 혼란스러운 의문이 생겼을 것이다. 식 4.9를 자세히 살펴보자. 이 식은 단위가 안 맞는다. 방정식의 양변에서 $|\Psi\rangle$를 무시하면 좌변의 단위는 시간의 역수이다. 만약 양자 해밀토니안이 정말로 에너지와 같다면 우변은 에너지의 단위를 갖는다. 에너지의 단위는 줄(J), 즉 $\text{kg} \cdot \text{m}^2/\text{s}^2$이다. 확실히 나는 약간 속임수를 쓰고 있었던 셈이다. 이 딜레마의 해결책은 자연의 보편 상수인 $\hbar$와 관련이 있다. $\hbar$는 하필이면 $\text{kg} \cdot \text{m}^2/\text{s}$의 단위를 갖고 있다. 이 단위를 갖는 상수는 정확히 식 4.9의 양변을 같게 만들기 위해 필요한 것이다. 단위가 일치하게끔 플랑크 상수를 집어넣고 방정식을 다시 써 보자.

$$\hbar \frac{\partial |\Psi\rangle}{\partial t} = -i\mathbf{H}|\Psi\rangle. \tag{4.10}$$

왜 $\hbar$는 그렇게 말도 안 되게 작을까? 답은 물리학보다는 생물학과 훨씬 더 많은 관계가 있다. 진짜 질문은 $\hbar$가 왜 그리 작은가가 아니다. 진짜 질문은 여러분이 왜 그렇게 큰가이다. 우리가 사용하는 단위는 우리 자신의 크기를 반영한다. 미터의 기원은 그 정도 길이가 밧줄이나 옷감을 재는 데 사용되었기 때문으로 보인다. 1미터는 대략 한 사람의 코에서부터 곧게 뻗은 손끝까지의 거리이다. 1초는 대략 1번의 심장이 한 번 뛰는 시간이다. 그리고 1킬로그램은 무언가 들고 다니기에 좋은 중량이다. 우리는 이 단위들이 편리하기 때문에 사용하지만, 근본적인 물리학은 우리를 그렇게 많이 신경 쓰지 않는다. 원자의 크기는 약 10^{-10}미터이다. 왜 그렇게 작을까? 이는 잘못된 질문이다. 올바른 질문은 이렇다. 팔 하나에도 왜 그렇게 많은 원자가 있을까? 그 이유는 간단하다. 활동을 하고, 똑똑하고, 단위를 사용하는 생명체를 만들려면 많은 원자를 합쳐야 한다. 이와 비슷하게, 1킬로그램이 원자의 질량보다 훨씬 더 큰 이유는 사람들이 원자 하나를 들고 다니지 않기 때문이다. 그것은 잃어버리기 너무 쉽다. 시간에 대해서도 마찬가지여서, 원자 세계에서 우리의 1초는 터벅터벅 걷듯이 너무나 길다. 결국 플랑크 상수가 그리 작은 것은 우리가 너무 크고 무겁고 느리기 때문이다.

미시 세계에 관심 있는 물리학자들은 자신들이 연구하는 현상에 잘 맞춘 단위를 쓰고 싶어 한다. 만약 우리가 원자 수준의 길이 척도, 시간 척도, 질량 척도를 쓴다면 플랑크 상수는 그렇게 비현실적인 수가 아닐 것이다. 오히려 1에 훨씬 가까울 것이다. 사실 플랑크 상수를 1로 두는 것은 양자 역학에서 자연스러운 선택이며, 실제로도 그렇게 한다. 하지만 이 책에서는 $\hbar$ 값을 유지할 것이다.

4.7 기댓값

여기서 잠시 멈추고 통계학의 중요한 측면, 즉 평균이라는 개념을 논의해 보자. 우리는 앞선 강의에서 이 개념을 간단하게 말했지만 이제 조금 더 자세히 살펴볼 때가 되었다.

양자 역학에서는 평균을 기댓값이라고 부른다. (어떤 경우에는 이런 단어 선택이 좋지 않다. 왜 그런지는 나중에 이야기하겠다.) 관측량 L 을 측정하는 실험 결과에 대한 확률 함수를 우리가 갖고 있다고 가정하자. 그 결과는 L의 고윳값 λ_i 중 하나여야 하며, 그 확률 함수는 $P(\lambda_i)$이다. 통계학에서는 측정량 위에 줄을 그어 평균을 표현한다. 관측량 L의 평균은 $\overline{L}$ 이다. 양자 역학에서는 표준 표기법이 다르다. 우리는 L의 평균을 영국의 물리학자 폴 디랙(Paul Dirac)의 영리한 디랙 브라켓 표기법에서 비롯된 ⟨L⟩이라는 표기법으로 나타낼 것이다. 디랙 브라켓 표기법이 왜 그렇게 자연스러운지 곧 살펴볼 것이다. 우선은 평균이라는 용어의 뜻부터 논의해 보자.

수학적인 관점에서 보자면 평균은 다음 식으로 정의된다.

$$\langle L \rangle = \sum_i \lambda_i P(\lambda_i). \qquad (4.11)$$

즉 평균은 가중치를 반영한 합이다. 이때 가중치는 확률 함수 P 이다.

또 다른 방법으로, 평균은 실험적으로 정의할 수 있다. 똑같은 실험을 매우 많은 횟수에 걸쳐 실행하고 그 결과를 기록했다고 가정한다. 확률 함수를 직접 관측하는 방식으로 정의해 보자. 우리는 $P(\lambda_i)$를 그 결과가 λ_i인 관측 비율과 같다고 본다. 그렇다면 식 4.11의 정의는 관측에 대한 실험적 평균과 같다. 모든 통계 이론의 기본 가정은 만약 시행 횟수가 충분히 크면 확률과 평균에 대한 수학적 개념과 실험적 개념이 일치한다는 것이다. 우리는 이 가정을 받아들일 것이다.

이제 평균에 대한 디랙 브라켓 표기법을 설명하는 소소하지만 우아한 정리 하나를 증명할 것이다. 어떤 양자계의 정규화된 상태를 $|A\rangle$라 하자. $|A\rangle$를 L의 고유 벡터의 직교 정규 기저로 전개하면

$$|A\rangle = \sum_i \alpha_i |\lambda_i\rangle \qquad (4.12)$$

이다. 특별한 목적을 염두에 두지 말고 그저 재미로 $\langle A|L|A\rangle$라

는 양을 계산해 보자. 이것의 의미는 명확해질 것이다. 먼저 $|A\rangle$ 에 선형 연산자 $\mathbf{L}$을 작용한다.[2] 그리고는 그 결과와 브라 $\langle A|$의 내적을 취한다. 첫 단계는 $\mathbf{L}$을 식 4.12의 양변에 작용시켜 진행한다.

$$\mathbf{L}|A\rangle = \sum_i \alpha_i \mathbf{L}|\lambda_i\rangle.$$

벡터 $|\lambda_i\rangle$가 $\mathbf{L}$의 고유 벡터임을 기억하라. $\mathbf{L}|\lambda_i\rangle = \lambda_i|\lambda_i\rangle$임을 이용하면 다음과 같이 쓸 수 있다.

$$\mathbf{L}|A\rangle = \sum_i \alpha_i \lambda_i |\lambda_i\rangle.$$

마지막 단계는 $\langle A|$와 내적을 취하는 것이다. 우변에서 브라 $\langle A|$를 고유 벡터로 전개하고, 고유 벡터의 직교 정규성을 이용하면 된다. 그 결과는

$$\langle A|\mathbf{L}|A\rangle = \sum_i \left(\alpha_i^* \alpha_i\right)\lambda_i \tag{4.13}$$

이다. 확률 원리(원리 4)를 이용해 $\left(\alpha_i^* \alpha_i\right)$를 확률 $P(\lambda_i)$와 같다고 하면 식 4.13의 우변의 표현이 식 4.11의 우변의 표현과 똑같

---

2) $\langle A|$에 $\mathbf{L}$을 먼저 작용시켜도 똑같은 결과를 얻는다.

음을 즉시 알 수 있다. 즉

$$\langle \mathbf{L} \rangle = \langle A | \mathbf{L} | A \rangle \qquad (4.14)$$

이다. 따라서 우리는 평균을 계산하는 빠른 규칙을 갖게 되었다. 관측량을 상태 벡터의 브라와 켓 표현 사이에 샌드위치처럼 끼워 넣으면 된다.

3.5에서 나는 상태 벡터에 에르미트 연산자를 작용하는 것이 어떻게 물리적인 측정의 결과와 관계가 있는지를 설명하겠다고 약속했다. 이제 기댓값에 대한 지식을 갖고 있으므로 그 약속을 지킬 수 있다. 식 3.12를 돌아보면 연산자 σ_z가 상태 벡터 $|r\rangle$에 작용해 새로운 상태 벡터를 만드는 사례를 보게 된다. 우리는 이 식을 σ_z 측정에 대한 기댓값을 반쯤 계산한 것으로 여길 수 있다. 말하자면 샌드위치의 오른편에 해당한다. 계산의 나머지는 이 상태 벡터와 짝 벡터인 $\langle r|$의 내적을 취하는 것이다. 따라서 식 3.21에서 σ_z가 $|r\rangle$에 작용하면 이는 각 σ_z의 측정 결과의 확률을 계산할 수 있는 상태 벡터를 만들어 낸다.

4.8 위상 인자는 무시하고

이전 강의에서 우리는 상태 벡터의 전체 위상 인자를 무시할 수 있다고 말했다. 또한 나중에 그 이유를 설명하겠다고 약속했다. 평균에 대한 규칙을 배웠으니, 그 약속을 지키기 위해 잠깐 돌아가자.

"전체 위상 인자를 무시한다."라는 것은 무슨 뜻일까? 이는 우리가 임의의 상태 벡터에 그 상태 벡터의 물리적 의미를 바꾸지 않고 상수 인자 $e^{i\theta}$을 곱할 수 있다는 뜻이다. 여기서 θ는 실수이다. 이를 확인하기 위해 식 4.12에 $e^{i\theta}$을 곱하고 그 결과를 $|B\rangle$라 하자.

$$|B\rangle = e^{i\theta}|A\rangle = e^{i\theta}\sum_j \alpha_j |\lambda_j\rangle. \qquad (4.15)$$

혼란을 피하기 위해 Σ의 첨자를 i에서 j로 바꾸었음에 유의하라. $|B\rangle$는 $|A\rangle$와 크기가 같음을 쉽게 확인할 수 있다. 왜냐하면 $e^{i\theta}$의 크기는 1이기 때문이다.

$$\langle B|B\rangle = \left\langle Ae^{-i\theta}|e^{i\theta}A\right\rangle = \langle A|A\rangle.$$

위상 인자가 똑같은 방식으로 상쇄되기 때문에 다른 양들 또한 보존된다. 예를 들어 $|A\rangle$의 확률 진폭 α_j는 $|B\rangle$에서는 $e^{i\theta}\alpha_j$가 된다. 따라서 확률 진폭 자체는 다르다. 그러나 물리적인 의미가 있는 것은 진폭이 아니라 진짜 확률이다. 만약 계가 $|B\rangle$ 상태에 있고 측정을 수행하면 그 결과는 $|\lambda_j\rangle$의 고윳값일 것이고 그 확률은

$$\alpha_j^* e^{-i\theta} e^{i\theta} \alpha_j = \alpha_j^* \alpha_j$$

이다. 이는 상태 $|A\rangle$로부터 얻게 될 결과와 똑같다. 마지막으로 에르미트 연산자 $\mathbf{L}$의 기댓값에 대해 똑같은 기법을 사용해 보자. 식 4.14를 상태 $|B\rangle$에 적용하면 다음과 같이 쓸 수 있다.

$$\langle \mathbf{L} \rangle = \langle B | \mathbf{L} | B \rangle.$$

$|B\rangle$에 식 4.15를 이용하면

$$\langle \mathbf{L} \rangle = \langle A e^{-i\theta} | \mathbf{L} | e^{i\theta} A \rangle$$

이다. 즉

$$\langle \mathbf{L} \rangle = \langle A | \mathbf{L} | A \rangle$$

를 얻는다. 즉 $\mathbf{L}$은 상태 $|A\rangle$에서와 똑같은 기댓값을 상태 $|B\rangle$에서 갖게 된다. 약속은 지켰다.

4.9 고전 역학과의 관계

관측량의 평균 또는 기댓값은 양자 역학에서 고전적인 값에 가장 가까운 것이다. 어떤 관측량의 확률 분포가 잘생긴 종 모양의 곡선이고 너무 넓지 않으면, 기댓값은 정말로 여러분이 측정할 것으로 기대하는 값이다. 만약 계가 아주 크고 무거워서 양자 역학이 아주 중요하지 않다면, 관측량의 평균 또는 기댓값은 거의 정확하게 고전적인 운동 방정식을 따라 행동한다. 이런 이유로 기댓값이 시간에 따라 어떻게 변하는지를 알아내는 것이 흥미롭고도 중요하다.

무엇보다, 왜 기댓값이 시간에 따라 변할까? 왜냐하면 계의 상태가 시간에 따라 변하기 때문이다. 시간 t에서의 상태가 켓 $|\Psi(t)\rangle$와 브라 $\langle\Psi(t)|$로 표현된다고 가정하자. 시간 t에서의 관측량 L의 기댓값은

$$\langle\Psi(t)|L|\Psi(t)\rangle$$

이다. 이 값을 t에 대해 미분을 하고 $|\Psi(t)\rangle$와 $\langle\Psi(t)|$로의 시간 도함수에 대한 슈뢰딩거 방정식을 이용해서 이 값이 어떻게 변하는지 살펴보자. 곱의 미분법을 이용하면 다음 결과를 얻는다.

$$\frac{d}{dt}\langle\Psi(t)|L|\Psi(t)\rangle = \langle\dot{\Psi}(t)|L|\Psi(t)\rangle + \langle\Psi(t)|L|\dot{\Psi}(t)\rangle.$$

여기시 Ψ 위의 점은 언제나처럼 시간 도함수를 뜻한다. L 자체는 명시적으로 시간 의존성이 없으므로 그냥 따라다닌다. 이제 브라와 켓에 대한 슈뢰딩거 방정식(식 4.10)을 끼워 넣으면 다음

결과를 얻는다.

$$\frac{d}{dt}\langle \Psi(t) | \mathbf{L} | \Psi(t) \rangle = \frac{i}{\hbar}\langle \Psi(t) | \mathbf{HL} | \Psi(t) \rangle - \frac{i}{\hbar}\langle \Psi(t) | \mathbf{LH} | \Psi(t) \rangle.$$

조금 더 간결하게 쓰면 다음과 같다.

$$\frac{d}{dt}\langle \Psi(t) | \mathbf{L} | \Psi(t) \rangle = \frac{i}{\hbar}\langle \Psi(t) | \, [\mathbf{HL} - \mathbf{LH}] \, | \Psi(t) \rangle. \quad (4.16)$$

보통의 연산법에 익숙하다면 식 4.16은 이상해 보인다. 우변에는 $\mathbf{HL} - \mathbf{LH}$의 조합이 포함되어 있다. 이 조합은 보통의 경우 0일 것이다. 그러나 선형 연산자는 평범한 숫자가 아니다. 곱할 때 (또는 순차적으로 적용될 때) 그 순서가 중요하다. 일반적으로 $\mathbf{H}$가 $\mathbf{L}|\Psi\rangle$에 작용했을 때의 결과는 $\mathbf{L}$이 $\mathbf{H}|\Psi\rangle$에 작용했을 때의 결과와 같지 않다. 즉 특별한 경우를 제외하고는 $\mathbf{HL} \neq \mathbf{LH}$이다. 2개의 연산자 또는 행렬이 주어졌을 때 다음과 같은 조합

$$\mathbf{LM} - \mathbf{ML}$$

을 $\mathbf{L}$과 $\mathbf{M}$의 교환자(commutator)라 부르며 특별한 기호로 표시한다.

$$\mathbf{LM} - \mathbf{ML} = [\mathbf{L}, \mathbf{M}].$$

임의의 한 쌍의 연산자에 대해 $[\mathbf{L}, \mathbf{M}] = -[\mathbf{M}, \mathbf{L}]$임에 유의할 필요가 있다. 교환자 표기법을 알았으니, 이제 식 4.16을 간단한 형태로 쓸 수 있다.

$$\frac{d}{dt}\langle \mathbf{L} \rangle = \frac{i}{\hbar}\langle [\mathbf{H}, \mathbf{L}] \rangle, \qquad (4.17)$$

또는

$$\frac{d}{dt}\langle \mathbf{L} \rangle = -\frac{i}{\hbar}\langle [\mathbf{L}, \mathbf{H}] \rangle \qquad (4.18)$$

이다. 이는 아주 흥미롭고도 중요한 방정식이다. 어떤 관측량 $\mathbf{L}$ 의 기댓값의 시간 도함수는 또 다른 관측량, $-\frac{i}{\hbar}[\mathbf{L}, \mathbf{H}]$의 기댓 값과 관계가 있다.

연습 문제 4.2: $\mathbf{M}$과 $\mathbf{L}$이 모두 에르미트이면 $i[\mathbf{M}, \mathbf{L}]$ 또한 에르미트임을 증명하라. i가 중요하다는 점에 유의하라. 교환자 자체는 에르미트가 아니다.

확률 분포가 좁고 질생긴 종 모양의 곡선이라 가정하면 식 4.18은 그 곡선의 봉우리가 시간에 대해 어떻게 움직이는지를 말해준다. 이런 방정식은 양자 역학에서 고전 물리학의 방정식에 가장 가까운 식이다. 가끔은 이런 방정식에서 각진 괄호조차 생략하고 간소한 형태로 쓴다.

$$\frac{d\mathbf{L}}{dt} = -\frac{i}{\hbar}[\mathbf{L}, \mathbf{H}].$$ (4.19)

그러나 이런 형태의 양자 방정식은 한쪽엔 브라 $\langle \Psi |$가, 다른 한쪽엔 켓 $| \Psi \rangle$가 있는 샌드위치의 가운데에 들어가야 함을 명심하라. 또 다른 식으로는 이것을 확률 분포의 중심이 어떻게 움직이는지를 알려 주는 방정식으로 생각할 수도 있다.

식 4.19가 무언가 조금 익숙하지 않은가? 그렇지 않다면 『물리의 정석: 고전 역학 편』의 9강 「위상 공간 유체와 깁스-리우빌 정리」와 10강 「푸아송 괄호, 각운동량, 대칭성」으로 돌아가 보기 바란다. 거기서 우리는 고전 역학의 푸아송 괄호(Poisson braket) 공식에 관해 배웠다. 그 책 250쪽에서 다음과 같은 방정식을 찾을 수 있다.[3]

$$\dot{F} = \{F, H\}.$$ (4.20)

이 식에서 $\{F, H\}$는 교환자가 아니다. 푸아송 괄호이다. 그럼에

---

[3] 프랑스의 우아한 발명품 중 하나인 이 방정식은 『물리의 정석: 고전 역학 편』 9강의 식 (10)이다. 쪽수는 한국어판의 것이다.

도 식 4.20은 믿을 수 없을 정도로 식 4.19와 비슷하다. 사실 교환자와 푸아송 괄호는 굉장히 비슷하다. 이들의 대수적인 성질은 아주 비슷하다. 예를 들어 $\mathbf{F}$와 $\mathbf{G}$가 연산자이면 교환자와 푸아송 괄호 모두 $\mathbf{F}$와 $\mathbf{G}$를 뒤바꾸었을 때 부호가 바뀐다. 디랙은 이 점을 발견하고서는 고전 역학의 수학과 양자 역학의 수학 사이의 중요한 구조적인 연관성을 나타낸다는 사실을 깨달았다. 교환자와 푸아송 괄호는 다음과 같이 형식적으로 일치한다.

$$[\mathbf{F}, \mathbf{G}] \iff i\hbar\{F, G\}. \qquad (4.21)$$

식 4.19와의 비교를 돕기 위해 우리가 이번 4강에서 사용하고 있는 기호 $\mathbf{L}$과 $\mathbf{H}$를 바꿀 수 있다.

$$[\mathbf{L}, \mathbf{H}] \iff i\hbar\{L, H\}. \qquad (4.22)$$

이 일치 관계를 가능한 한 명확하게 해 보자. 식 4.19에서 시작하면

$$\frac{d\mathbf{L}}{dt} = -\frac{i}{\hbar}[\mathbf{L}, \mathbf{H}]$$

이다. 이제 일치 관계인 식 4.22를 이용해서 고전 역학의 유사한 관계를 써 보면 그 결과는

$$\frac{d\mathbf{L}}{dt} = -\frac{i}{\hbar}(i\,\hbar\,\{\mathbf{L}, \mathbf{H}\})$$

이다. 즉

$$\frac{d\mathbf{L}}{dt} = \{\mathbf{L}, \mathbf{H}\}$$

이다. 이는 식 4.20의 형태와 완전히 일치한다.

연습 문제 4.3: 『물리의 정석: 고전 역학 편』의 푸아송 괄호의 정의로 돌아가 식 4.21이 단위에서도 일치 관계를 보임을 확인하라. $\hbar$라는 인수가 없으면 단위의 일치 관계가 성립하지 않음을 보여라.

식 4.21은 수수께끼 하나를 해결한다. 고전 물리학에서는 FG와 GF 사이에 아무런 차이가 없다. 즉 고전적으로는 보통의 관측자들 사이의 교환자는 0이다. 식 4.21로부터 우리는 양자 역학에서의 교환자가 0이 아님을 알 수 있다. 하지만 그 값은 굉장히 작다. 고전적인 극한(고전 역학이 정확해지는 극한)은 $\hbar$가 무시할 정도로 작은 극한이기도 하다. 따라서 이는 교환자가 인간의 단위에서는 아주 작은 극한이기도 하다.

4.10 에너지 보존

양자 역학에서 무언가가 보존되는지의 여부를 어떻게 알 수 있을까? 어떤 관측량—Q라 하자.—이 보존된다고 말하는 것이 대체무슨 의미일까? 최소한으로 말하자면 그 기댓값 $\langle Q \rangle$가 시간에대해 변하지 않는다는 뜻이다. (물론 그 계가 방해받지 않아야 한다.)훨씬 더 강력한 조건은 $\langle Q^2 \rangle$(또는 Q의 임의의 거듭 제곱의 기댓값)이시간에 따라 변하지 않는다는 것이다.

식 4.19를 보면 $\langle Q \rangle$가 변하지 않을 조건은 다음과 같다.

$$[\mathbf{Q}, \mathbf{H}] = 0.$$

즉 어떤 양이 해밀토니안과 교환 가능하면 그 기댓값은 보존된다. 우리는 이 명제를 더욱 강력하게 만들 수 있다. 교환자의 성질을 이용하면, 만약 $[\mathbf{H}, \mathbf{Q}] = 0$이면 $[\mathbf{Q}^2, \mathbf{H}] = 0$이고 훨씬 더일반적으로 임의의 n에 대해 $[\mathbf{Q}^n, \mathbf{H}] = 0$임을 쉽게 알 수 있다.그 결과 우리는 더 강력한 요구 조건을 만들 수 있다. 만약 $\mathbf{Q}$가해밀토니안과 교환 가능하다면, $\mathbf{Q}$의 모든 함수의 기댓값은 보존된다. 이것이 양자 역학에서 보존이 뜻하는 바이다.

가장 명확한 보존량은 해밀토니안 그 자신이다. 임의의 연산자는 지신과 교환 가능하브로

$$[\mathbf{H}, \mathbf{H}] = 0$$

으로 쓸 수 있다. 이는 정확히 **H**가 보존된다는 조건이다. 고전 역학에서와 마찬가지로 해밀토니안은 계의 에너지에 대한 다른 이름이다. 아니, 에너지의 정의이다. 우리는 아주 일반적인 조건에서 양자 역학에서의 에너지가 보존됨을 알 수 있다.

4.11 자기장 속의 스핀

하나의 스핀에 대한 해밀토니안 운동 방정식을 점검해 보자. 먼저 해밀토니안을 정할 필요가 있다. 어디서 얻을 수 있을까? 일반적으로 그 답은 고전 물리학에서와 똑같다. 실험에서 유도하거나, 우리가 좋아하는 이론에서 빌려 오거나, 또는 그냥 하나 골라서 그것이 대체 무엇인지 살펴보면 된다. 그러나 스핀이 하나 있는 경우에는 선택의 여지가 많지 않다. 단위 연산자 I부터 시작해 보자. I는 모든 연산자와 교환 가능하므로, 만약 그게 해밀토니안이었다면 시간에 대해 아무것도 변하지 않을 것이다. 관측량의 시간 의존성은 관측량과 해밀토니안 사이의 교환자로 주어짐을 기억하라.

　오직 유일한 다른 선택은 스핀 성분을 더하는 것이다. 사실 이는 정확히 자기장 속의 실제 스핀 — 말하자면 전자의 스핀 — 을 실험적으로 관측해서 우리가 얻게 되는 결과이다. 자기장 $\vec{B}$ 는 3-벡터(공간 속 보통의 벡터)이며 3개의 직교 좌표 B_x, B_y, B_z로 정해진다. 고전적인 스핀(대전된 회전 날개)을 자기장 속에 집어넣으면 스핀의 방향에 의존하는 에너지를 갖는다. 그 에너지는 스핀과 자기장의 내적에 비례한다. 이것의 양자 버전은 다음과 같다.

$$H \sim \vec{\sigma} \cdot \vec{B} = \sigma_x B_x + \sigma_y B_y + \sigma_z B_z.$$

여기서 $\sim$ (물결표) 기호는 양변이 비례한다는 뜻이다. σ_x, σ_y, σ_z는 앞의 양자 버전에서 스핀 연산자의 성분을 나타낸다.

자기장이 z 축을 따라 놓여 있는 간단한 예를 들어 보자. 이 경우 해밀토니안은 σ_z에 비례한다. 편의상 자기장의 크기를 포함해서 모든 상수들을($\hbar$는 제외)을 하나의 상수인 ω에 흡수시킬 것이다. 그러면 이렇게 쓸 수 있다.

$$\mathbf{H} = \frac{\hbar \omega}{2} \sigma_z. \tag{4.23}$$

분모에 2가 들어간 이유는 곧 명확해질 것이다.

우리의 목표는 스핀의 기댓값이 시간에 따라 어떻게 변하는가를 알아내는 것이다. 즉 $\langle \sigma_x(t) \rangle$, $\langle \sigma_y(t) \rangle$, $\langle \sigma_z(t) \rangle$를 정하는 것이다. 이를 위해 우리는 그저 식 4.19로 돌아가 $\mathbf{L}$에 이 성분들을 끼워 넣으면 된다. 그 결과는

$$\langle \dot{\sigma}_x \rangle = - \frac{i}{\hbar} \langle [\sigma_x, \mathbf{H}] \rangle$$

$$\langle \dot{\sigma}_y \rangle = -\frac{i}{\hbar} \langle [\sigma_y, \mathbf{H}] \rangle$$

$$\langle \dot{\sigma}_z \rangle = -\frac{i}{\hbar} \langle [\sigma_z, \mathbf{H}] \rangle.$$

$$(4.24)$$

이다. 식 4.23으로부터 $H = \frac{\hbar\omega}{2}\sigma_z$ 을 대입하면 다음을 얻는다.

$$\langle \dot{\sigma}_x \rangle = \frac{-i\omega}{2} \langle [\sigma_x, \sigma_z] \rangle$$

$$\langle \dot{\sigma}_y \rangle = \frac{-i\omega}{2} \langle [\sigma_y, \sigma_z] \rangle$$

$$\langle \dot{\sigma}_z \rangle = \frac{-i\omega}{2} \langle [\sigma_z, \sigma_z] \rangle.$$

$$(4.25)$$

우리가 방정식의 좌변에서 계산하고 있는 것은 실수의 양으로 생각된다. 이 방정식에 있는 인수 i가 문제가 될 것 같다. 다행히 σ_x, σ_y, σ_z 사이의 교환 관계가 구원해 줄 것이다. 식 3.20의 파울리 행렬을 대입하면

$$[\sigma_x, \sigma_y] = 2i\sigma_z$$

$$[\sigma_y, \sigma_z] = 2i\sigma_x$$

$$[\sigma_z, \sigma_x] = 2i\sigma_y$$

$$(4.26)$$

를 쉽게 확인할 수 있다. 각 방정식이 i를 갖고 있어서 식 4.25의 i를 상쇄한다. 2라는 인수 또한 상쇄되어서 결과적으로 다음과

같은 아주 단순한 방정식만 남는다.

$$\langle \dot{\sigma}_x \rangle = - \omega \langle \sigma_y \rangle$$
$$\langle \dot{\sigma}_y \rangle = \omega \langle \sigma_x \rangle$$
$$\langle \dot{\sigma}_z \rangle = 0. \qquad (4.27)$$

어디서 본 것 같은가? 그렇지 않다면, 『물리의 정석: 고전 역학 편』의 10강으로 돌아가라. 거기서 우리는 자기장 속 고전 회전 날개를 공부했다. 이 방정식들은 기댓값 대신 결정론적 계의 실제 운동을 공부하고 있었다는 점을 제외하고는 정확하게 똑같다. 여기서든 거기서든 이 방정식을 풀면 3-벡터 연산자 $\vec{\sigma}$ (전작에서는 3-벡터 $\vec{L}$)가 자기장 방향 주위로 자이로스코프처럼 세차 운동을 한다. 이 세차 운동은 균일하며 각속도는 ω이다.

　고전 역학과 비슷하기 때문에 아주 기쁘지만, 그 차이점에 유의하는 것도 중요하다. 정확하게 무엇이 세차 운동하고 있을까? 고전 역학에서는 단지 각운동량의 x 성분과 y 성분일 뿐이다. 양자 역학에서는 기댓값이다. σ_z 측정에 대한 기댓값은 시간에 따라 변하지 않지만 다른 두 성분은 변한다. 그와 상관없이 각 스핀 성분을 각각 개별적으로 측정한 결과는 여전히 $+1$ 아니면 -1이나.

4.12 슈뢰딩거 방정식 풀이

티셔츠에서도 볼 수 있는 대표적인 슈뢰딩거 방정식은 이런 형태이다.

$$i\hbar\,\frac{\partial\,\Psi(x)}{\partial t} = -\,\frac{\hbar^2}{2m}\,\frac{\partial^2\,\Psi(x)}{\partial x^2} + U(x)\,\Psi(x).$$

이 시점에는 기호의 의미를 신경 쓰지 말자. 다만 이 방정식이 무언가가 시간에 따라 어떻게 바뀌는지를 말해 준다는 점은 유의하기 바란다. (그 '무언가'는 입자의 상태 벡터를 표현한 것이다.)

대표적인 슈뢰딩거 방정식은 우리가 이미 식 4.9에서 만난 보다 일반적인 방정식의 특별한 경우이다. 이는 부분적으로는 양자 역학의 정의이고 부분적으로는 양자 역학의 원리이다. 하나의 정의로서 이 방정식은 해밀토니안, 따라서 에너지라 불리는 관측량을 정의한다. 식 4.10

$$\hbar\,\frac{\partial|\Psi\rangle}{\partial t} = -\,i\mathbf{H}|\Psi\rangle$$

는 이따금 '시간 의존 슈뢰딩거 방정식'이라 불린다. 해밀토니안 연산자 $\mathbf{H}$가 에너지를 나타내므로, 에너지 관측값은 그저 $\mathbf{H}$의 고

웃값일 뿐이다. 그 고윳값을 E_j, 그에 대응하는 고유 벡터를 $|E_j\rangle$
라 하자. 정의에 따라 $\mathbf{H}$, E_j, $|E_j\rangle$ 사이에는 다음과 같은 고윳값
방정식이 성립한다.

$$\mathbf{H}|E_j\rangle = E_j|E_j\rangle. \qquad (4.28)$$

이것이 '시간 독립 슈뢰딩거 방정식(time-independent Schrödinger
equation)'이다. 이는 두 가지 다른 방식으로 쓰인다.

만약 우리가 특별한 행렬 기저에서 계산하면 이 방정식은 $\mathbf{H}$
의 고유 벡터를 결정한다. 에너지 E_j의 특별한 값을 넣고 이 방정
식을 풀어 주는 켓 벡터 $|E_j\rangle$를 찾는다.

그리고 이 식은 고윳값 E_j를 결정한다. E_j에 임의의 값을 넣
으면 일반적으로 고유 벡터에 대한 풀이가 없을 것이다. 아주 간
단한 예를 들어보자. 해밀토니안이 행렬 $\dfrac{\hbar\omega}{2}\sigma_z$라 가정하자. σ_z
는 오직 2개의 고윳값 ± 1만을 가지므로 이 해밀토니안도 오직
2개의 고윳값 $\pm\dfrac{\hbar\omega}{2}$만 갖는다. 식 4.28의 우변에 임의의 다른
값을 넣으면 방정식의 풀이가 없을 것이다. 연산자 $\mathbf{H}$가 에너지
를 나타내므로 우리는 종종 E_j를 계의 에너지 고윳값, $|E_j\rangle$를 에
너지 고유 벡터라 부른다.

연습 문제 4.5: 임의의 단위 3-벡터 $\vec{n}$ 을 잡고 다음과 같은 연산자를 만든다.

$$H = \frac{\hbar \omega}{2} \sigma \cdot \vec{n}.$$

시간 독립 슈뢰딩거 방정식을 풀어서 에너지 고윳값과 에너지 고유 벡터를 구하라. 식 3.23에 $\sigma \cdot \vec{n}$ 이 성분 형태로 주어져 있다.

모든 에너지 고윳값 E_j와 그에 대응하는 고유 벡터 $|E_j\rangle$를 찾았다고 가정해 보자. 이제 이 정보를 이용해서 시간 의존적 슈뢰딩거 방정식을 풀 수 있다. 비법은 이렇다. 고유 벡터가 직교 정규 기저를 형성한다는 사실을 이용해 상태 벡터를 그 기저로 전개하는 것이다. 상태 벡터를 $|\Psi\rangle$라 하고 다음과 같이 쓰자.

$$|\Psi\rangle = \sum_j \alpha_j |E_j\rangle.$$

상태 벡터 $|\Psi\rangle$가 시간에 따라 변하지만 그 기저 벡터 $|E_j\rangle$는 그렇지 않으므로, 그 계수인 α_j는 시간에 의존해야만 한다.

$$|\Psi(t)\rangle = \sum_j \alpha_j(t) |E_j\rangle. \qquad (4.29)$$

이제 식 4.29를 시간 의존 슈뢰딩거 방정식에 대입한다. 그 결과는

$$\sum_j \dot{\alpha}_j(t)|E_j\rangle = -\frac{i}{\hbar}\mathbf{H}\sum_j \alpha_j(t)|E_j\rangle$$

이다. 다음으로 $\mathbf{H}|E_j\rangle = E_j|E_j\rangle$를 이용하면

$$\sum_j \dot{\alpha}_j(t)|E_j\rangle = -\frac{i}{\hbar}\sum_j E_j \alpha_j(t)|E_j\rangle$$

를 얻고, 다시 정리하면

$$\sum_j \left\{ \dot{\alpha}_j(t) + \frac{i}{\hbar}E_j \alpha_j(t) \right\}|E_j\rangle = 0$$

가 된다. 마지막 단계는 알아보기 쉬워야 한다. 기저 벡터의 합이 0이면 그 모든 계수는 0이어야 한다. 따라서 각각의 고윳값 E_j에 대해 $\alpha_j(t)$는 간단한 미분 방정식

$$\frac{d\alpha_j(t)}{dt} = -\frac{i}{\hbar}E_j \alpha_j(t)$$

를 만족해야 한다. 이는 물론 시간의 지수 함수에 대한 익숙한 미분 방성식이다. 이 경우에는 지수가 순허수이다. 그 풀이는

$$\alpha_j(t) = \alpha_j(0)e^{-\frac{i}{\hbar}E_j t} \tag{4.30}$$

이다. 이 식은 α_j가 시간에 따라 어떻게 변하는지를 알려 준다. 해밀토니안이 명시적으로 시간에 의존하지 않는다면 이 결과는 아주 일반적이어서 스핀에만 한정되지 않는다. 이것은 에너지와 진동수 사이의 깊은 관련을 보여 주는 우리의 첫 사례이다. 이 관계는 양자 역학과 양자 장론 전반에 걸쳐 계속 반복해서 되풀이된다. 우리는 종종 이 관계로 되돌아올 것이다.

식 4.30에서 $\alpha_j(0)$라는 인수는 시간이 0일 때의 계수의 값이다. 우리가 시간이 0일 때 상태 벡터 $|\Psi\rangle$를 안다면, 그 계수는 $|\Psi\rangle$를 기저 고유 벡터에 투사해서 얻을 수 있다. 우리는 이를 다음과 같이 쓸 수 있다.

$$\alpha_j(0) = \langle E_j | \Psi(0) \rangle. \tag{4.31}$$

이제 모든 것을 모아 넣고 시간 의존 슈뢰딩거 방정식의 전체 풀이를 써 보자.

$$|\Psi(t)\rangle = \sum_j \alpha_j(0) \, e^{-\frac{i}{\hbar} E_j t} \, |E_j\rangle.$$

식 4.31을 이용해 $\alpha_j(0)$을 대체하면 이 식은

$$|\Psi(t)\rangle = \sum_j \langle E_j | \Psi(0) \rangle \, e^{-\frac{i}{\hbar} E_j t} \, |E_j\rangle \tag{4.32}$$

와 같이 된다. 식 4.32는 조금 더 우아한 형태로 쓸 수 있다.

$$|\Psi(t)\rangle = \sum_j |E_j\rangle\langle E_j|\Psi(0)\rangle\, e^{-\frac{i}{h}E_j t}. \qquad (4.33)$$

이 식은 우리가 기저 벡터에 대해 더하고 있음을 강조한다. 우리가 어떻게 우연히 $|\Psi(0)\rangle$을 알게 될 수 있을까 하고 궁금해할 것이다. 그 답은 상황에 따라 다르지만, 대개 어떤 장비를 써서 그 계를 알려진 상태로 준비시킬 수 있다고 가정한다.

이 식들에 담긴 더 큰 의미를 논하기 전에, 나는 이 식들을 하나의 요리법처럼 다시 언급하고자 한다. 여러분이 이미 그 계와 상태 공간에 대해 논의를 시작할 만큼 충분히 알고 있다고 가정할 것이다.

4.13 슈뢰딩거 켓 요리법

1. 해밀토니안 연산자 **H**를 유도하든가, 검색하든가, 추론하든가, 빌려 오든가, 또는 훔쳐 온다.

2. 초기 상태 $|\Psi(0)\rangle$을 준비한다.

3. 시간 의존 슈뢰딩거 방정식을 풀어서 **H**의 고윳값과 고유 벡터를 찾는다.

$$\mathbf{H}|E_j\rangle = E_j|E_j\rangle.$$

4. 초기 상태 벡터 $|\Psi(0)\rangle$과 3단계에서 구한 고유 벡터 $|E_j\rangle$를 이용해 초기 계수 $\alpha_j(0)$을 계산한다.

$$\alpha_j(0) = \langle E_j | \Psi(0)\rangle.$$

5. 초기 상태 벡터 $|\Psi(0)\rangle$을 고유 벡터 $|E_j\rangle$와 초기 계수 $\alpha_j(0)$으로 다시 쓴다.

$$|\Psi(0)\rangle = \sum_j \alpha_j(0) |E_j\rangle.$$

우리가 지금까지 한 것은 초기 상태 벡터 $|\Psi(0)\rangle$을 H의 고유 벡터 $|E_j\rangle$로 전개하는 것이다. 왜 이 기저가 다른 여느 기저보다 더 좋은가? 왜냐하면 H는 무언가가 시간에 대해 어떻게 변하는지를 알려 주기 때문이다. 그 사실을 이제 이용할 것이다.

6. 앞의 식에서 각각의 $\alpha_j(0)$을 $\alpha_j(t)$로 바꾸어 그 시간 의존성을 드러낸다. 그 결과 $|\Psi(0)\rangle$은 $|\Psi(t)\rangle$가 된다.

$$|\Psi(t)\rangle = \sum_j \alpha_j(t) |E_j\rangle.$$

7. 식 4.30을 이용해 각각의 $\alpha_j(t)$를 $\alpha_j(0)\, e^{-\frac{i}{\hbar}E_j t}$으로 바꾼다.

$$|\Psi(t)\rangle = \sum_j \alpha_j(0)\, e^{-\frac{i}{\hbar} E_j t} \,|E_j\rangle. \qquad (4.34)$$

8. 취향에 따라 양념을 뿌린다.

이제 우리는 각각의 가능한 실험 결과에 대한 확률을 시간에 대한 함수로 예측할 수 있게 되었다. 이는 에너지 측정에만 제한되지 않는다. L이 고윳값 λ_j와 고유 벡터 $|\lambda_j\rangle$를 갖는다고 하자. λ라는 결과에 대한 확률은 다음과 같다.

$$P_\lambda(t) = |\langle \lambda | \Psi(t)\rangle|^2.$$

연습 문제 4.6: 하나의 스핀에 대해 슈뢰딩거 켓 요리법을 수행하라. 해밀토니안은 $H = \frac{\omega\hbar}{2}\sigma_z$이며 최종적인 관측량은 σ_x이다. 초기 상태는 $|u\rangle\,(\sigma_z = +1)$로 주어졌다.

시간 t만큼 지난 후 σ_y를 측정하기 위한 실험을 한다. 가능한 결과는 무엇이며 그런 결과들에 대한 확률은 얼마인가?

축하한다! 여러분은 이제 실제로 실험실에서 수행할 수 있는 실험에 대한 진짜 양자 역학의 문제를 풀었다. 축하의 의미로 자신의 등을 가볍게 두드려 줘도 좋다.

4.14 붕괴

어떤 계가 주어진 상태로 준비되었을 때와 그 계가 실험 장비와 접촉해 측정되었을 때 사이의 시간에 상태 벡터가 어떻게 전개되는지를 알아보았다. 만약 상태 벡터가 관측 물리학의 중요한 관심사라면 우리는 양자 역학이 결정론적이라고 말할 수도 있다. 그러나 실험 물리학은 상태 벡터의 측정에 관한 것이 아니다. 관측량의 측정에 관한 것이다. 우리가 상태 벡터를 정확히 안다 하더라도, 우리는 임의로 주어진 실험 결과를 알지 못한다. 그럼에도 관측들 사이에는 계의 상태가 시간 의존 슈뢰딩거 방정식에 따라 완전히 결정론적인 방식으로 전개된다고 말해야 공평하다.

하지만 관측이 일어날 때 무언가 다른 일이 벌어진다. L을 측정하는 실험 결과는 예측 불가능하다. 그러나 측정이 이루어진 뒤에는 그 계는 L의 하나의 고유 상태로 남는다. 어떤 고유 상태? 그 측정의 결과에 대응하는 고유 상태이다. 하지만 이 결과는 예측 불가능하다. 따라서 실험을 하는 동안에는 계의 상태가 측정된 관측량의 고유 상태로 예측 불가능하게 도약한다. 이 현상을 '파동 함수의 붕괴(collapse of wave function)'라 부른다.[4]

다른 식으로 말하자면 이렇다. L을 측정하기 직전의 상태 벡터가

---

[4] 파동 함수가 무엇인지 아직 설명하지 않았다. 5.1.2에서 곧 설명할 것이다.

$$\sum_j \alpha_j |\lambda_j\rangle$$

라 하자. 실험 장비는 $|\alpha_j|^2$의 확률로 무작위로 λ_j를 측정하며 그 계를 L의 하나의 고유 상태, 즉 $|\lambda_j\rangle$로 남긴다. 상태들의 모든 중첩이 하나의 항으로 붕괴한다.

이 이상한 사실 — 계가 측정과 측정 사이에서는 이런 식으로 전개되지만 측정하는 동안에는 다른 식으로 전개되는 것 — 이 수십 년 동안 논쟁과 혼란의 근원이었다. 이런 의문이 든다. 측정 행위 자체를 양자 역학의 법칙으로 기술해야 하는 것 아닌가?

그 답은 '그렇다.'이다. 양자 역학의 법칙은 측정하는 동안에 중단되지 않는다. 그러나 실험 과정 자체를 하나의 양자 역학적인 변화로 살펴보려면, 우리는 장비들을 포함해서 모든 실험 설비들을 하나의 양자계의 일부로서 간주해야 한다. 우리는 이 주제 — 계가 어떻게 복합적인 계로 결합되는가 — 를 6강에서 다룰 것이다. 하지만 먼저 불확정성에 관해 몇 마디 해야겠다.

5강

불확정성과 시간 의존성

레니: 안녕하십니까, 장군님. 다시 뵙게 되어 반갑습니다.

장군: 레니? 자네인가? 이게 얼마만인가.

그래, 어쨌든 오래되었네. 자네 친구는 누구지?

레니: 아트입니다. 아트, 불확정성 장군님과 악수하게.

5.1 막간: 교환 가능한 변수들의 완전 집합에 대하여

5.1.1 하나 이상의 측정량에 의존하는 상태

하나의 스핀(단일 스핀)에 대한 물리학은 극도로 간단해서 예시적인 사례로 아주 매력적이다. 그러나 이는 스핀이 보여 줄 수 있는 것이 많지 않다는 뜻이기도 하다. 단일 스핀의 성질 중 하나는 그 상태를 단일 연산자, 즉 σ_z의 고윳값으로 완전히 정할 수 있다는 점이다. 만약 σ_z의 값을 안다면 σ_x와 같은 다른 관측량은 정해질 수 없다. 우리가 보아 왔듯이 이런 양을 측정하면 다른 하나가 갖고 있던 정보는 파괴된다.

그러나 조금 더 복잡한 계에서는 서로 양립할 수 있는, 즉 그 값을 동시에 알 수 있는 관측량이 여럿일 수 있다. 여기 두 사례가 있다.

- **3차원 공간에서 움직이는 입자.** 이 계의 상태 기저는 입자의 위치로 정해진다. 여기에는 3개의 위치 좌표가 필요하다. 따라서 우리는 3개의 숫자 x, y, z로 정해지는 상태 $|x, y, z\rangle$를 갖는다. 나중에 한 입자의 세 공간 좌표를 동시에 정할 수 있음을 알게 될 것이다.
- **물리적으로 독립적인 2개의 스핀으로 이루어진 계, 즉 2큐비**

트계. 나중에 우리는 어떻게 계를 결합해서 더 큰 계를 만드는지 알게 될 것이다. 하지만 지금으로서는 2스핀계를 2개의 관측량으로 기술할 수 있다고만 말해야겠다. 즉 두 스핀 모두 위쪽인 상태, 두 스핀 모두 아래쪽인 상태, 첫 번째 스핀은 위쪽이고 두 번째 스핀은 아래쪽인 상태, 그리고 첫 번째 스핀은 아래쪽이고 두 번째 스핀은 위쪽인 상태가 가능하다. 조금 더 간단히 말해, 2스핀계를 2개의 관측량, 즉 첫 번째 스핀의 z 성분과 두 번째 스핀의 z 성분으로 규정할 수 있다. 양자 역학에서 이 두 관측량을 동시에 아는 것이 허용된다. 사실 하나의 스핀의 임의의 성분과 다른 스핀의 임의의 스핀을 고를 수도 있다. 양자 역학에서는 이 둘 모두 동시에 알 수 있다.

이런 상황에서는 계의 상태를 완전히 규정하기 위해 여러 번 실험을 해야 한다. 예를 들어 2스핀계에서 우리는 각 스핀을 따로 측정하고 이 측정을 2개의 다른 연산자와 결부시키면 된다. 그 연산자를 **L**과 **M**이라 부를 것이다.

측정을 하면 계는 측정값(고윳값)에 대응하는 (하나의 고유 벡터로 구성된) 고유 상태가 된다. 우리가 2스핀계의 두 스핀을 측정하면 그 계는 **L**의 고유 벡터이면서 동시에 **M**의 고유 벡터인 상태가 된다. 이를 **L**과 **M** 연산자의 동시 고유 벡터라 부른다.

2스핀의 사례는 무언가 구체적인 생각거리를 던져 주지만,

훨씬 더 일반적임을 명심하라. 이 결과는 2개의 다른 연산자로 규정되는 임의의 계에도 적용된다. 그리고 여러분도 생각했겠지만, 2라는 숫자에는 무언가 마술적인 것이 없다. 여기서 보여 준 아이디어는 계를 규정하기 위해 많은 연산자를 요구하는 더 큰 계로 일반화된다.

2개의 서로 다른 병립 연산자로 작업을 하려면 이들의 기저 벡터에 이름 붙일 두 세트의 꼬리표가 필요하다. 우리는 λ_i 와 μ_a 라는 꼬리표를 이용할 것이다. λ_i 와 μ_a 기호는 $\mathbf{L}$ 과 $\mathbf{M}$ 의 고윳값이다. 첨자 i 와 a 는 $\mathbf{L}$ 과 $\mathbf{M}$ 의 모든 가능한 측정 결과를 아우른다. 우리는 두 관측량에 대한 동시 고유 벡터인 $|\lambda_i, \mu_a\rangle$ 라는 상태 벡터의 기저가 존재한다고 가정한다. 즉

$$\mathbf{L}|\lambda_i, \mu_a\rangle = \lambda_i |\lambda_i, \mu_a\rangle$$
$$\mathbf{M}|\lambda_i, \mu_a\rangle = \mu_a |\lambda_i, \mu_a\rangle$$

이다. 조금 덜 정확하더라도 이 식을 조금 더 쉽게 읽기 위해 가끔 첨자를 생략할 것이다.

$$\mathbf{L}|\lambda, \mu\rangle = \lambda |\lambda, \mu\rangle$$
$$\mathbf{M}|\lambda, \mu\rangle = \mu |\lambda, \mu\rangle.$$

동시 고유 벡터의 기저를 갖기 위해서는 두 연산자 $\mathbf{L}$ 과 $\mathbf{M}$ 이 서

로 교환 가능해야 한다. 이는 쉽게 보일 수 있다. 임의의 기저 벡터에 연산자 곱 **LM**을 작용하는 것으로 시작해 보자. 그리고 그 기저 벡터가 두 연산자 모두의 고유 벡터라는 사실을 이용한다.

$$\mathbf{LM}|\lambda, \mu\rangle = \mathbf{L}\mu|\lambda, \mu\rangle,$$

즉

$$\mathbf{LM}|\lambda, \mu\rangle = \lambda\mu|\lambda, \mu\rangle$$

이다. 고윳값 λ와 μ는 물론 그저 숫자일 뿐이어서 이 둘을 곱할 때 어느 숫자가 먼저 나오는지는 문제가 되지 않는다. 따라서 만약 우리가 두 연산자의 순서를 바꾸어 연산자 **ML**을 똑같은 기저 벡터에 작용하면 똑같은 결과를 얻는다.

$$\mathbf{LM}|\lambda, \mu\rangle = \mathbf{ML}|\lambda, \mu\rangle,$$

또는 보다 간결하게

$$[\mathbf{L}, \mathbf{M}]|\lambda, \mu\rangle = 0 \qquad (5.1)$$

이다. 여기서 우변은 0 벡터를 나타낸다. 이 결과는 만약 특정한 기저 벡터에 대해서만 사실이라면 그다지 도움이 되지 못할 것이다. 그러나 식 5.1에 이르게 된 추론은 임의의 기저 벡터에 대해서도 성립한다. 그 정도면 연산자 $[\mathbf{L}, \mathbf{M}] = 0$이라고 확신하기에 충분하다. 만약 어떤 연산자가 기저의 모든 원소를 0으로 만든다면 그 연산자는 벡터 공간의 모든 벡터를 0으로 만들어야 한다.[1] 모든 벡터를 0으로 만드는 연산자는 정확하게 0 연산자이다. 따라서 우리는 만약 두 관측량의 동시 고유 벡터의 완전 기저가 있다면 그 두 관측량은 교환 가능함을 증명했다. 이 정리의 역 또한 성립한다. 만약 두 관측량이 교환 가능하면, 그 두 관측량의 동시 고유 벡터의 완전 기저가 존재한다. 간단히 말해 두 관측량이 동시에 측정 가능할 조건은 그 둘이 교환 가능하다는 것이다.

앞서 말했듯이 이 정리는 보다 일반적이다. 하나의 기저에 완전히 이름을 붙이기 위해 많은 숫자의 관측량을 정해야 할 수도 있다. 필요한 관측량의 숫자에 상관없이, 그들 모두는 서로가 교환 가능해야 한다. 이들의 집합을 교환 가능한 관측량들의 완전 집합이라 부른다.

5.1.2 파동 함수

이제 파동 함수라는 개념을 소개할 것이다. 지금으로서는 그 이름은 잊어라. 일반적으로 양자 파동 함수는 파동과는 전혀 상관

---

1) 왜 그런지 알겠는가?

이 없다. 나중에 우리가 입자들에 대한 양자 역학을 공부할 때 (8~10강) 파동 함수와 파동 사이의 연관성을 알게 될 것이다.

어떤 양자계에 대한 상태 기지가 있다고 가정하사. 식교 성규 기저 벡터를 $|a, b, c, \cdots\rangle$라 하자. 여기서 a, b, c,$\cdots$는 교환 가능한 관측량들 $\mathbf{A}$, $\mathbf{B}$, $\mathbf{C}$,$\cdots$의 어떤 완전 집합의 고윳값들이다. 이제 임의의 상태 벡터 $|\Psi\rangle$를 생각해 보자. 벡터 $|a, b, c, \cdots\rangle$가 직교 정규 기저이므로 $|\Psi\rangle$는 기저를 써서 전개할 수 있다.

$$|\Psi\rangle = \sum_{a, b, c, \ldots} \psi(a, b, c, \cdots)|a, b, c, \cdots\rangle.$$

여기서 $\Psi(a, b, c,\cdots)$는 $|\Psi\rangle$를 전개할 때 들어가는 계수이다. 각각의 계수는 또한 $|\Psi\rangle$와 기저 벡터들 중 하나의 내적과 같다.

$$\psi(a, b, c, \cdots) = \langle a, b, c, \cdots|\Psi\rangle. \qquad (5.2)$$

계수들 $\psi(a, b, c,\cdots)$의 집합을 관측량 $\mathbf{A}$, $\mathbf{B}$, $\mathbf{C}$,$\cdots$가 정의하는 기저에서의 그 계의 파동 함수라 부른다. 파동 함수에 대한 수학적인 정의는 식 5.2로 주어진다. 형식적이고 추상적으로 보이지만 파동 함수의 물리적 의미는 엄청나게 중요하다. 양자 역학의 기본 확률 원리에 따르면 파동 함수의 크기의 제곱은 교환 가능한 관측량들이 a, b, c,$\cdots$의 값을 가질 확률이다.

$$P(a, b, c, \cdots) = \psi^*(a, b, c, \cdots)\, \psi(a, b, c, \cdots).$$

파동 함수의 형태는 우리가 초점을 맞추기로 선택한 관측량들에 의존한다. 이는 2개의 다른 관측량에 대한 계산이 서로 다른 기저 벡터의 집합에 의존하기 때문이다. 예를 들어 단일 스핀의 경우 내적

$$\psi(u) = \langle u \,|\, \varPsi \rangle$$

와

$$\psi(d) = \langle d \,|\, \varPsi \rangle$$

는 σ_z 기저에서 파동 함수를 정의하는 반면

$$\psi(r) = \langle r \,|\, \varPsi \rangle$$

와

$$\psi(l) = \langle l \,|\, \varPsi \rangle$$

는 σ_x 기저에서 파동 함수를 정의한다.

파동 함수의 한 가지 중요한 특징은 확률의 총합이 1이라는 사실이다.

$$\sum_{a,b,c,\dots} \psi^* (a, b, c, \cdots) \, \psi(a, b, c, \cdots) = 1.$$

5.1.3 용어에 대하여

이 책에서 사용하는 파동 함수라는 용어는 고유 함수 전개에서 기저 벡터에 곱하는 계수(또는 성분)들의 집합을 말한다. 예를 들어 상태 벡터 $|\Psi\rangle$를

$$|\Psi\rangle = \sum_j \alpha_j |\psi_j\rangle$$

와 같이 전개하면 계수 α_j—바로 앞에서 우리가 $\psi(a, b, c,\cdots)$라 불렀던 것—의 집합이 우리가 말하는 파동 함수이다. 여기서 $|\psi_j\rangle$는 에르미트 연산자의 직교 정규 고유 벡터이다. 상태 벡터가 합(Σ)이 아니라 적분($\int$)으로 표현되었을 때는 파동 함수가 연속적이다.

지금까지 우리는 파동 함수와 상태 벡터 Ψ_j를 주의 깊게 구분해 왔다. 통상적으로 그렇게들 한다. 하지만 어떤 저자들은 파동 함수를 상태 벡터인 것처럼 말한다. 이렇게 용어를 애매하게 사용하면 혼란스러울 수 있다. 파동 함수가 정말로 상태 벡터를

표현할 수 있음을 깨닫게 되면 덜 혼란스러울 것이다. 계수 α_j를 고유 벡터의 특정한 기저에서의 상태 벡터의 좌표라고 타당하게 생각할 수 있다. 이는 직교 좌표계가 특정한 좌표틀에 대해 상대적으로 3차원 공간에서의 특정한 점을 나타낸다고 말하는 것과 비슷하다. 혼란을 피하려면 어떤 표기법을 따르고 있는지만 알면 된다. 이 책에서는 일반적으로 상태 벡터를 나타내기 위해 Ψ와 같은 대문자 기호를, 파동 함수를 나타내기 위해 ψ와 같은 소문자 기호를 사용할 것이다.

5.2 측정

측정이라는 개념으로 돌아가 보자. 한 번의 실험에서 두 관측량 **L**과 **M**을 측정하고, 그 계는 이 두 관측량의 동시 고유 벡터로 남겨진다고 가정하자. 5.1.1에서 배웠듯이 이는 **L**과 **M**이 교환 가능해야 한다는 뜻이다.

그런데 만약 둘이 교환 가능하지 않으면 어떻게 될까? 그렇다면 일반적으로 양쪽에 대해 명확한 정보를 얻기가 불가능하다. 앞으로 우리는 이를 불확정성 원리라는 형태로 조금 더 정량화할 것이다. 베르너 하이젠베르크(Werner Heigenberg)의 불확정성 원리는 이것의 특별한 경우이다.

우리의 시금석인 단일 스핀 문제로 돌아가 보자. 임의의 스핀 관측량은 2×2 에르미트 행렬로 표현되며 다음과 같은 형태이다.

$$\begin{pmatrix} r & w \\ w^* & r' \end{pmatrix}.$$

여기서 대각 원소는 실수이고 다른 두 원소는 서로 복소 켤레이다. 이는 이 관측량을 규정하는 데에 정확하게 4개의 실변수가 소요된다는 의미이다. 사실 파울리 행렬 σ_x, σ_y, σ_z와 또 다른 행렬, 즉 단위 행렬 I를 써서 임의의 스핀 관측량을 깔끔하게 기술하는 방법이 있다. 기억을 떠올려 보면

$$\sigma_x = \begin{pmatrix} 0 & 1 \\ 1 & 0 \end{pmatrix}$$

$$\sigma_y = \begin{pmatrix} 0 & -i \\ i & 0 \end{pmatrix}$$

$$\sigma_z = \begin{pmatrix} 1 & 0 \\ 0 & -1 \end{pmatrix}$$

$$I = \begin{pmatrix} 1 & 0 \\ 0 & 1 \end{pmatrix}$$

이다. 임의의 2×2 에르미트 행렬 $\mathbf{L}$은 다음과 같이 네 항의 합으로 쓸 수 있다.

$$\mathbf{L} = a\sigma_x + b\sigma_y + c\sigma_z + dI.$$

여기서 a, b, c, d는 실수이다.

연습 문제 5.1: **이 주장을 확인해 보라.**

단위 연산자 I는 에르미트이므로 공식적으로는 하나의 관측 량이다. 그러나 아주 지루한 관측량이다. 이렇게 시시한 관측량 이 가질 수 있는 값은 오직 하나, 1이다. 그리고 모든 상태 벡터 는 고유 벡터이다. 만약 I를 무시하면, 가장 일반적인 관측량은 3 개의 스핀 성분 σ_x, σ_y, σ_z의 중첩이다. 임의의 한 쌍의 스핀 성분 을 동시에 측정할 수 있을까? 교환 가능할 때에만 가능하다. 이 스핀 성분들의 교환자는 쉽게 계산할 수 있다. 행렬 표현을 이용 해 두 가지 순서에 따라 곱한 뒤 빼면 된다.

식 4.26에서 우리가 정리했던 교환 관계

$$[\sigma_x, \sigma_y] = 2i\sigma_z$$
$$[\sigma_y, \sigma_z] = 2i\sigma_x$$
$$[\sigma_z, \sigma_x] = 2i\sigma_y$$

를 보면 그 어떤 2개의 스핀 성분도 동시에 측정할 수 없음을 직 접적으로 알 수 있다. 왜냐하면 우변이 0이 아니기 때문이다. 사 실 임의의 축에 대해 그 어떤 스핀의 두 성분도 동시에 측정할 수 없다.

5.3 불확정성 원리

불확정성은 양자 역학의 특징 중 하나이다. 하지만 실험 결과가 항상 불확실한 것만은 아니다. 만약 어떤 계가 관측량의 고유 상태에 있으면 그 관측량을 측정한 결과에 대해서는 불확정성이 없다. 하지만 그 상태가 무엇이든 간에 어떤 관측량에 대해서는 항상 불확정성이 있다. 만약 그 상태가 우연히도 하나의 에르미트 연산자 — A라 하자. — 의 고유 벡터였다면 그 고유 벡터는 A와 교환되지 않는 다른 연산자의 고유 벡터는 아닐 것이다. 따라서 하나의 규칙으로서, 만약 A와 B가 교환되지 않으면 적어도 하나에 대해 불확정성이 있어야만 한다.

이와 같은 상호 불확정성의 대표적인 사례가 하이젠베르크의 불확정성 원리이다. 그 원래 형태는 입자의 위치 및 운동량과 관계가 있다. 그러나 하이젠베르크의 아이디어는 교환되지 않는 임의의 두 관측량에 적용되는 훨씬 더 일반적인 원리로 확장될 수 있다. 스핀의 두 성분이 한 예이다. 이제 우리는 불확정성 원리의 일반적인 형태를 유도하기 위해 필요한 모든 요소를 갖게 되었다.

5.4 불확정성의 의미

우리가 불확정성을 정량화하고자 한다면 그것이 무슨 뜻인지 아

주 확실히 할 필요가 있다. 관측량 $\mathbf{A}$의 고윳값을 a라 하자. 그러면 상태 $|\Psi\rangle$가 주어졌을 때 보통의 성질을 갖는 확률 분포 $P(a)$가 존재한다. $\mathbf{A}$의 기댓값은 보통의 평균이다.

$$\langle \Psi | \mathbf{A} | \Psi \rangle = \sum_a aP(a).$$

대략 말하자면, 이는 $P(a)$가 기댓값 주변에 중심을 잡고 있다는 뜻이다. '$\mathbf{A}$에서의 불확정성'이 뜻하는 바는 소위 표준 편차이다. 표준 편차를 계산하기 위해 $\mathbf{A}$에서 그 기댓값을 빼는 것으로 시작하자. 연산자 $\overline{\mathbf{A}}$를 다음과 같이 정의한다.

$$\overline{\mathbf{A}} = \mathbf{A} - \langle \mathbf{A} \rangle.$$

$\overline{\mathbf{A}}$를 이런 식으로 정의해서 연산자에서 기댓값을 뺐지만, 이것이 무슨 뜻인지 완전히 명확하지는 않다. 조금 더 자세히 살펴보자. 기댓값 그 자체는 실수이다. 모든 실수는 연산자, 그러니까 단위 연산자 I에 비례하는 연산자이다. 그 의미를 명확히 하기 위해 $\overline{\mathbf{A}}$를 조금 더 완전한 형태로 쓸 수 있다.

$$\overline{\mathbf{A}} = \mathbf{A} - \langle \mathbf{A} \rangle I.$$

$\overline{\mathbf{A}}$의 확률 분포는 $\overline{\mathbf{A}}$의 평균이 0이 되게끔 이동한 것 말고는 $\mathbf{A}$

의 확률 분포와 정확히 똑같다. $\overline{\mathbf{A}}$ 의 고유 벡터는 $\mathbf{A}$ 의 고유 벡터와 똑같으며 고윳값은 그 평균 또한 0이 되도록 그저 그 값을 옮긴 것일 뿐이다. 즉 $\overline{\mathbf{A}}$ 의 고윳값은

$$\overline{a} = a - \langle \mathbf{A} \rangle$$

이다. $\mathbf{A}$ 의 불확정성(또는 표준 편차)의 제곱을 $(\Delta \mathbf{A})^2$ 이라 부르며, 다음과 같이 정의한다.

$$(\Delta \mathbf{A})^2 = \sum_a \overline{a}^{\,2} P(a), \tag{5.3}$$

즉

$$(\Delta \mathbf{A})^2 = \sum_a (a - \langle \mathbf{A} \rangle)^2 P(a) \tag{5.4}$$

이다. 또한 다음과 같이 쓸 수 있다.

$$(\Delta \mathbf{A})^2 = \langle \Psi \,|\, \overline{\mathbf{A}}^{\,2} \,|\, \Psi \rangle.$$

만약 $\mathbf{A}$ 의 기댓값이 0이면 불확정성 $\Delta \mathbf{A}$ 는 조금 더 간단한 형태가 된다.

$$(\Delta \mathbf{A})^2 = \langle \Psi | \mathbf{A}^2 | \Psi \rangle.$$

즉 불확정성의 제곱은 연산자 $\mathbf{A}^2$의 평균이다.

5.5 코시-슈바르츠 부등식

불확정성 원리란 A와 B의 불확정성의 곱이 그들의 교환자와 관련된 어떤 값보다 크다는 것을 말하는 부등식이다. 기본적으로 널리 알려진 부등식은 삼각 부등식이다. 이는 임의의 벡터 공간에서 삼각형의 한 변의 크기는 다른 두 변의 크기의 합보다 작다는 것을 말한다. 실벡터 공간에서 삼각 부등식

$$|X \| Y| \geq |X \cdot Y|$$

로부터 다음을 유도할 수 있다.

$$|X| + |Y| \geq |X + Y|. \qquad (5.5)$$

5.6 삼각 부등식과 코시-슈바르츠 부등식

삼각 부등식은 물론 보통 삼각형의 성질이 동기가 되었지만, 실제로는 훨씬 더 일반적이며 벡터 공간에도 적용된다. 그림 5.1을 보면 기본 아이디어를 알 수 있다. 여기서 삼각형의 변들을 평면 위에서 보통의 기하학적 벡터들로 잡았다. 삼각 부등식은 단지

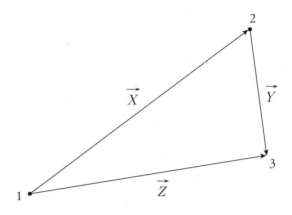

그림 5.1 삼각 부등식. 벡터 $\vec{X}$ 와 $\vec{Y}$ 의 크기 합은 벡터 $\vec{Z}$ 의 크기보다 크거나 똑같다. (두 점 사이의 최단 경로는 직선이다.)

임의의 두 변의 크기 합이 나머지 변의 크기보다 더 크다는 것을 말할 뿐이다. 그 밑에 깔려 있는 생각은 두 점 사이의 최단 경로가 직선이라는 것이다. 점 1과 점 3 사이의 최단 경로는 변 Z이며 다른 두 변의 크기 합은 확실히 더 크다.

삼각 부등식은 여러 방식으로 표현할 수 있다. 기본 정의에서 시작해 우리가 필요로 하는 형태로 손질을 할 작정이다.

$$|X| + |Y| \geq |Z|.$$

X와 Y를 서로 더할 수 있는 벡터라 생각하면 앞의 식을

$$|\vec{X}| + |\vec{Y}| \geq |\vec{X} + \vec{Y}|$$

와 같이 쓸 수 있다. 이 식을 제곱하면 다음과 같은 식이 된다.

$$|\vec{X}|^2 + |\vec{Y}|^2 + 2|\vec{X}||\vec{Y}|^2 \geq |\vec{X} + \vec{Y}|^2.$$

그런데 우변은 다음과 같이 전개할 수 있다.

$$|\vec{X} + \vec{Y}|^2 = |\vec{X}|^2 + |\vec{Y}|^2 + 2(\vec{X} \cdot \vec{Y}).$$

왜냐고? $|\vec{X} + \vec{Y}|^2$ 은 그저 $(\vec{X} + \vec{Y}) \cdot (\vec{X} + \vec{Y})$ 이기 때문이다. 종합하면 다음의 결과를 얻는다.

$$|\vec{X}|^2 + |\vec{Y}|^2 + 2|\vec{X}||\vec{Y}| \geq |\vec{X}|^2 + |\vec{Y}|^2 + 2|\vec{X} + \vec{Y}|.$$

이제 양변에서 $|\vec{X}|^2 + |\vec{Y}|^2$ 을 빼고 2로 나누면

$$|\vec{X}||\vec{Y}| \geq \vec{X} \cdot \vec{Y} \qquad (5.6)$$

가 된다. 식 5.6은 삼각 부등식의 또 다른 형태이다. 이는 임의의 두 벡터 $\vec{X}$, $\vec{Y}$ 가 주어졌을 때 그 크기의 곱은 그 내적보다 크거나 같음을 뜻한다. 이는 놀랍지 않다. 내적은 종종 다음과 같이

정의되기 때문이다.

$$\vec{X} \cdot \vec{Y} = \left| \vec{X} \right| \left| \vec{Y} \right| \cos \theta.$$

여기서 θ는 두 벡터 사이의 각도이다. 그런데 코사인값이 언제나 -1과 $+1$의 사이에 있으므로 우변은 항상 $\left| \vec{X} \right| \left| \vec{Y} \right|$보다 작거나 같아야 한다. 이 관계는 2차원, 3차원, 또는 임의의 차원 속의 벡터에 대해서 성립한다. 심지어 복소 벡터 공간 속의 벡터에 대해서도 마찬가지이다. 또한 벡터의 크기가 벡터 자기 자신과의 내적의 제곱근으로 정의되는 한 임의의 벡터 공간 속의 벡터에 대해서도 일반적으로 성립한다. 앞으로 있을 논의에서 우리는 식 5.6과 같은 부등식을 제곱한 형태, 즉

$$\left| \vec{X} \right|^2 \left| \vec{Y} \right|^2 \geq \left(\vec{X} \cdot \vec{Y} \right)^2,$$

또는

$$\left| \vec{X} \right|^2 \left| \vec{Y} \right|^2 \geq \left| \vec{X} \cdot \vec{Y} \right|^2 \tag{5.7}$$

을 사용할 삭성이다. 이 형태를 코시-슈바르츠 부등식(Cauchy-Schwarz inequality)이라 부른다.

복소 벡터 공간에서는 삼각 부등식의 형태가 약간 더 복잡하

다. $|X\rangle$와 $|Y\rangle$를 복소 벡터 공간의 임의의 두 벡터라 하자. 세 벡터 $|X\rangle$, $|Y\rangle$, $|X\rangle + |Y\rangle$의 크기는

$$|X| = \sqrt{\langle X | X \rangle}$$
$$|Y| = \sqrt{\langle Y | Y \rangle}$$
$$|X + Y| = \sqrt{(\langle X| + \langle Y|)(|X\rangle + |Y\rangle)} \qquad (5.8)$$

이다. 이제 실수의 경우에서 우리가 했던 것과 똑같은 단계를 따라가자. 먼저 다음과 같이 쓴다.

$$|X| + |Y| \geq |X + Y|.$$

양변을 제곱해서 정리하면

$$2|X\|Y| \geq |\langle X | Y \rangle + \langle Y | X \rangle| \qquad (5.9)$$

가 된다. 이 형태의 코시-슈바르츠 부등식이 불확정성 원리로 안내할 것이다. 그런데 이것이 두 관측량 **A**와 **B**와 대체 무슨 상관이 있을까? $|X\rangle$와 $|Y\rangle$를 영리하게 정의하면 알 수 있다.

5.7 일반적인 불확정성 원리

$|\Psi\rangle$를 임의의 켓이라 하고 **A**와 **B**를 임의의 두 관측량이라 하

자. 이제 $|X\rangle$와 $|Y\rangle$를 다음과 같이 정의한다.

$$|X\rangle = \mathbf{A}|\Psi\rangle$$
$$|Y\rangle = i\mathbf{B}|\Psi\rangle. \qquad (5.10)$$

두 번째 정의에서 i를 주목하라. 이제 식 5.10을 식 5.9에 대입하면 다음을 얻는다.

$$2\sqrt{\langle \mathbf{A}^2 \rangle \langle \mathbf{B}^2 \rangle} \geq |\langle \Psi | \mathbf{AB} | \Psi \rangle - \langle \Psi | \mathbf{BA} | \Psi \rangle|. \qquad (5.11)$$

음의 부호는 식 5.10의 두 번째 정의에 있는 인수 i 때문이다. 교환자의 정의를 이용하면 다음을 얻는다.

$$2\sqrt{\langle \mathbf{A}^2 \rangle \langle \mathbf{B}^2 \rangle} \geq |\langle \Psi | [\mathbf{A}, \mathbf{B}] | \Psi \rangle|. \qquad (5.12)$$

당분간은 $\mathbf{A}$와 $\mathbf{B}$의 기댓값이 0이라고 가정하자. 이 경우 $\langle \mathbf{A}^2 \rangle$은 바로 $\mathbf{A}$의 불확정성의 제곱, 즉 $(\Delta \mathbf{A})^2$이며, 마찬가지로 $\langle \mathbf{B}^2 \rangle$은 바로 $(\Delta \mathbf{B})^2$이다. 따라서 식 5.12를 다음과 같이 쓸 수 있다.

$$\Delta \mathbf{A} \Delta \mathbf{B} \geq \frac{1}{2} |\langle \Psi | [\mathbf{A}, \mathbf{B}] | \Psi \rangle|. \qquad (5.13)$$

이 부등식을 잠시 깊게 고민해 보자. 좌변에서 우리는 상태 Ψ에서 두 관측량 $\mathbf{A}$와 $\mathbf{B}$의 불확정성의 곱을 볼 수 있다. 부등호는 이

값이 우변의 값보다 더 작을 수 없음을 말한다. 우변은 **A**와 **B**의 교환자와 결부되어 있다. 구체적으로 말하자면 **A**와 **B**의 불확정성의 곱은 교환자의 기댓값의 절반보다 작을 수 없다.

일반적인 불확정성 원리는 우리가 이미 미루어 짐작한 바를 정량적으로 표현한 것이다. **A**와 **B**의 교환자가 0이 아니면, 두 관측량은 동시에 명확할 수 없다.

만약 **A** 또는 **B**의 기댓값이 0이 아니면 어떻게 될까? 이 경우 기댓값을 뺀 새로운 두 연산자를 다시 정의하는 방법이 있다.

$$\overline{A} = A - \langle A \rangle$$
$$\overline{B} = B - \langle B \rangle.$$

이제 **A**와 **B**를 $\overline{A}$와 $\overline{B}$로 바꾸어 전체 과정을 반복하면 된다. 다음 연습 문제가 안내자 역할을 해 줄 것이다.

연습 문제 5.2:

(a) $\Delta A^2 = \langle \overline{A}^2 \rangle$이고 $\Delta B^2 = \langle \overline{B}^2 \rangle$임을 보여라.

(b) $\left[\overline{A}, \overline{B} \right] = [A, B]$임을 보여라.

(c) 이 관계들을 이용해 다음을 보여라.

$$\Delta A \Delta B \geq \frac{1}{2} |\langle \Psi | [A, B] | \Psi \rangle|.$$

나중에 8강에서 이처럼 아주 일반적인 불확정성 원리를 이용해 하이젠베르크의 불확정성 원리의 원래 형태를 증명할 것이다. 입자의 위치 불확징싱과 운동량 불확정성의 곱은 플랑크 상수($\hbar$)의 절반보다 작을 수 없다.

계의 결합: 얽힘

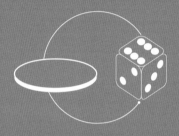

아트: 여기는 무엇보다 아주 친숙한 곳이로군.

-1 녀석을 제외하고는 홀로족이 아주 많지는 않군.

레니: 이런 곳에서는 서로 섞이는 게 자연스럽지.

단지 비좁기 때문만은 아냐.

지갑 잘 챙기고 너무 얽혀들진 말게.

6.1 막간: 텐서 곱에 대하여

6.1.1 앨리스와 밥을 만나다

계가 어떻게 결합해 더 큰 계를 만드는지를 알아내는 것은 물리학에서 다반사로 하는 일이다. 두말할 필요도 없이 원자는 핵자와 전자의 복합체이다. 이들 각각은 그 자체로 양자계로 여길 수 있다.

복합계에 대해서 말할 때 계 A와 계 B 같은 정형화된 언어의 수렁에 쉽게 빠져든다. 대부분의 물리학자들은 보다 가볍고 비형식적인 언어를 선호한다. 바로 앨리스(Alice)와 밥(Bob)이다. 이들은 거의 보편적으로 A와 B를 대체하게 되었다. 우리는 앨리스와 밥을 양자 복합계와 양자 실험을 위한 조달업자라고 생각하면 된다. 이들의 재고와 전문 지식은 오직 우리의 상상력에 의해서만 제한된다. 이들은 블랙홀로 뛰어드는 것처럼 어렵고 위험한 과제에도 기꺼이 달려든다. 진정한 괴짜-슈퍼-히어로들이다!

앨리스와 밥이 두 계, 즉 '앨리스 계'와 '밥 계'를 제공했다고 해 보자. 앨리스 계는 — 그것이 무엇이든 — S_A라 불리는 상태 공간으로 기술되며, 이와 비슷하게 밥 계는 S_B로 불리는 상태 공간으로 기술된다.

이제 두 계를 하나의 복합계로 결합하려고 한다. 더 나가기 전에, 우리가 시작하는 계를 조금 더 구체적으로 살펴보자. 예를 들어 앨리스 계는 2개의 기저 상태 H와 T를 가진 양자 역학적인 동전일 수 있다. 물론 고전적인 동전은 둘 중 하나의 상태이어야만 한다. 그러나 양자 동전은 중첩 상태로 존재할 수 있다.

$$\alpha_H |H\} + \alpha_T |T\}.$$

앨리스의 켓 벡터에 대해 독특한 표기법을 사용했음을 알아챘을 것이다. 이는 밥의 켓과 구분하기 위함이다. 이 새로운 표기법은 앨리스의 공간 S_A의 벡터를 밥의 공간 S_B의 벡터에 더하지 못하도록 하려는 의도로 도입했다. 앨리스의 S_A는 2차원 벡터 공간으로서 두 기저 벡터 $|H\}$와 $|T\}$로 정의된다.

밥 계 또한 동전일 수도 있지만 그밖에 무언가 다른 것일 수도 있다. 밥 계를 양자 주사위라 가정해 보자. 밥의 상태 공간 S_B는 6차원이며 기저

$$|1\rangle$$
$$|2\rangle$$
$$|3\rangle$$
$$|4\rangle$$
$$|5\rangle$$
$$|6\rangle$$

은 주사위의 여섯 면을 나타낸다. 앨리스의 동전과 마찬가지로 밥의 주사위는 양자 역학적이어서 여섯 상태는 앨리스의 경우와 비슷한 방식으로 중첩될 수 있다.

6.1.2 결합계의 표현

이제 밥과 앨리스의 계가 모두 존재하고 하나의 복합계를 형성한다고 상상해 보자. 첫 질문은 이렇다. 결합계의 상태 공간 — S_{AB}라 하자. — 을 어떻게 구축할 것인가? 그 답은 이렇다. S_A와 S_B의 텐서 곱(tensor product)을 만드는 것이다. 이 연산에 대한 기호는 다음과 같다.

$$S_{AB} = S_A \otimes S_B.$$

S_{AB}를 정의하기 위해서는 그 기저 벡터를 정하는 것만으로 충분하다. 기저 벡터는 정확히 여러분이 기대했던 것들이다. 그림 6.1의 표에서 열은 밥의 여섯 기저 벡터에 대응하고, 행은 앨리스의 두 기저 벡터에 대응한다. 표의 각 칸은 S_{AB}계의 기저 벡터를 나타낸다. 예를 들어 $H4$는 S_{AB}에서 동전이 앞면, 주사위가 4를 보여 주는 상태를 나타낸다. 결합계에서는 모두 12개의 기저 벡터가 있다.

이들 상태를 기호로 표현하는 다양한 방법들이 있다. 우리는 $H4$ 상태를 $|H\} \otimes |4\rangle$ 또는 $|H\}|4\rangle$처럼 명시적 표기법으로 나

결합계 S_{AB}의 상태 이름표

밥의 상태 이름표

	1	2	3	4	5	6
H	$H1$	$H2$	$H3$	$H4$	$H5$	$H6$
T	$T1$	$T2$	$T3$	$T4$	$T5$	$T6$

앨리스의
상태 이름표

앨리스 계   밥 계

그림 6.1 복합계 S_{AB}의 기저 상태를 보여 주는 표. 표의 위쪽에는 밥의 주사위 상태를 나타내는 이름표가 붙어 있다. 앨리스 동전의 상태 이름표는 왼쪽에 주어졌다. 표의 기입 항목들은 결합계의 상태 이름표이다. 각각의 결합된 상태 이름표는 각각의 두 부분 계의 상태를 나타낸다. 예를 들어 상태 이름표 $H4$는 앨리스의 동전이 H이고 밥의 주사위가 4인 상태를 나타낸다.

타낼 수 있다. 대개 $|H4\rangle$라는 복합적 표기법으로 나타내는 것이 더 편리하다. 이는 우리가 두 부분의 이름표를 가진 하나의 상태에 대해 말하고 있음을 강조하고 있다. 왼쪽 절반은 앨리스의 부분계를 나티내고, 오른쪽 절반은 밥의 부분계를 나타낸다. 명시적 표기법과 복합적 표기법은 모두 똑같은 의미를 갖고 있다. 이들은 모두 똑같은 상태를 말한다.

일단 기저 벡터가 목록에 오르면 — 이 경우 12개 — 우리는 이를 선형 결합해 임의의 중첩 상태를 만들 수 있다. 따라서 이 경우의 텐서 곱 공간은 12차원이다. 이런 기저 벡터 2개를 중첩한 모습은 다음과 같다.

$$\alpha_{H3}|H3\rangle + \alpha_{T4}|T4\rangle.$$

각 경우 상태 이름표의 왼쪽 절반은 앨리스의 동전 상태를 나타내고 오른쪽 절반은 밥의 주사위 상태를 나타낸다.

가끔 S_{AB}의 임의의 기저 벡터를 언급할 필요가 있다. 그러기 위해서는

$$|ab\rangle,$$

또는

$$|a'b'\rangle$$

처럼 보이는 켓 벡터를 이용할 것이다. 이 표기법에서는 a나 a'은 (또는 이름표의 왼쪽에 있는 문자면 그것이 무엇이든) 앨리스의 상태 중 하나를 나타내고, b나 b'은 밥의 상태 중 하나를 나타낸다.

이 표기법에는 한 가지 미묘한 측면이 있다. 우리의 S_{AB} 상

태 이름표가 이중으로 표기되었더라도, $|ab\rangle$ 또는 $|H3\rangle$ 같은 켓 벡터들은 결합계의 하나의 상태를 나타낸다. 즉 우리는 하나의 상태에 이름을 붙이기 위해 이중 표기를 사용하고 있다. 여기 익숙해지는 데에는 시간이 조금 걸릴 것이다. 상태 이름표의 앨리스 부분은 항상 왼쪽이고 밥 부분은 언제나 오른쪽이다. 앨리스와 밥을 알파벳 순서로 놓으면 이 표기법을 쉽게 기억할 수 있다.

보다 일반적인 계에서도 규칙은 똑같다. 유일한 차이점은 2개의 A 상태와 6개의 B 상태가 각각 N_A 개와 N_B 개의 상태로 대체되는 것이다. 이때의 텐서 곱은

$$N_{AB} = N_A N_B$$

차원을 갖게 될 것이다. 3개 이상의 성분을 가진 계는 3개 이상의 상태 공간의 텐서 곱으로 표현할 수 있지만, 여기서 그렇게 하지는 않을 것이다.

이제 우리가 앨리스와 밥의 분리된 공간 S_A와 S_B뿐만 아니라 결합 공간 S_{AB} 또한 기술하기는 했지만, 정해 주어야 할 표기법이 아직 한 가지 더 있다. 앨리스는 자신의 계에 작용하는, σ로 이름 붙은 연산자 집합을 갖고 있다. 밥도 자신의 계에 대해 비슷한 집합을 갖고 있다. 이를 τ라 이름 붙여서 앨리스의 연산자와 섞이지 않도록 한다. 앨리스는 여러 개의 σ 연산자를 가질 수 있으며 마찬가지로 밥도 여러 개의 τ 연산자를 가질 수 있다. 이제

이런 체계를 손에 넣었으니, 복합계를 훨씬 더 깊게 탐색할 준비가 되었다. 나중에 7강에서 우리는 텐서 곱 연산자를 행렬과 열 벡터로 표현된 성분의 형태로 다루는 법을 설명할 것이다.

이쯤 되면 양자 물리학이 고전 물리학과는 논리적인 뿌리에서부터 다르다는 데에 의심의 여지가 없어야 한다. 이번 강의와 다음 강의에서 이런 아이디어로 여러분을 훨씬 더 강하게 몰아붙일 것이다. 우리는 고전 물리학과 너무나 다른 양자 물리학의 모습을 논하려고 한다. 그 모습은 이 글을 쓰는 시점에서 거의 80년 동안 물리학자들과 철학자들을 어리둥절하게 했고 괴롭혔다. 그 발견자인 아인슈타인은 양자 역학에서 아주 심오한 무언가가 빠졌다는 결론에 이르렀다. 이후 물리학자들은 그 문제에 대해 논쟁해 왔다. 아인슈타인이 깨달았듯이 양자 역학을 받아들인다는 것은 우리가 고전적인 관점과는 급진적으로 다른 실재에 대한 관점을 믿게 되는 것이다.

6.2 고전적인 상관 관계

양자 얽힘으로 들어가기 전에 '고전 얽힘'이라고 부를 수도 있는 것에 시간을 조금 쓸 참이다. 다음 실험에서 앨리스(A)와 밥(B)은 찰리(C)의 도움을 조금 받을 것이다.

찰리는 손에 동전 2개를 갖고 있다. 100원짜리 동전과 500원짜리 동전이다. 찰리는 동전을 섞어 각각의 손에 하나씩 쥐고 앨리스와 밥에게 내민다. 그리고 각자에게 동전을 하나씩 준다. 아무도 동전을 보지 않았고 누가 어떤 동전을 가졌는지 모른다. 그러고 나서 앨리스는 센타우루스자리 알파별로 가는 우주 왕복선에 올라타고 밥은 미국 캘리포니아 주의 팰로 앨토에 남는다. 찰리는 자기 할 일을 다 했다. 더 이상 없어도 된다. (미안, 찰리.)

앨리스가 먼 여행을 떠나기 전에 앨리스와 밥은 자기들의 시계를 동기화한다. 이들은 상대성 이론 숙제를 했고 시간 지연과 그 밖의 모든 것들을 설명할 수 있게 되었다. 이들은 밥이 자신의 동전을 보기 전에 앨리스가 먼저 자기 동전을 1, 2초 정도 보는 것으로 합의했다.

모든 것이 매끄럽게 진행되고, 앨리스가 센타우루스자리 알파별에 도착했을 때 마침내 자신의 동전을 본다. 놀랍게도 앨리스가 동전을 보는 순간 앨리스는 그 즉시 밥이 어떤 동전을 보게 될 것인지 정확하게 안다. 밥이 자기 동전을 보기 전에도 말이다. 이것이 이상한가? 앨리스와 밥이 상대성 이론의 가장 근본적인 규칙, 즉 정보 전달 속도가 빛의 속도보다 더 빠를 수 없다는 규칙을 깨뜨리는 데에 성공한 것일까?

물론 아니다. 상대성 이론을 어기려면 앨리스의 관측이 즉각적으로 밥에게 밥이 무엇을 보게 될 것인지를 말해 주어야 한다. 앨리스는 밥이 보게 될 동전이 무엇인지 알 수 있으나 밥에게 말해 줄 방법이 없다. 센타우루스자리 알파별에서 실제 신호를 밥에게 보내는 방법뿐이다. 그러기 위해서는 빛의 속도로도 적어도 4년이 걸린다.

이 실험을 여러 번 해 보자. 많은 앨리스-밥 쌍을 이용해도 되고 똑같은 쌍을 반복해서 갈라놓아도 된다. 이를 정량화하기 위해 찰리(그가 사과를 받아들이고 돌아왔다.)가 각 100원짜리 동전에 '$\sigma = +1$'을, 각 500원짜리 동전에 '$\sigma = -1$'을 새긴다. 찰리가 동전을 섞을 때 정말로 무작위 방식이었다고 가정하면 다음과 같은 결과가 나올 것이다.

평균적으로 A와 B는 같은 개수의 100원짜리 동전과 500원짜리 동전을 갖게 될 것이다. A가 관측한 값을 σ_A라 하고 B가 관측한 값을 σ_B라 하면 우리는 이 사실을 수학적으로 다음과 같이 표현할 수 있다.

$$\langle \sigma_A \rangle = 0$$
$$\langle \sigma_B \rangle = 0. \qquad (6.1)$$

만약 A와 B가 자신들의 관측을 기록하고 팰로 앨토에 함께 돌아와 그 결과를 비교한다면, 이들은 강력한 상관 관계를 보게 될 것이다.[1] 매번 시도에서 만약 A가 $\sigma_A = +1$을 관측했다면 B는 $\sigma = -1$을 관측한 것이고 그 반대도 마찬가지이다. 즉 곱 $\sigma_A \sigma_B$는 언제나 -1과 같다.

---

1) 사실 이 예에서는 완벽한 상관 관계이다.

$$\langle \sigma_A \sigma_B \rangle = -1.$$

(σ_A와 σ_B의) 곱의 평균이 평균의 곱과 같지 않음에 유의하라. 식 6.1에 따르면 $\langle \sigma_A \rangle \langle \sigma_B \rangle$는 0이다. 기호로 쓰면

$$\langle \sigma_A \rangle \langle \sigma_B \rangle \neq \langle \sigma_A \sigma_B \rangle,$$

또는

$$\langle \sigma_A \sigma_B \rangle - \langle \sigma_A \rangle \langle \sigma_B \rangle \neq 0 \qquad (6.2)$$

이다. 이는 앨리스와 밥의 관측이 서로 상관 관계에 있음을 뜻한다. 사실

$$\langle \sigma_A \sigma_B \rangle - \langle \sigma_A \rangle \langle \sigma_B \rangle$$

의 양은 밥과 앨리스의 관측 사이의 통계적 상관 관계라 부른다. 이 값이 0인 경우에도 통계적 상관 관계라 부른다. 통계적 상관 관계가 0이 아닐 때 우리는 그 관측이 상관 관계에 있다고 말한다. 이 상관 관계의 근원은 원래 앨리스와 밥이 똑같은 곳에 있었고 찰리가 두 종류의 동전 중 하나를 갖고 있었다는 사실이다. 이 상관 관계는 앨리스가 센타우루스자리 알파별로 갔더라도 남아

있다. 이유는 간단하다. 동전이 여행 중에도 변하지 않기 때문이다. 이 점에 대해서, 또는 식 6.2와 같은 부등식에 대해서는 이상한 것이 전혀 없다. 이는 통계 분포의 아주 일반적인 성질이다.

두 변수 a, b에 대한 확률 분포 $P(a, b)$가 있다고 하자. 만약 두 변수가 완전히 관련 없다면 그 확률은 인수 분해될 것이다.

$$P(a, b) = P_A(a)P_B(b). \tag{6.3}$$

여기서 $P_A(a)$와 $P_B(b)$는 a와 b에 대한 개별 확률이다. (함수 기호의 아래 첨자는 이들이 각 변수의 다른 함수일 수 있음을 상기시키기 위해 넣은 것이다.) 만약 확률이 이런 식으로 인수 분해된다면 상관 관계가 없음을 쉽게 알 수 있다. 즉 곱의 평균은 평균의 곱이다.

연습 문제 6.1: 만약 $P(a, b)$가 인수 분해되면 a와 b 사이의 상관 관계는 0임을 증명하라.

확률이 인수 분해되는 그런 부류의 상황을 보여 주기 위해 예를 하나 들어 보자. 1명의 찰리 대신 2명의 찰리 — 찰리 A와 찰리 B — 가 있고 서로 교신한 적이 없다고 하자. 찰리 B가 2개의 동전을 섞어서 밥에게 주고 나머지 동전은 버린다.

찰리 A도 정확히 똑같은 일을 한다. 다만 동전을 앨리스에게 줄 뿐이다. 이런 형태의 상황에서는 상관 관계 없이 확률은 곱으로 인수 분해된다.

고전 물리학에서 우리는 원리적으로는 알 수 있는 무언가에 대해 모를 때 통계와 확률 이론을 이용한다. 예를 들어 첫 실험에서 동전을 섞은 뒤 찰리가 얌전하게 관측을 하고(재빨리 엿보고) 그러고 나서 앨리스와 밥이 동전을 가져가게 했을 수도 있다. 이런다고 하더라도 결과에는 아무런 차이가 없다. 고전 역학에서는 확률 분포 $P(a, b)$가 계의 상태가 불완전하게 규정된 정도를 나타낸다. 그 계에 대해 더 알아야 할 것이 — 알 수도 있는 더 많은 것이 — 있다. 고전 물리학에서는 알 수도 있는 모든 것에 비해 상대적으로 지식이 불완전할 때면 언제나 확률을 이용한다.

이와 관련해 고전 물리학에서 어떤 계를 완전히 안다는 것은 그 계의 모든 부분을 완전히 안다는 것을 뜻한다. 찰리가 두 동전 계에 대해 알 수도 있는 모든 것을 알지만 개별 동전에 대해서는 정보를 잃어버렸다고 한다면 말이 되지 않는다.

이런 고전적인 개념들은 우리 사고에 깊이 각인되어 있다. 이들은 물리적인 세계를 본능적으로 이해하는 기초이며, 거기서 벗어나기도 대단히 어렵다. 그러나 우리가 양자 세계를 이해하고자 한다면 거기서 반드시 벗어나야 한다.

6.3 양자계의 결합

찰리의 두 동전은 2개의 고전적인 부분계로 구성된 하나의 고전계를 형성한다. 텐서 곱에 대한 막간(6.1 참조)에서 확인했듯이 양자 역학에서도 계를 결합할 수 있다.

앨리스와 밥은 친절하게도 텐서 곱에 대한 막간 수학에서 우리에게 빌려 주었던 동전―주사위계의 변형된 형태를 제공하기로 합의했다. 동전과 주사위 대신 새로운 계는 두 스핀으로 구축된다. 단일 스핀에 대한 우리의 지식을 적용할 기회가 왔다는 뜻이다.

앞선 경우와 마찬가지로 앨리스의 상태 벡터가 밥의 상태 벡터와 똑같은 상태 공간에 있지 않음을, 또 이 둘을 함께 더할 수 없음을 상기하기 위해 우리는 별난 표기법 $|a\}$를 이따금 사용할 것이다. 한편 S_{AB}의 직교 정규 기저의 각 원소에는 S_A에서 하나, S_B에서 하나, 이렇게 한 쌍의 벡터로 이름표를 붙인다. 우리는 결합계의 단일 기저 벡터에 이름표를 붙이기 위해 $|ab\rangle$라는 표기법을 종종 사용할 것이다. 이런 이중 표기 기저 벡터는 서로 더할 수 있다. 우리는 그런 덧셈을 많이 할 것이다.

막간에서 설명했듯이 한 쌍의 지표로 기저 벡터에 이름표를 붙이는 데에 익숙해지려면 시간이 조금 걸린다. 여러분은 ab라는 쌍을 단일 상태에 이름을 붙이는 단일 지표로 생각해야 한다.

예를 들어 보자. 복합계 상태 공간에 작용하는 어떤 선형 연산자 $\mathbf{M}$을 생각해 보자. 일반적인 경우와 마찬가지로 이는 행렬로 표현할 수 있다. 행렬 원소는 기저 벡터들 사이에 연산자를 샌드위치처럼 끼워 넣음으로써 만들 수 있다. 따라서 $\mathbf{M}$의 행렬 원소는

$$\langle a'b'|\mathbf{M}|ab\rangle = M_{a'b',\,ab}$$

와 같이 표현된다. 행렬의 각 행은 복합계의 단일 지표인 $(a'b')$로 이름이 붙고 각 열은 (ab)로 이름이 붙는다.

벡터 $|ab\rangle$는 직교 정규로 취한다. 이는 두 이름표가 일치하지 않으면 이들의 내적이 0임을 뜻한다. 이는 a와 b가 일치해야 함을 뜻하는 것이 아니다. ab가 $a'b'$과 일치해야 함을 뜻한다. 이 개념을 크로네커 델타 기호를 써서도 표현할 수 있다.

$$\langle ab|a'b'\rangle = \delta_{aa'}\delta_{bb'}.$$

$a = a'$이고 $b = b'$이 아니면 우변은 0이다. 이름표가 일치하면 내적은 1이다.

기저 벡터가 있으므로, 이들의 선형 결합도 가능하다. 따라서 복합계의 임의의 상태는

$$|\Psi\rangle = \sum_{a,b} \psi(a,b)|ab\rangle$$

와 같이 전개할 수 있다.

6.4 2스핀계

우리 예로 돌아와 두 스핀, 즉 앨리스의 스핀과 밥의 스핀을 생각해 보자. 우리가 시각화할 수 있는 맥락에서 말하자면, 스핀이 두 입자에 각각 붙어 있고 두 입자는 공간에서 가깝지만 서로 다른 두 위치에 고정되어 있다고 생각하자.

앨리스와 밥은 각각 A와 B라 불리는 자신의 실험 장비를 갖고 있어서 스핀 상태를 준비시키고 스핀 성분을 측정하는 데에 사용할 수 있다. 각 장비는 임의의 축을 따라 독립적으로 놓을 수 있다.

이 두 스핀에 대한 이름이 필요하다. 스핀이 하나만 있었을 때에는 간단하게 σ라 불렀다. 이는 x, y, z 축을 따라 3개의 성분을 갖고 있었다. 이제 스핀이 2개 있으므로, 문제는 너무 많은 위 첨자와 아래 첨자로 기호를 어질러 놓지 않으면서 어떻게 이름을 붙이는가 하는 점이다. 우리는 이를 σ^A와 σ^B로, 그 성분을 σ^A_x, σ^B_y 등으로 부를 수도 있다. 나는 이렇게 쓰면 첨자가 너무 많아서 특히 칠판에서 따라가기 어렵다. 그 대신 텐서 곱에 대한 막간(6.1 참조)에서 사용했던 것과 똑같은 표기법을 따를 것이다. 앨리스의 스핀을 σ, 밥의 스핀을 τ라 부를 것이다. 앨리스와 밥의 스핀의 모든 성분의 집합은

$$\sigma_x, \sigma_y, \sigma_z$$

와

$$\tau_x, \tau_y, \tau_z$$

이다. 앞서 제시했던 원리들에 따르면 2스핀계의 상태 공간은 텐서 곱이다. 막간에서 했던 것과 똑같이 4개의 상태에 대한 표를 만들 수 있다. 이번에는 4개의 기저 상태로 구성된 2 × 2 사각형이다.

각 스핀의 z 성분이 정해진 기저에서 작업해 보자. 기저 벡터는 다음과 같다.

$$|uu\rangle, \ |ud\rangle, \ |du\rangle, \ |dd\rangle.$$

여기서 각 이름표의 첫 부분은 σ의 상태를, 두 번째 부분은 τ를 나타낸다. 예를 들어 첫 기저 벡터 $|uu\rangle$는 두 스핀 모두 위쪽인 상태를 나타낸다. 벡터 $|du\rangle$는 앨리스의 스핀이 아래쪽이고 밥의 스핀이 위쪽인 상태이다.

6.5 곱 상태

복합계에서 가장 간단한 형태의 상태를 곱 상태(product state)라 부른다. 곱 상태는 앨리스와 밥이 완전히 독립적으로 준비시킨 결과로서, 각자 자신의 장비를 써서 스핀을 준비시킨다. 명시적 표기법을 사용해, 앨리스는 자신의 스핀을

$$\alpha_u |u\} + \alpha_d |d\}$$

의 상태로, 그리고 밥은 자신의 스핀을

$$\beta_u |u\rangle + \beta_d |d\rangle$$

의 상태로 준비시켰다고 하자. 각 상태는 모두 정규화되었다고 가정한다.

$$\alpha_u^* \alpha_u + \alpha_d^* \alpha_d = 1$$
$$\beta_u^* \beta_u + \beta_d^* \beta_d = 1. \qquad (6.4)$$

사실 각각의 부분계에 대해 이처럼 분리된 정규화 방정식은 곱 상태를 정의하는 데에 결정적인 역할을 한다. 이 식이 성립하지 않으면 곱 상태를 갖지 못한다. 결합계를 기술하는 곱 상태는

$$|\, 곱\ 상태 \,\rangle = \{\alpha_u |u\rangle + \alpha_d |d\}\} \otimes \{\beta_u |u\rangle + \beta_d |d\rangle\}$$

이다. 여기서 첫 번째 인수는 앨리스의 상태를 나타내고 두 번째 인수는 밥의 상태를 나타낸다. 곱을 전개하고 복합 표기법으로 전환하면 우변은 다음과 같이 된다.

$$\alpha_u\beta_u|uu\rangle + \alpha_u\beta_d|ud\rangle + \alpha_d\beta_u|du\rangle + \alpha_d\beta_d|dd\rangle. \quad (6.5)$$

곱 상태의 중요한 성질은 각 부분계가 서로 독립적으로 행동한다는 것이다. 만약 밥이 자신의 부분계에 대해 실험을 하면 그 결과는 마치 앨리스의 부분계가 존재하지 않았을 때의 결과와 정확히 똑같다. 물론 이는 앨리스에 대해서도 똑같이 사실이다.

> 연습 문제 6.2: 만약 식 6.4의 두 정규화 조건이 성립한다면 식 6.5의 상태 벡터 또한 자동적으로 정규화됨을 보여라. 즉 이 곱 상태에 대해 전체 상태 벡터를 정규화하는 것이 α와 β에 어떤 추가적인 제한 조건도 부여하지 않음을 보여라.

텐서 곱과 곱 상태는 이름이 비슷해 보임에도 불구하고 서로 다르다는 사실을 여기서 말해 두어야겠다.[2] 텐서 곱은 복합계를

---

2) 가끔 우리는 텐서 곱 대신 텐서 곱 공간, 또는 그냥 곱 공간이라는 용어를 사용할 것이다.

연구하는 벡터 공간이다. 반면 곱 상태는 하나의 상태 벡터이다. 곱 상태는 곱 공간에 거주하는 수많은 상태 벡터들 중 하나이다. 곧 알게 되겠지만 곱 공간의 대부분의 상태 벡터는 곱 상태가 아니다.

6.6 곱 상태의 변수 세기

그런 곱 상태를 규정하는 데에 필요한 변수들의 숫자를 생각해 보자. 각 인수는 2개의 복소수(앨리스를 위한 α_u와 α_d, 밥을 위한 β_u와 β_d)를 필요로 한다. 즉 모두 4개의 복소수가 필요하다는 뜻이다. 이는 8개의 실변수와 동등하다. 하지만 식 6.4의 정규화 조건이 2개를 줄인다. 게다가 각 상태의 전체 위상은 물리적인 중요성이 없다. 따라서 총 실변수 숫자는 4개이다. 이는 별로 놀랍지 않다. 단일 스핀 상태를 기술하는 데에 2개의 변수가 필요했으므로 2개의 독립된 스핀은 4개를 필요로 할 것이다.

6.7 얽힘 상태

양자 역학의 원리들 덕분에 우리는 단지 곱 상태보다 더 일반적인 방식으로 기저 벡터를 중첩시킬 수 있다. 상태의 복합 공간에서 가장 일반적인 벡터는

$$\psi_{uu}|uu\rangle + \psi_{ud}|ud\rangle + \psi_{du}|du\rangle + \psi_{dd}|dd\rangle$$

이다. 여기서 우리는 복소 계수를 표현하기 위해 (α와 β 대신) 아래 첨자가 붙은 기호 ψ를 사용했다. 역시나 우리에겐 4개의 복소수가 있다. 하지만 이번에는 단 하나의 정규화 조건

$$\psi_{uu}^* \psi_{uu} + \psi_{ud}^* \psi_{ud} + \psi_{du}^* \psi_{du} + \psi_{dd}^* \psi_{dd} = 1$$

만 있고 단 하나의 전체 위상만 무시할 수 있다. 그 결과 2스핀계의 가장 일반적인 상태는 6개의 실변수를 갖는다. 확실히 밥과 앨리스가 독립적으로 준비시킬 수 있었던 그런 곱 상태보다 상태 공간이 더 풍성하다. 무언가 새로운 일이 벌어지고 있다. 그 새로운 것을 얽힘이라 부른다.

얽힘은 양자택일의 명제가 아니다. 어떤 상태는 다른 상태보다 더 얽혀 있다. 여기 최대한으로 얽힌 상태, 즉 최대 얽힘 상태의 예가 하나 있다. 이 상태는 가능한 한 가장 많이 얽힌 상태이다. 이 상태를 홑겹(singlet) 상태라 부르며 다음과 같이 쓸 수 있다.

$$|\text{홑겹}\rangle = \frac{1}{\sqrt{2}}(|ud\rangle - |du\rangle).$$

홑겹 상태는 곱 상태로 쓸 수 없다. 세겹(triplet) 상태에 대해서도 마찬가지이다.

$$\frac{1}{\sqrt{2}}(|ud\rangle + |du\rangle)$$

$$\frac{1}{\sqrt{2}}(|uu\rangle + |dd\rangle)$$

$$\frac{1}{\sqrt{2}}(|uu\rangle - |dd\rangle).$$

이들 또한 최대한으로 얽혀 있다. 이들을 홀겹과 세겹이라 부르는 이유는 나중에 설명할 것이다.

연습 문제 6.3: |홀겹⟩이 곱 상태로 표현될 수 없음을 증명하라.

최대 얽힘 상태에 대해 무엇이 그리 매혹적인가? 이를 두 문장으로 요약할 수 있다.

- 얽힘 상태는 복합계를 완전하게 기술한다. 더 이상 알 수 있는 것이 없다.
- 최대 얽힘 상태에서는 개별 부분계에 대해 아무것도 알 수 없다.

어떻게 이게 가능할까? 앨리스-밥의 2스핀계에 대해 가능한 한 알 수 있는 최대한을 알면서 그 부분 성분인 개별 스핀에 대해서는 어떻게 아무것도 모를 수가 있을까? 이것이 얽힘의 미스터리이다. 이 강의가 끝날 때쯤 여러분이 이 게임의 규칙을 이해하길 바란다. 얽힘의 보다 깊은 본성은 여전히 역설로 남아 있다 하더라도 말이다.

6.8 앨리스와 밥의 관측량

이제껏 우리는 앨리스-밥의 2스핀계의 상태 공간을 논의해 왔지만 그 관측량을 논의하지는 않았다. 이 관측량들 중 몇몇은 명백하다. 설령 그 수학적 표현은 그렇지 않다고 해도 말이다. 특히 앨리스와 밥은 자신들의 장비 A와 B를 사용해서 각자의 스핀 성분

$$\sigma_x, \sigma_y, \sigma_z$$

와

$$\tau_x, \tau_y, \tau_z$$

를 측정할 수 있다. 이 관측량들은 상태의 복합 공간에서 어떻게 에르미트 연산자로 표현될까? 그 답은 간단하다. 밥의 연산자는 앨리스가 전혀 없었을 때 작용하는 것과 똑같은 식으로 밥의 스핀 상태에 작용한다. 앨리스에 대해서도 마찬가지이다. 스핀 연산자가 단일 스핀 상태에 어떻게 작용하는지 복습해 보자. 먼저

앨리스의 스핀을 살펴보자.

$$\sigma_z |u\} = |u\}$$
$$\sigma_z |d\} = -|d\}$$
$$\sigma_x |u\} = |d\}$$
$$\sigma_x |d\} = |u\}$$
$$\sigma_y |u\} = i|d\}$$
$$\sigma_y |d\} = -i|u\}. \qquad (6.6)$$

물론 밥과 앨리스의 설정이 똑같으므로 τ 성분이 밥의 상태에 어떻게 작용하는지를 보여 주는 일련의 방정식을 나란히 쓸 수 있다.

$$\tau_z |u\rangle = |u\rangle$$
$$\tau_z |d\rangle = -|d\rangle$$
$$\tau_x |u\rangle = |d\rangle$$
$$\tau_x |d\rangle = |u\rangle$$
$$\tau_y |u\rangle = i|d\rangle$$
$$\tau_y |d\rangle = -i|u\rangle. \qquad (6.7)$$

이제 연산자가 텐서 곱 상태인 $|uu\rangle$, $|ud\rangle$, $|du\rangle$, $|dd\rangle$에 작용할 때 연산자를 어떻게 정의해야 할 것인지 생각해 보자. 답은 이렇다. σ가 작용할 때는 상태 이름표에서 밥의 절반에 해당

하는 부분을 그냥 무시한다. 연산자와 상태들에 대한 가능한 조합이 많기 때문에 몇 개만 무작위로 뽑아 볼 생각이다. 여러분은 다른 조합을 채워 넣거나 부록에서 찾아볼 수 있을 것이다. 앨리스의 연산자부터 시작하면 다음 결과를 얻는다.

$$\sigma_z |uu\rangle = |uu\rangle$$
$$\sigma_z |du\rangle = -|du\rangle$$
$$\sigma_x |ud\rangle = |dd\rangle$$
$$\sigma_x |dd\rangle = |ud\rangle$$
$$\sigma_y |uu\rangle = i|du\rangle$$
$$\sigma_y |du\rangle = -i|uu\rangle$$
$$\tau_z |uu\rangle = |uu\rangle$$
$$\tau_z |du\rangle = |du\rangle$$
$$\tau_x |ud\rangle = |uu\rangle$$
$$\tau_x |du\rangle = |dd\rangle$$
$$\tau_y |uu\rangle = i|ud\rangle$$
$$\tau_y |dd\rangle = -i|du\rangle. \tag{6.8}$$

다시 한번, 규칙은 이렇다. 앨리스의 스핀 성분은 복합계의 앨리스 부분 절반에만 작용한다. 밥의 절반은 여기에 참가하지 않는 수동적인 방관자일 뿐이다. 기호로 써서 말하자면 σ_x, σ_y, σ_z가 작용할 때에는 스핀 상태의 밥의 절반에 해당하는 부분은 변하지 않는다. 그리고 밥의 τ 스핀 연산자가 작용할 때는 앨리스의 절반이 앞서의 경우와 비슷하게 수동적이다.

우리 표기법에는 약간 느슨한 면이 있다. 텐서 곱 공간의 벡터는 2개의 더 작은 공간의 벡터들로부터 만든 새로운 벡터이다. 기술적으로는 연산자에 대해서도 마찬가지이다. 현학적으로 말하자면, σ_z와 τ_x의 텐서 곱 버전을 각각 $\sigma_z \otimes I$와 $I \otimes \tau_x$로 써야 한다. 여기서 I는 항등 연산자이다. 사실 다음과 같은 식

$$\sigma_z |du\rangle = -|du\rangle \qquad (6.9)$$

를

$$(\sigma_z \otimes I)(|d\rangle \otimes |u\rangle) = (\sigma_z|d\rangle \otimes I|u\rangle)$$
$$= (-|d\rangle \otimes |u\rangle) \qquad (6.10)$$

로 다시 쓰면 텐서 곱 연산자의 두 가지 중요한 성질을 부각시킬 수 있다. 이 표기법은 다루기가 성가셔서, 우리는 더 간단한 식 6.9의 언어를 고수할 것이다. 하지만 식 6.10의 언어에서는 두 가지가 명확하다.

1. 복합 연산자 $\sigma_z \otimes I$는 복합 벡터 $|d\rangle \otimes |u\rangle$에 작용해 새

로운 복합 벡터 $-|d\rangle \otimes |u\rangle$를 만든다.

2. 복합 연산자의 앨리스의 절반(왼쪽 절반)은 복합 벡터의 자기 쪽에만 영향을 미친다. 마찬가지로 연산자 중 밥의 절반은 그 벡터의 자기 쪽에만 영향을 미친다.

다음 7강에서 복합 연산자에 대해 할 이야기가 조금 더 있을 것이다. 게다가 7강에서는 식 6.10의 언어가 텐서 곱을 성분 형태로 어떻게 다룰 것인지를 알아보는 데에 도움이 될 것이다.

연습 문제 6.4: $\sigma_z, \sigma_x, \sigma_y$와 열 벡터 $|u\}$와 $|d\}$의 행렬 형태를 이용해서 식 6.6을 확인하라. 그다음 식 6.6과 6.7을 이용해 식 6.8에서 남은 식들을 써라. 부록을 이용해서 여러분의 답을 확인하라.

연습 문제 6.5: 다음 정리를 증명하라.

앨리스와 밥의 스핀 연산자 중 어느 하나가 곱 상태에 작용하면 그 결과는 여전히 곱 상태이다.

그리고 곱 상태에서는 $\vec{\sigma}$나 $\vec{\tau}$의 임의의 성분에 대한 기댓값이 개별 단일 스핀 상태에서의 기댓값과 정확히 똑같음을 보여라.

연습 문제 6.5는 곱 상태에 대해 중요한 점을 증명하고 있다. 곱 상태에서는 계의 밥의 절반에 대한 모든 예측이 그에 대응하는 단일 스핀 이론에서의 예측과 정확하게 똑같다. 앨리스에 대해서도 마찬가지이다.

곱 상태의 이런 성질에 대한 한 가지 사례는 3강에서 내가 스핀 편광 원리라고 불렀던 것과 관련이 있다. 그 원리를 설명하는 유용한 방법은 다음과 같다.

단일 스핀의 임의의 상태에 대해 스핀이 +1인 방향이 존재한다.

앞서 설명했듯이, 이는 성분의 기댓값이 다음 식을 만족함을 뜻한다.

$$\langle \sigma_x \rangle^2 + \langle \sigma_y \rangle^2 + \langle \sigma_z \rangle^2 = 1. \tag{6.11}$$

이는 모든 기댓값이 0일 수는 없음을 말해 주고 있다. 이 사실은 모든 곱 상태에 대해서도 여전히 성립한다. 그러나 얽힘 상태인 |홑겹⟩에 대해서는 성립하지 않는다. |홑겹⟩ 상태에 대해서는, 다음에 우리가 보이겠지만, 식 6.11의 우변은 0이 된다.

얽힘 상태 |홑겹⟩은 다음과 같이 정의됨을 돌이켜 보자.

$$|\text{홑겹}\rangle = \frac{1}{\sqrt{2}}(|ud\rangle - |du\rangle).$$

이 상태에서 σ의 기댓값을 살펴보자. 그 값을 계산하는 데 필요한 모든 기제를 우리는 다 갖고 있다. 먼저 $\langle \sigma_z \rangle$를 생각해 보자.

$$\langle \sigma_z \rangle = \left\langle \text{홑겹} \,\middle|\, \sigma_z \,\middle|\, \text{홑겹} \right\rangle = \left\langle \text{홑겹} \,\middle|\, \sigma_z \frac{1}{\sqrt{2}}(|ud\rangle - |du\rangle) \right\rangle.$$

여기서 식 6.8이 들어온다. (이 방정식 집합을 완성하는 연습 문제 6.4와 함께!) 이 식은 각 기저 벡터에 σ_z가 어떻게 작용할지를 말해 준다. 그 결과는

$$\left\langle \text{홑겹} \,\middle|\, \sigma_z \,\middle|\, \text{홑겹} \right\rangle = \left\langle \text{홑겹} \,\middle|\, \frac{1}{\sqrt{2}}(|ud\rangle + |du\rangle) \right\rangle,$$

즉

$$\langle \sigma_z \rangle = \frac{1}{2}(\langle ud| - \langle du|)(|ud\rangle + |du\rangle)$$

이다. 얼른 살펴보면 이 결과는 0과 같음을 알 수 있다. 다음으로 $\langle \sigma_x \rangle$를 생각해 보자.

$$\langle \sigma_x \rangle = \left\langle \text{홑겹} \,\middle|\, \sigma_x \,\middle|\, \text{홑겹} \right\rangle = \left\langle \text{홑겹} \,\middle|\, \sigma_x \frac{1}{\sqrt{2}}(|ud\rangle - |du\rangle) \right\rangle,$$

즉

$$\langle \sigma_x \rangle = \frac{1}{2} (\langle ud | - \langle du |) (| dd \rangle - | uu \rangle)$$

이다. 이 식의 결과도 0이다. 마지막으로 $\langle \sigma_y \rangle$를 살펴보자.

$$\langle \sigma_y \rangle = \langle \text{홑겹} | \sigma_y | \text{홑겹} \rangle = \frac{1}{2} (\langle ud | - \langle du |) (i | dd \rangle + i | uu \rangle).$$

여러분도 생각했겠지만, 그 결과는 다시 0이다. 따라서 $|\text{홑겹}\rangle$ 상태에 대해 우리는

$$\langle \sigma_z \rangle = \langle \sigma_x \rangle = \langle \sigma_y \rangle = 0$$

임을 보였다. 정말로 σ의 모든 기댓값이 0이다. 두말할 필요도 없이 τ의 기댓값에 대해서도 마찬가지이다. 확실히 $|\text{홑겹}\rangle$은 곱 상태와는 아주 다르다. 이 모든 것이 우리가 할 수 있는 실험에 대해 무엇을 말하고 있을까?

만약 σ의 한 성분의 기댓값이 0이면, 이는 실험 결과가 $+1$이거나 -1일 가능성이 똑같음을 뜻한다. 즉 그 결과는 완전히 불확실하다. 설령 우리가 상태 벡터 $|\text{홑겹}\rangle$을 정확히 안다고 하더라도, 어느 쪽 스핀의 어떤 성분에 대한 어떤 측정을 한 결과에 대해서도 우리가 전혀 알 수 없다.

아마도 이는 $|\text{홑겹}\rangle$ 상태가 다소 불완전하며, 우리가 설령설령 측정했거나 측정하지 않은 계의 세부 사항이 있음을 뜻한다.

어쨌든 앞서 우리는 완벽한 고전적인 사례를 보았다. 거기서 앨리스와 밥은 실제로 자신들의 동전을 보기 전까지 그 동전에 대해 아무것도 몰랐다. 양자 비전은 어떻게 다른가?

앨리스, 밥, 찰리가 연관된 '고전 얽힘' 사례에서는 알아야 할 것이 더 있었음이 명백하다. 왜냐하면 고전적인 측정은 우리 마음대로 점잖게 할 수 있기 때문이다.

양자계에 소위 숨은 변수가 있을 수도 있지 않을까? 답은 이렇다. 양자 역학의 규칙에 따르면 상태 벡터(지금의 경우는 |홑겹⟩)에 부호화된 것 이상으로 알아야 할 것이 없다. 상태 벡터는 어떤 계를 가능한 한 가장 완벽하게 기술한다. 따라서 양자 역학에서는 우리가 복합계에 대해서 모든 것(알 수 있는 모든 것)을 알 수 있지만 여전히 그 구성 부분에 대해서는 아무것도 모르는 것 같다. 이것이 얽힘의 진짜 이상한 점으로, 아인슈타인을 그렇게도 괴롭혔다.

6.9 복합 관측량

양자 역학적인 앨리스-밥-찰리 설정을 생각해 보자. 찰리의 역할은 얽힘 상태 |홑겹⟩에서 두 스핀을 준비시키는 것이다. 그리고는 스핀을 보지 않고(양자 관측은 점잖지 않음을 기억하라.) 스핀 하나를 앨리스에게 다른 하나를 밥에게 준다. 비록 앨리스와 밥이 그 복합계가 무슨 상태에 있는지 정확하게 안다고 하더라도, 이들은 자신들의 개별적인 측정 결과에 대해서는 아무것도 예측

할 수 없다.

그러나 확실히 복합계의 정확한 상태를 안다면 비록 그 상태가 대단히 얽혀 있더라도 앨리스와 밥에게 무언가를 말해 주어야만 한다. 그리고 사실이 그러하다. 하지만 그것이 무엇을 말해 주는지를 이해하려면, 앨리스와 밥이 각자 오직 자신의 검출기만 이용해서 분리된 상태로 측정할 수 있는 관측량보다 더 넓은 무리의 관측량을 고려해야만 한다. 곧 알게 되겠지만, 2개의 검출기를 모두 사용해야만 측정할 수 있는 관측량이 있다. 그런 실험의 결과는 앨리스와 밥이 한데 모여 자신들의 노트를 비교했을 때에만 알 수 있다.

첫 질문은 앨리스와 밥이 동시에 자기 자신의 관측량을 측정할 수 있는가이다. 우리는 동시에 측정할 수 없는 양들이 있음을 보아 왔다. 특히 서로 교환할 수 없는 두 관측량은 그 측정이 서로에게 영향을 미치지 않고서는 둘 다 측정할 수 없다. 그러나 밥과 앨리스에 대해서는 σ의 모든 성분이 τ의 모든 성분과 교환 가능함을 쉽게 알 수 있다. 이는 텐서 곱에 관해 일반적인 사실이다. 2개의 분리된 인자에 작용하는 연산자는 서로 교환 가능하다. 따라서 앨리스는 자신의 스핀에 대해 어떤 측정도 할 수 있으며 밥 또한 자신의 스핀에 어떤 측정도 할 수 있다. 다른 사람의 실험에 영향을 주지 않고서도 말이다.

앨리스가 σ_z를 측정하고 밥이 τ_z를 측정해서 그 결과를 곱한다고 해 보자. 이들은 $\tau_z \sigma_z$라는 곱을 측정하기로 합의했다.

$\tau_z\,\sigma_z$라는 곱은 켓에 σ_z를 먼저 적용하고 뒤이어 τ_z를 적용해서 수학적으로 표현되는 관측량이다. 이는 단지 새로운 연산자를 정의하는 수학적인 조작임을 명심하라. 물리적인 측정을 수행하는 행위와는 다르다. 2개의 연산자를 곱하는 장비는 필요 없다. 연필과 종이만 있으면 된다. |홑겹⟩ 상태에 $\tau_z\,\sigma_z$을 적용하면 무슨 일이 벌어지는지 알아보자.

$$\tau_z\sigma_z\frac{1}{\sqrt{2}}(|ud\rangle - |du\rangle).$$

먼저, 식 6.8의 표를 이용해 σ_z를 적용하면

$$\tau_z\sigma_z\frac{1}{\sqrt{2}}(|ud\rangle - |du\rangle) = \tau_z\frac{1}{\sqrt{2}}(|ud\rangle + |du\rangle)$$

이다. 이제 τ_z를 적용하면

$$\tau_z\sigma_z\frac{1}{\sqrt{2}}(|ud\rangle - |du\rangle) = \frac{1}{\sqrt{2}}(-|ud\rangle + |du\rangle)$$

를 얻는다. 마지막 결과는 단지 |홑겹⟩의 부호만 바꾸었음에 유의하라.

$$\tau_z\sigma_z|\,\text{홑겹}\,\rangle = -|\,\text{홑겹}\,\rangle.$$

확실히 |홑겹⟩은 고윳값이 -1인 관측량 $\tau_z\,\sigma_z$의 고유 벡터이다. 이 결과의 중요성을 살펴보자. 앨리스는 σ_z를 측정하고 밥은 τ_z를 측정한다. 이들이 한데 모여서 결과를 비교하면 앨리스와 밥은 정반대의 값을 측정했음을 알게 된다. 어떤 경우에는 밥이 $+1$을 측정하고 앨리스가 -1을 측정한다. 다른 때에는 앨리스가 $+1$을 측정하고 밥이 -1을 측정한다. 두 측정값을 곱하면 항상 -1이다.

이 결과에는 놀라운 것이 전혀 없다. 상태 벡터 |홑겹⟩은 두 벡터 $|ud⟩$와 $|du⟩$의 중첩이며 이들 각각은 정반대의 z 성분을 가진 두 스핀으로 구성되어 있다. 이 상황은 찰리와 동전 2개와 연관된 고전적인 사례와 전적으로 비슷하다.

그러나 이제 우리는 고전적인 유사성이 전혀 없는 무언가를 마주하게 되었다. 스핀의 z 성분을 측정하는 대신 앨리스와 밥이 x 성분을 측정한다. 그 결과가 어떤 상관 관계가 있는지를 알아보기 위해 관측량 $\tau_x\,\sigma_x$라는 관측량을 조사해야 한다.

|홑겹⟩에 이 곱을 작용하자. 여기 그 과정이 있다.

$$
\begin{aligned}
\tau_x\sigma_x|\,\text{홑겹}\,\rangle &= \tau_x\sigma_x\frac{1}{\sqrt{2}}(|ud⟩ - |du⟩) \\
&= \tau_x\frac{1}{\sqrt{2}}(|dd⟩ - |uu⟩) \\
&= \frac{1}{\sqrt{2}}(|du⟩ - |ud⟩).
\end{aligned}
$$

더 간단히 하면 다음과 같다.

$$\tau_x \sigma_x | \text{홑겹} \rangle = - | \text{홑겹} \rangle.$$

이 결과는 좀 놀랍다. |홑겹⟩은 역시나 고윳값이 −1인 $\tau_x \, \sigma_x$의 고유 벡터이다. |홑겹⟩을 그냥 바라보면 두 스핀의 τ 성분이 항상 반대라는 점은 훨씬 덜 명확하다. 그럼에도 앨리스와 밥은 x 성분을 측정할 때마다 σ_x와 τ_x가 서로 반대의 값을 가진다는 것을 알게 된다. 이 시점에서 y 성분에 대해서도 마찬가지임을 알게 된다 하더라도 여러분은 아마 놀라지는 않을 것이다.

연습 문제 6.6: 찰리가 두 스핀을 홑겹 상태로 준비시켰다. 이번에는 밥이 τ_y를 측정하고 앨리스가 σ_x를 측정한다. $\sigma_x \, \tau_y$의 기댓값은? 두 측정 사이의 상관 관계에 대해서 이것이 말하는 바는 무엇인가?

연습 문제 6.7: 찰리는 스핀을 $|T_1\rangle$이라 불리는 다른 상태로 준비시킨다. 여기서

$$|T_1\rangle = \frac{1}{\sqrt{2}}(|ud\rangle + |du\rangle)$$

이다. 이 예에서 T는 세겹을 뜻한다. 이 세겹 상태는 동전과 주사위

사례의 상태와는 완전히 다르다. $\sigma_z\,\tau_z,\,\sigma_x\,\tau_x,\,\sigma_y\,\tau_y$ 연산자의 기댓값은 얼마인가?

부호 하나가 어떤 차이를 만들 수 있는지!

연습 문제 6.8: 세겹의 나머지 두 얽힘 상태

$$|T_2\rangle = \frac{1}{\sqrt{2}}(|uu\rangle + |dd\rangle)$$

$$|T_3\rangle = \frac{1}{\sqrt{2}}(|uu\rangle - |dd\rangle)$$

에 대해서 똑같은 계산을 하고 그 의미를 해석하라.

마지막으로 관측량을 하나 더 생각해 보자. 이는 앨리스와 밥이 한데 모여 노트를 비교한다 하더라도 각자가 자신의 개별 장비로 따로따로 실험을 해서 측정할 수 없는 관측량이다. 그럼에도 양자 역학은 어떤 종류의 장비를 만들어 이 관측량을 측정할 수 있다고 주장한다.

내가 말하고 있는 이 관측량은 벡터 연산자 $\vec{\sigma}$와 $\vec{\tau}$의 보통의 내적으로 생각할 수 있다.

$$\vec{\sigma} \cdot \vec{\tau} = \sigma_x \tau_x + \sigma_y \tau_y + \sigma_z \tau_z.$$

밥이 τ의 모든 성분을 측정하고 한편 앨리스는 σ의 모든 성분을 측정한 뒤 그 성분을 곱해서 다 더하면 이 관측량의 값을 알 수 있다고 생각할 수 있다. 문제는 밥이 τ의 개별 성분을 동시에 측정할 수 없다는 점이다. 왜냐하면 각 성분들은 교환 가능하지 않기 때문이다. 마찬가지로 앨리스는 한 번에 σ의 성분 하나 이상을 측정할 수 없다. $\vec{\sigma} \cdot \vec{\tau}$를 측정하려면 새로운 종류의 장비, 즉 그 어떤 개별 성분도 측정하지 않고 $\vec{\sigma} \cdot \vec{\tau}$를 측정하는 장비를 만들어야 한다. 그게 어떻게 가능할지는 너무나 불분명하다. 어떻게 그런 측정을 할 수 있는지 여기 구체적인 사례가 있다. 어떤 원자는 전자의 스핀과 똑같은 방식으로 기술되는 스핀을 갖는다. 이런 원자 둘이 서로 가까워지면—예컨대 수정 격자 속의 이웃한 두 원자처럼—그 해밀토니안은 그 스핀에 의존할 것이다. 어떤 경우에는 이웃한 스핀의 해밀토니안이 $\vec{\sigma} \cdot \vec{\tau}$에 비례한다. 만약 그런 상황이 벌어진다면, $\vec{\sigma} \cdot \vec{\tau}$를 측정하는 것은 원자쌍의 에너지를 측정하는 것과 동등하다. 이 에너지를 측정하는 것은 복합 연산자를 한 번 측정하는 것이고, 한쪽 스핀의 개별 성분을 측정하지는 않는다.

연습 문제 6.9: 네 벡터 $|홑겹\rangle$, $|T_1\rangle$, $|T_2\rangle$, $|T_3\rangle$가 $\vec{\sigma} \cdot \vec{\tau}$의 고유 벡터임을 증명하라. 고윳값은 무엇인가?

연습 문제 6.9의 결과를 살펴보자. 이 상태 벡터들 중 하나를 왜 홑겹이라 부르고 다른 셋을 왜 세겹이라고 부르는지 알겠는가? 이유는 이렇다. 연산자 $\vec{\sigma} \cdot \vec{\tau}$ 와의 관계를 살펴보면 홑겹은 하나의 고윳값을 갖는 하나의 고유 벡터이고, 세겹은 모두 다른 중첩된 고윳값을 갖는 고유 벡터들이다.

여기 얽힘이라는 개념과 4강에서의 시간과 변화라는 개념을 결합하는 좋은 연습 문제가 있다. 이 연습 문제를 이용해 일원적 시간 전개라는 개념과 해밀토니안의 의미를 복습하기 바란다.

연습 문제 6.10: 하나의 2스핀계가 다음과 같은 해밀토니안을 갖고 있다.

$$H = \frac{\hbar\omega}{2}\vec{\sigma} \cdot \vec{\tau}.$$

이 계의 가능한 에너지는 얼마이며 해밀토니안의 고유 벡터는 무엇인가? 그리고 그 계가 $|uu\rangle$ 상태로 시작한다고 가정하자. 임의의 나중 시간에 이 상태는 어떤 상태인가? $|ud\rangle$, $|du\rangle$, $|dd\rangle$의 초기 상태에 대해서도 똑같은 질문에 답을 하라.

읽힘 더 알아보기

1935년 여름 힐베르트 공간.

남루한 단골 2명이 격렬한 대화를 나누며 자동문을 통해 들어온다.

손질하지 않은 은발 머리에 해진 스웨터를 입은 사람이 말한다.

"아니야. 물리적 실재의 요소가 무엇인지 내게 말해 줄 수 없다면

난 자네 이론을 받아들이지 않을 걸세."

다른 사내가 주위를 둘러보고는 확실히 좌절감에 빠진 듯

두 손을 위로 들어 올리고는 아트와 레니에게 말했다.

"저 양반 또 저러시네. 물리적 실재의 요소, EPR, EPR.

생각하는 거라곤 그게 다야.

알베르트, 이제 그만 강박 관념에서 벗어나서 사실을 받아들이세요."

"절대 안 되지. 어떤 것에 대해 알아야 할 모든 것을 알 수 있으면서

그 부분에 대해서는 아무것도 모른다는 점을 난 받아들일 수 없네.

그건 완전히 말도 안 돼, 닐스."

"미안해요, 알베르트. 그게 세상 돌아가는 이치에요.

내가 맥주 한잔 사죠."

이번 강의에서는 얽힘에 대해 훨씬 더 깊이 살펴볼 것이다. 이를 위해 몇몇 수학 도구들이 더 필요하다. 먼저 텐서 곱을 성분 형태로 어떻게 다룰 것인지 알아볼 것이다. 그리고 밀도 행렬(density matrices)이라 부르는 새로운 연산자에 대해 배울 것이다. 이런 수학 도구들은 원래 숙달하기에 어렵지는 않지만, 연습을 어느 정도 해야 하고 첨자와도 꽤 많이 싸워야 한다.

7.1 막간: 성분 형태의 텐서 곱에 대하여

6강에서 우리는 브라, 켓, σ_z 같은 연산자 기호의 추상적인 개념을 사용해 두 벡터 공간의 텐서 곱을 어떻게 형성하는지 설명했다. 이것이 어떻게 행, 열, 행렬로 전환될까?

행렬과 열 벡터로부터 텐서 곱을 만드는 일은 어렵지 않다. 뒤에서 보게 되겠지만 그 규칙은 간단하다. 다만 이 규칙들이 왜 작동하는지, 왜 이 규칙들 덕분에 우리가 원하는 성질을 가진 행렬과 열 벡터를 만들 수 있는지가 미묘한 부분이다. 이 문제를 두 가지 다른 방법으로 다룰 것이다. 먼저 3강에서 개발한 신뢰할 수 있는 방법을 써서 복합 연산자를 만들 것이다. 다음으로 그 성분 연산자로부터 직접 복합 연산자를 어떻게 만드는지 보여 줄 것이다.

7.1.1 기본 원리로부터 텐서 곱 행렬 만들기

3강에서 특정한 기저에 대해 임의의 관측량 $\mathbf{M}$을 행렬의 형태로 어떻게 표현하는지를 보였다. 잠시 식 3.1부터 식 3.4까지 복습해 보자. 다음과 같이 표현된 $\mathbf{M}$의 행렬 원소 m_{jk}의 값을 계산했다.

$$m_{jk} = \langle j | \mathbf{M} | k \rangle. \tag{7.1}$$

여기서 $|j\rangle$와 $|k\rangle$는 기저 벡터를 나타낸다. 각각의 $|j\rangle$, $|k\rangle$ 조합은 다른 행렬 원소를 만들어 낸다.[1]

우리의 계획은 이 공식을 어떤 텐서 곱 연산자에 적용해 무슨 결과가 나오는지를 보는 것이다. 텐서 곱 기저 벡터를 이중 첨자로 표기하기 때문에 이들 방정식에서의 '샌드위치'는 식 7.1의 샌드위치와는 약간 달라 보일 것이다. 샌드위치의 양 끝에 우리는 기저 벡터 $|uu\rangle$, $|ud\rangle$, $|du\rangle$, $|dd\rangle$를 순환시킬 것이다.[2] 문제를 간단히 하기 위해 우리는 한 예로서 연산자 $\sigma_z \otimes I$를 사용할 것이다. 여기서 I는 항등 연산자이다. 앞서 보았듯이, $\sigma_z \otimes I$는 상태 벡터의 앨리스 반쪽에 σ_z로 작용하고, 밥의 반쪽에는 아

---

1) 3강에서 우리는 여기서 쓰고 있는 것과는 정반대로 우연히 첨자 j를 $\mathbf{M}$의 좌변에, k를 우변에 썼다. j와 k는 첨자 변수이므로 일단의 방정식 속에서 일관성을 유지하는 한 차이가 없다.

2) 물론 우리는 $|rr\rangle$, $|rl\rangle$ 같은 다른 기저 벡터 집합을 사용했을 수도 있다. 그렇게 하면 결과적으로 다른 행렬 원소 집합이 나올 것이다.

무엇도 하지 않는다. 우리가 4차원 벡터 공간에서 작업하고 있으므로 그 결과로 나오는 행렬은 4×4 행렬일 것이다. 복잡함을 피하기 위해 곱셈 기호 $\otimes$를 생략하면 행렬을 다음과 같이 쓸 수 있다.

$$\sigma_z \otimes I =$$

$$\begin{pmatrix} \langle uu|\sigma_z I|uu \rangle & \langle uu|\sigma_z I|ud \rangle & \langle uu|\sigma_z I|du \rangle & \langle uu|\sigma_z I|dd \rangle \\ \langle ud|\sigma_z I|uu \rangle & \langle ud|\sigma_z I|ud \rangle & \langle ud|\sigma_z I|du \rangle & \langle ud|\sigma_z I|dd \rangle \\ \langle du|\sigma_z I|uu \rangle & \langle du|\sigma_z I|ud \rangle & \langle du|\sigma_z I|du \rangle & \langle du|\sigma_z I|dd \rangle \\ \langle dd|\sigma_z I|uu \rangle & \langle dd|\sigma_z I|ud \rangle & \langle dd|\sigma_z I|du \rangle & \langle dd|\sigma_z I|dd \rangle \end{pmatrix}$$

$$(7.2)$$

이 행렬 원소를 계산하기 위해서는 σ_z와 I를 왼쪽이나 오른쪽에 작용하면 된다. σ_z가 왼쪽에 작용하고 I가 오른쪽에 작용한다고 해 보자. I는 아무것도 하지 않으므로 σ_z가 왼쪽의 브라 벡터에 어떤 작용을 하는지에만 주의를 기울이면 된다. 그리고 그 브라 벡터들 속에서 σ_z는 상태 이름표의 제일 왼쪽에만(앨리스의 이름표에만) 작용한다. 우리가 이미 써먹었던 규칙(식 6.6과 식 6.7)을 이용해 이 모든 σ_z 연산을 수행하면 다음과 같이 내적으로 이루어진 행렬을 얻는다.

$$\sigma_z \otimes I = \begin{pmatrix} \langle uu|uu \rangle & \langle uu|ud \rangle & \langle uu|du \rangle & \langle uu|dd \rangle \\ \langle ud|uu \rangle & \langle ud|ud \rangle & \langle ud|du \rangle & \langle ud|dd \rangle \\ -\langle du|uu \rangle & -\langle du|ud \rangle & -\langle du|du \rangle & -\langle du|dd \rangle \\ -\langle dd|uu \rangle & -\langle dd|ud \rangle & -\langle dd|du \rangle & -\langle dd|dd \rangle \end{pmatrix}.$$

$$\tag{7.3}$$

이 고유 벡터들은 직교 정규이므로 이 행렬은

$$\sigma_z \otimes I = \begin{pmatrix} 1 & 0 & 0 & 0 \\ 0 & 1 & 0 & 0 \\ 0 & 0 & -1 & 0 \\ 0 & 0 & 0 & -1 \end{pmatrix} \tag{7.4}$$

이 된다. 고유 벡터 $|uu\rangle$, $|ud\rangle$, $|du\rangle$, $|dd\rangle$는 어떻게 열 벡터로 쓸까? 지금 당장은 $|uu\rangle$와 $|du\rangle$를 다음과 같이 표현한다는 말만 해 주려고 한다.

$$|uu\rangle = \begin{pmatrix} 1 \\ 0 \\ 0 \\ 0 \end{pmatrix}, \ |du\rangle = \begin{pmatrix} 0 \\ 0 \\ 1 \\ 0 \end{pmatrix}. \tag{7.5}$$

이 열 벡터에 $\sigma_z \otimes I$ 연산자를 작용했을 때 어떤 일이 벌어지는지 알아보자. 행렬을 $|uu\rangle$에 작용하면 그 결과는

$$\begin{pmatrix} 1 & 0 & 0 & 0 \\ 0 & 1 & 0 & 0 \\ 0 & 0 & -1 & 0 \\ 0 & 0 & 0 & -1 \end{pmatrix} \begin{pmatrix} 1 \\ 0 \\ 0 \\ 0 \end{pmatrix} = \begin{pmatrix} 1 \\ 0 \\ 0 \\ 0 \end{pmatrix}$$

이다. 즉

$$(\sigma_z \otimes I)|uu\rangle = |uu\rangle$$

이다. 우리가 예상한 대로이다. 똑같은 행렬을 식 7.5의 $|du\rangle$에 적용하면 어떻게 될까? 행렬 곱을 하면 그 결과는, 당연히 그래야 하지만, $-|du\rangle$이다.

7.1.2 성분 행렬로 텐서 곱 행렬 만들기

행렬 원소를 계산하는 앞의 방법은 아주 일반적이다. 모든 관측량에 대해서 써먹을 수 있다. 만약 우리가 두 연산자의 텐서 곱을 만들어야 하고, 이미 구축 조각들의 행렬 원소를 안다면 그것들을 곧바로 결합할 수 있다. 2×2 행렬을 결합해 4×4 행렬을 만드는 규칙은 다음과 같다.

$$A \otimes B = \begin{pmatrix} A_{11}B & A_{12}B \\ A_{21}B & A_{22}B \end{pmatrix}, \tag{7.6}$$

즉

$$A \otimes B = \begin{pmatrix} A_{11}B_{11} & A_{11}B_{12} & A_{12}B_{11} & A_{12}B_{12} \\ A_{11}B_{21} & A_{11}B_{22} & A_{12}B_{21} & A_{12}B_{22} \\ A_{21}B_{11} & A_{21}B_{12} & A_{22}B_{11} & A_{22}B_{12} \\ A_{21}B_{21} & A_{21}B_{22} & A_{22}B_{21} & A_{22}B_{22} \end{pmatrix} \qquad (7.7)$$

이다. 어떤 크기의 행렬에 대해서도 똑같은 규칙이 작동한다. 이런 종류의 행렬 곱을 때로는 크로네커 곱(kroneckor product)이라 부른다. 이 용어는 행렬에만 적용된다. 이는 텐서 곱의 행렬 버전이다. 2 × 2 행렬 2개의 크로네커 곱은 4 × 4 행렬이다. 임의의 크기를 가진 행렬에 대해서도 그 양상은 비슷하다. 일반적으로 $m \times n$ 행렬과 $p \times q$ 행렬의 크로네커 곱은 $mp \times nq$ 행렬이다.

이 모든 규칙은 열 벡터와 행 벡터에도 완벽하게 잘 적용된다. 열 벡터와 행 벡터는 그저 특별한 행렬일 뿐이다. 2 × 1 열 벡터 2개의 텐서 곱은 4 × 1 열 벡터이다. a와 b가 2 × 1 열 벡터라면 이들의 텐서 곱은 다음과 같다.

$$\begin{pmatrix} a_{11} \\ a_{21} \end{pmatrix} \otimes \begin{pmatrix} b_{11} \\ b_{21} \end{pmatrix} = \begin{pmatrix} a_{11}b_{11} \\ a_{11}b_{21} \\ a_{21}b_{11} \\ a_{21}b_{21} \end{pmatrix}. \qquad (7.8)$$

이 규칙이 앨리스와 밥에게 어떻게 작용하는지 알아보자. 먼저 $|u\rangle$와 $|d\rangle$를 구축 조각으로 이용해서 네 텐서 곱 기저 벡터를 만든다. 2강의 식 2.11과 식 2.12를 돌아보면

$$|u\rangle = \begin{pmatrix} 1 \\ 0 \end{pmatrix}$$

$$|d\rangle = \begin{pmatrix} 0 \\ 1 \end{pmatrix}$$

이다. $|u\rangle$와 $|d\rangle$를 적절해 조합해서 식 7.8에 대입하면 다음과 같은 4개의 4 × 1 열 벡터를 얻는다.

$$|uu\rangle = \begin{pmatrix} 1 \\ 0 \end{pmatrix} \otimes \begin{pmatrix} 1 \\ 0 \end{pmatrix} = \begin{pmatrix} 1 \\ 0 \\ 0 \\ 0 \end{pmatrix}$$

$$|ud\rangle = \begin{pmatrix} 1 \\ 0 \end{pmatrix} \otimes \begin{pmatrix} 0 \\ 1 \end{pmatrix} = \begin{pmatrix} 0 \\ 1 \\ 0 \\ 0 \end{pmatrix}$$

$$|du\rangle = \begin{pmatrix} 0 \\ 1 \end{pmatrix} \otimes \begin{pmatrix} 1 \\ 0 \end{pmatrix} = \begin{pmatrix} 0 \\ 0 \\ 1 \\ 0 \end{pmatrix}$$

$$|dd\rangle = \begin{pmatrix} 0 \\ 1 \end{pmatrix} \otimes \begin{pmatrix} 0 \\ 1 \end{pmatrix} = \begin{pmatrix} 0 \\ 0 \\ 0 \\ 1 \end{pmatrix}. \tag{7.9}$$

다음으로 식 7.7의 규칙을 이용해 연산자 σ_z와 τ_x를 결합해 보자. 행렬 σ_z와 τ_x를 정의하는 식 3.20을 이용하면 이 규칙에 따라 텐서 곱 행렬의 결과는 다음과 같다.

$$\sigma_z \otimes \tau_x = \begin{pmatrix} 1 & 0 \\ 0 & -1 \end{pmatrix} \otimes \begin{pmatrix} 0 & 1 \\ 1 & 0 \end{pmatrix} = \begin{pmatrix} 0 & 1 & 0 & 0 \\ 1 & 0 & 0 & 0 \\ 0 & 0 & 0 & -1 \\ 0 & 0 & -1 & 0 \end{pmatrix}.$$

이 결과를 σ_x와 τ_z의 곱과 비교해 보자.

$$\sigma_x \otimes \tau_z = \begin{pmatrix} 0 & 1 \\ 1 & 0 \end{pmatrix} \otimes \begin{pmatrix} 1 & 0 \\ 0 & -1 \end{pmatrix} = \begin{pmatrix} 0 & 0 & 1 & 0 \\ 0 & 0 & 0 & -1 \\ 1 & 0 & 0 & 0 \\ 0 & -1 & 0 & 0 \end{pmatrix}.$$

$\sigma_x \otimes \tau_z$와 $\sigma_z \otimes \tau_x$가 똑같지 않음에 유의하라. 이 결과는 자연스럽다. 이들은 서로 다른 관측량을 표현하기 때문이다.

지금까지는 별 문제 없었다. 다음으로 조금 더 재미있는 무언가를 살펴보자. 몇몇 연습 문제의 결과를 이용해 크로네커 곱이 정말로 행렬에 대한 텐서 곱인지 확인할 것이다. 즉 행렬의 앨리스 반쪽은 열 벡터의 앨리스 반쪽에만 영향을 미치며 밥에 대해서도 마찬가지임을 보일 것이다. 이는 크로네커 곱이 구축 조각들의 원소를 뒤섞는 방식 때문에 까다롭다.

예를 들어 $\sigma_z \otimes \tau_x$가 어떻게 $|ud\rangle$에 작용하는지 살펴보자. 추상적인 기호를 성분으로 전환하면 다음과 같이 쓸 수 있다.

$$(\sigma_z \otimes \tau_x)|ud\rangle = \begin{pmatrix} 0 & 1 & 0 & 0 \\ 1 & 0 & 0 & 0 \\ 0 & 0 & 0 & -1 \\ 0 & 0 & -1 & 0 \end{pmatrix} \begin{pmatrix} 0 \\ 1 \\ 0 \\ 0 \end{pmatrix} = \begin{pmatrix} 1 \\ 0 \\ 0 \\ 0 \end{pmatrix}.$$

그런데 우변의 열 벡터는 식 7.9의 $|uu\rangle$에 해당한다. 추상적인 표기법으로 다시 전환하면 이는

$$(\sigma_z \otimes \tau_x)|ud\rangle = |uu\rangle$$

가 된다. 이는 정확하게 우리가 원하는 결과이다. 추상적인 연산자와 상태 벡터의 행렬 표현이 우리가 알고 있는 이들의 습성을 잘 모사하고 있다.

연습 문제 7.1은 $\sigma \otimes \tau$의 σ 반쪽이 상태 벡터의 앨리스 반쪽에만 영향을 미치고 τ 반쪽은 밥의 반쪽에게만 영향을 미친다는 점을 명확하게 보여 줄 것이다. 연습 문제 7.2는 연산자가 각 기저 벡터에 어떤 작용을 하는지 우리가 이미 안다고 가정했을 때 그 연산자의 행렬 원소를 알아내는 훈련 과정이다.

연습 문제 7.1: 텐서 곱 $I \otimes \tau_x$를 행렬로 쓰고 이 행렬을 각각의 열 벡터 $|uu\rangle$, $|ud\rangle$, $|du\rangle$, $|dd\rangle$에 적용하라. 상태 벡터의 앨리스 반쪽은 각 경우에 변하지 않음을 보여라. I는 2×2 단위 행렬이다.

연습 문제 7.2: 식 7.2에서 했던 것처럼 내적을 만들어서 $\sigma_z \otimes \tau_x$의 행렬 원소를 계산하라.

연습 문제 7.3은 약간 지루하지만 정말로 모든 것이 확고부동해진다. 다음 식을 생각해 보자.

$$(A \otimes B)(a \otimes b) = Aa \otimes Bb. \qquad (7.10)$$

식 7.7과 식 7.8에서와 마찬가지로 A와 B는 2 × 2 행렬(또는 연산자)을, a와 b는 2 × 1 열 벡터를 나타낸다. 다음 연습 문제는 이 식을 성분으로 전개해서 좌변과 우변이 일치함을 증명하는 문제이다.

연습 문제 7.3:

(a) 식 7.7과 식 7.8로부터 기호 A, B, a, b를 행렬과 열 벡터로 바꾼 뒤, 식 7.10을 성분 형태로 다시 써라.

(b) 우변의 행렬 곱 Aa와 Bb를 수행하라. 각 결과는 2 × 1 행렬임을 확인하라.

(c) 세 가지 크로네커 곱을 모두 전개하라.

(d) 각 크로네커 곱의 행과 열 크기를 확인하라.

- $A \otimes B$: 4×4
- $a \otimes b$: 4×1
- $Aa \otimes Bb$: 4×1

(e) 좌변의 행렬 곱을 수행해서 4×1 열 벡터를 얻어라. 각 행은 4개의 분리된 항들의 합이어야 한다.

(f) 마지막으로 좌변과 우변의 열 벡터 결과가 똑같음을 확인하라.

7.2 막간: 외적에 대하여

브라 $\langle \phi |$와 켓 $| \psi \rangle$가 주어졌을 때 우리는 그 내적 $\langle \phi | \psi \rangle$를 만들 수 있다. 우리가 보아 왔듯이 내적은 복소수이다. 그런데 외적이라 불리는 다른 종류의 곱도 있다. 외적은 다음과 같이 쓴다.

$$| \psi \rangle \langle \phi |.$$

외적의 결과는 숫자가 아닌 선형 연산자이다. $| \psi \rangle \langle \phi |$가 또 다른 켓 $| A \rangle$에 작용하면 어떤 일이 벌어지는지 생각해 보자.

$$|\psi\rangle\langle\phi| \ |A\rangle.$$

이 에에서 우리는 괄호 대신 빈칸을 써서 연산 작용을 어떻게 묶는지 보여 준다. 브라와 켓과 선형 연산자로 하는 연산에는 결합법칙이 성립됨을 기억하라. 이는 우리가 왼쪽에서 오른쪽으로 똑같은 순서만 유지한다면 원하는 방식으로 브라와 켓과 연산자를 묶을 수 있다는 뜻이다.[3] 외적 연산자의 작용은 아주 간단해서 다음과 같이 정의할 수 있다.

$$|\psi\rangle\langle\phi| \ |A\rangle \equiv |\psi\rangle \ \langle\phi|A\rangle.$$

즉 $\langle\phi|$와 $|A\rangle$의 내적을 취하고(그 결과는 복소수이다.) 거기에 켓 $|\psi\rangle$를 곱한다. 디랙 브라켓 표기법은 아주 효율적이어서 실제적으로 그 정의를 우리에게 강제한다. 그것이 바로 폴 디랙의 천재성이었다. 또 외적은 브라에도 작용할 수 있음을 쉽게 증명할 수 있다.

$$\langle B| \ |\psi\rangle\langle\phi| \equiv \langle B|\psi\rangle \ \langle\phi|.$$

---

3) 때로는 왼쪽에서 오른쪽으로의 순서 또한 바꿀 수 있지만, 그런 경우 더욱 주의해야 한다.

특별한 경우로 어떤 켓과 그에 대응하는 브라의 외적 $|\psi\rangle\langle\psi|$가 있다. $|\psi\rangle$가 정규화되었다면 이 외적을 투사 연산자(projection operator)라 한다. 이 연산자는 다음과 같이 작용한다.

$$|\psi\rangle\langle\psi| \ |A\rangle = |\psi\rangle \ \langle\psi|A\rangle.$$

그 결과는 언제나 $|\psi\rangle$에 비례함에 유의하라. 투사 연산자는 $|\psi\rangle$로 정의되는 방향으로 벡터를 투사한다고 말할 수 있다. 투사 연산자의 몇몇 성질이 여기 있다. 여러분도 쉽게 증명할 수 있을 것이다. ($|\psi\rangle$는 $|\psi|^2 = 1$로 정규화되었다.)

1. 투사 연산자는 에르미트 연산자이다.
2. 벡터 $|\psi\rangle$는 고윳값 1을 갖는 투사 연산자의 고유 벡터이다.

$$|\psi\rangle\langle\psi| \ |\psi\rangle = |\psi\rangle.$$

3. $|\psi\rangle$에 수직인 임의의 벡터는 고윳값이 0인 고유 벡터이다. 따라서 $|\psi\rangle\langle\psi|$의 고윳값은 모두 0 또는 1이다. 그리고 고윳값 1을 갖는 단 하나의 고유 벡터가 존재한다. 그 고유 벡터는 $|\psi\rangle$ 자신이다.
4. 투사 연산자의 제곱은 투사 연산자 자신과 똑같다.

$$|\psi\rangle\langle\psi|^2 = |\psi\rangle\langle\psi|.$$

5. 연산자(또는 임의의 정사각 행렬)의 자취는 그 대각 원소의 합으로 정의된다. 자취(trace)에 대해 Tr 기호를 사용하면 연산자 L의 자취는 다음과 같이 정의할 수 있다.

$$\mathrm{Tr}\,L = \sum_i \langle i|L|i\rangle,$$

이는 그저 L의 행렬 대각 원소의 합이다. 투사 연산자의 자취는 1이다. 이는 에르미트 연산자의 자취는 그 고윳값의 합이라는 사실로부터 나온다.[4]

6. 어떤 기저계에 대해 모든 투사 연산자를 더하면 항등 연산자를 얻는다.

$$\sum_i |i\rangle\langle i| = I. \tag{7.11}$$

마지막으로 투사 연산자와 기댓값에 대해 아주 중요한 정리가 있다. 상태 $|\psi\rangle$에서의 임의의 관측량 L의 기댓값은

---

4) 에르미트 행렬 M은 $P^\dagger P$의 변환으로 대각화할 수 있다. 여기서 P는 그 열이 M의 정규화된 고유 벡터인 일원 행렬이다. M의 자취는 이 변환에 대해 불변이다. 이는 잘 알려진 결과로서, 우리가 증명하지는 않았다.

$$\langle \psi | \mathbf{L} | \psi \rangle = \mathrm{Tr} \, | \psi \rangle \langle \psi | \mathbf{L} \qquad (7.12)$$

로 주어진다. 증명 과정은 다음과 같다. 임의의 기저 $| i \rangle$를 고른다. 그리고 자취의 정의를 이용해 다음과 같이 쓴다.

$$\mathrm{Tr} \, | \psi \rangle \langle \psi | \mathbf{L} = \sum_i \langle i | \psi \rangle \langle \psi | \mathbf{L} | i \rangle.$$

Σ의 두 인수는 그저 숫자이다. 따라서 그 순서를 바꿀 수 있다.

$$\mathrm{Tr} \, | \psi \rangle \langle \psi | \mathbf{L} = \sum_i \langle \psi | \mathbf{L} | i \rangle \langle i | \psi \rangle.$$

합을 수행해서 $\sum | i \rangle \langle i | = I$를 이용하면

$$\mathrm{Tr} \, | \psi \rangle \langle \psi | \mathbf{L} = \langle \psi | \mathbf{L} | \psi \rangle$$

를 얻는다. 우변이 바로 $\mathbf{L}$의 기댓값이다.

7.3 새로운 도구: 밀도 행렬

지금까지 어떤 계의 정확한 양자 상태를 알 때 그 계를 어떻게 예측하는지를 배웠다. 그러나 종종 우리는 그 상태에 대한 완벽한 지식이 없다. 예를 들어 앨리스가 어떤 축을 따라 방향을 잡고 있는 장비를 써서 스핀을 준비시켰다고 가정해 보자. 앨리스는

밥에게 그 스핀을 주지만 그 장비가 방향을 잡고 있는 축은 말하지 않는다. 아마도 앨리스는 그 축이 z 축이거나 x 축이었다는 사실처럼 어떤 부분적인 정보를 밥에게 줄 수도 있지만 그 이상으로는 밥에게 말해 주기를 거부한다. 밥은 어떻게 할까? 어떻게 이 정보를 이용해서 예측할 수 있을까?

밥은 다음과 같이 추론한다. 만약 앨리스가 스핀을 $|\psi\rangle$ 상태로 준비시켰다면 임의의 관측량 $\mathbf{L}$의 기댓값은

$$\mathrm{Tr}\,|\psi\rangle\langle\psi|\,\mathbf{L} = \langle\psi|\mathbf{L}|\psi\rangle$$

이다. 한편 만약 앨리스가 스핀을 $|\phi\rangle$ 상태로 준비시켰다면 $\mathbf{L}$의 기댓값은

$$\mathrm{Tr}\,|\phi\rangle\langle\phi|\,\mathbf{L} = \langle\phi|\mathbf{L}|\phi\rangle$$

이다. 만약 앨리스가 $|\psi\rangle$로 준비시켰을 확률이 50퍼센트이고 $|\phi\rangle$로 준비시켰을 확률이 50퍼센트라면 어떻게 될까? 당연히 그 기댓값은

$$\langle\mathbf{L}\rangle = \frac{1}{2}\mathrm{Tr}\,|\psi\rangle\langle\psi|\,\mathbf{L} + \frac{1}{2}\mathrm{Tr}\,|\phi\rangle\langle\phi|\,\mathbf{L}$$

이다. 우리가 하고 있는 일은 그저 앨리스가 준비한 상태에 대한

밥의 무지를 평균하는 것이다.

하지만 이제 우리는 밥의 지식을 내포하고 있는 밀도 행렬 ρ 를 정의해서 이 항들을 하나의 표현으로 결합할 수 있다. 이 경우 밀도 행렬은 $|\phi\rangle$에 대한 투사 연산자 절반과 $|\psi\rangle$에 대한 투사 연산자 절반의 합이다.

$$\rho = \frac{1}{2}|\psi\rangle\langle\psi| + \frac{1}{2}|\phi\rangle\langle\phi|.$$

이제 계에 대한 밥의 모든 지식을 하나의 연산자 ρ로 묶었다. 이 시점에서 기댓값을 계산하는 규칙은 아주 간단해진다.

$$\langle \mathbf{L} \rangle = \mathrm{Tr}\,\rho\mathbf{L}. \tag{7.13}$$

이를 일반화할 수 있다. 앨리스가 밥에게 자신이 어떤 계를 여러 상태들 중 하나로 준비시켰다고 말했다고 하자. 그 상태를 $|\phi_1\rangle$, $|\phi_2\rangle$, $|\phi_3\rangle$ 등으로 부르자. 나아가 앨리스는 이런 각 상태에 P_1, P_2, P_3, $\cdots$의 확률을 정해 주었다. 밥은 이번에도 자신의 모든 지식을 밀도 행렬로 묶어 넣을 수 있다.

$$\rho = P_1|\phi_1\rangle\langle\phi_1| + P_2|\phi_2\rangle\langle\phi_2| + P_3|\phi_3\rangle\langle\phi_3| + \cdots.$$

게다가 밥은 기댓값을 계산하기 위해 정확히 같은 규칙인 식

7.13을 이용할 수 있다.

밀도 행렬이 단일 상태에 대응하면 이때의 밀도 행렬은 그 상태에 투사하는 투사 연산자이다. 이 경우 우리는 그 상태가 순수하다고 말한다. 순수 상태는 양자계에 대해 밥이 알 수 있는 최대한의 지식량을 나타낸다. 하지만 보다 일반적인 경우에는 밀도 행렬에 여러 개의 투사 연산자가 섞여 있다. 이때 우리는 밀도 행렬이 혼합 상태를 표현한다고 말한다.

나는 밀도 행렬이라는 용어를 사용했지만 엄밀히 말해 ρ는 하나의 연산자이다. 밀도 행렬은 기저가 정해져야만 행렬이 된다. 기저 $|a\rangle$를 골랐다고 가정하자. 밀도 행렬은 단지 이 기저에 대한 ρ의 행렬 표현이다.

$$\rho_{aa'} = \langle a | \rho | a' \rangle.$$

$\mathbf{L}$의 행렬 표현을 $L_{a',a}$라 하면 식 7.13을 다음과 같은 형태로 쓸 수 있다.

$$\langle \mathbf{L} \rangle = \sum_{a,a'} L_{a',a} \rho_{a,a'}. \tag{7.14}$$

7.4 얽힘과 밀도 행렬

고전 물리학도 순수 상태와 혼합 상태라는 개념을 갖고 있다. 그런 이름으로 불리지는 않지만 말이다. 예를 들어 직선을 따라 움직이는 두 입자로 구성된 계를 생각해 보자. 고전 역학의 규칙에 따르면 어느 순간의 시간에 두 입자의 위치(x_1과 x_2)와 운동량(p_1과 p_2)을 안다면 그 입자의 궤적을 계산할 수 있다. 따라서 그 계의 상태는 4개의 숫자 x_1, x_2, p_1, p_2로 정해진다. 만약 우리가 이 네 숫자를 안다면 가능한 한 가장 완벽하게 그 2입자계를 기술하는 셈이다. 우리는 이를 순수 고전 상태라 부를 수 있다.

하지만 정확한 상태를 모르고 오직 어떤 확률적인 정보만 아는 경우가 있다. 그 정보는 확률 밀도(probablity density) 함수에 새겨 넣을 수 있다.

$$\rho(x_1, x_2, p_1, p_2).$$

고전적인 순수 상태는 단지 ρ가 오직 하나의 점에서만 0이 아닌 확률 밀도 함수의 특별한 경우일 뿐이다. 하지만 보다 일반적으로는 ρ가 일그러질 것이다. 이 경우를 고전 혼합 상태라 부를 수 있을 것이다.[5] ρ가 일그러졌다면 이는 그 계에 대한 우리의 지식이 불완전함을 뜻한다. 더 많이 일그러질수록 우리의 무지는 더 커진다.

---

5) 확률 밀도 함수가 일그러졌다는 것은 $\rho(x_1, x_2, p_1, p_2)$가 단지 하나의 변수에 대해서가 아니라 어떤 범위 안의 값에 대해 0이 아님을 뜻한다. 이 범위가 커질수록 ρ는 더 많이 일그러진다.

이 예로부터 한 가지는 완전히 명확해졌을 것이다. 만약 여러분이 결합된 2입자계의 순수 상태를 안다면 여러분은 각 입자의 모든 것을 아는 셈이다. 즉 2개의 고전적인 입자에 대한 순수 상태는 개별 입자 각각에 대한 순수 상태를 암시한다.

그러나 이는 양자 역학에서 계가 얽혀 있을 때는 정확한 사실이 아니다. 복합계의 상태는 절대적으로 순수할 수 있으나, 그 구성 요소 각각은 혼합 상태로 기술되어야만 한다.

두 부분 A, B로 구성된 계를 생각해 보자. 2개의 스핀이거나 또는 임의의 다른 복합계일수도 있다.

이 경우 앨리스는 그 복합계의 상태를 완전히 안다고 가정하자. 즉 앨리스는 파동 함수

$$\Psi(a, b)$$

를 알고 있다. 결합계에 대한 앨리스의 지식에는 모자람은 없다. 그럼에도 앨리스는 B에 관심이 없다. 대신 B를 바라보지 않고 A에 대해 가능한 한 많은 것을 알아내고 싶어 한다. 앨리스는 A에 속하는 어떤 관측량 $\mathbf{L}$을 고른다. $\mathbf{L}$이 작용할 때 B에는 아무것도 하지 않는다. $\mathbf{L}$의 기댓값을 계산하는 규칙은

$$\langle \mathbf{L} \rangle = \sum_{ab,a'b'} \Psi^* (a'b') \, L_{a'b',ab} \, \Psi(ab) \tag{7.15}$$

이다. 지금까지는 완전히 일반적이다. 하지만 만약 관측량 **L**이 오직 A와만 관련이 있다면 b 첨자에는 별로 작용하지 않으므로 기댓값을 다음과 같이 쓸 수 있다.

$$\langle \mathbf{L} \rangle = \sum_{a,b,a'} \Psi^*(a'b) \, L_{a',a} \, \Psi(ab).$$ (7.16)

이제 앨리스는 적어도 A를 연구할 목적으로는 자신의 모든 지식을 행렬 ρ로 요약할 수 있다.

$$\rho_{aa'} = \sum_b \Psi^*(a'b) \, \Psi(ab).$$ (7.17)

놀랍게도 식 7.16은 혼합 상태의 기댓값에 대한 식 7.14와 정확하게 똑같다. 사실 곱 상태의 아주 특별한 경우에만 ρ는 투사 연산자의 형태가 될 것이다. 즉 복합계를 순수 상태로 완벽하게 기술한다고 하더라도 부분계 A는 혼합 상태로 기술되어야만 한다.

밀도 행렬에 대한 우리의 표기법에는 주목할 만한 미묘한 점이 있다. 식 7.17에서 ρ의 오른쪽 첨자, 즉 a'은 합에서 복소 켤레 상태 벡터인 $\Psi^*(a'b)$에 대응한다. 이는 연산자 **L**의 행렬 원소에 이름을 붙이는 우리의 표기법

$$L_{aa'} = \langle a | \mathbf{L} | a' \rangle$$

의 결과이다. 이 표기법

$$\rho = |\Psi\rangle\langle\Psi|$$

에 적용하면 그 결과는

$$\rho_{aa'} = \langle a | \Psi\rangle\langle\Psi | a'\rangle,$$

즉

$$\rho_{aa'} = \Psi(a)\,\Psi^*(a')$$

이다.

7.5 두 스핀의 얽힘

얽힘의 세계로 여러분을 더 안내하기 전에 간단한 정의 하나와 재빨리 몸을 풀 수 있는 연습 문제 하나를 소개할 참이다. 만약 앨리스가 알려진 상태에 있는 단일 스핀만 갖고 있다면 앨리스의 밀도 행렬은

$$\rho_{aa'} = \psi^*(a')\psi(a)$$

로 정의된다. 이 식은 앨리스의 밀도 행렬 원소를 어떻게 계산하는지를 알려 준다. 우리에게 익숙한 σ_z 기저를 고집한다면 각 첨자 a와 a'은 위쪽과 아래쪽 값을 가질 수 있다. 따라서 앨리스는 2×2 밀도 행렬을 갖는다.

연습 문제 7.4: 다음의 밀도 행렬을 계산하라.

$$|\Psi\rangle = \alpha|u\rangle + \beta|d\rangle.$$

답:

$$\psi(u) = \alpha; \quad \psi^*(u) = \alpha^*$$
$$\psi(d) = \beta; \quad \psi^*(d) = \beta^*$$

$$\rho_{aa'} = \begin{pmatrix} \alpha^*\alpha & \beta^*\alpha \\ \alpha^*\beta & \beta^*\beta \end{pmatrix}.$$

이제 α와 β에 몇몇 숫자를 대입해 보자. 이 숫자들은 1로 정규화되었다. 예를 들면 $\alpha = \frac{1}{\sqrt{2}}, \beta = \frac{1}{\sqrt{2}}$ 이다.

이 간단한 예는 밀도 행렬의 성질을 이해하기에 좋은 방편이다. 보다 복잡한 얽힘 상태의 사례를 살펴볼 때 이 연습 문제를 참고할 수 있다.

예를 들어 복합계의 파동 함수

$$\psi(a, b)$$

를 안다고 하자. 하지만 우리는 오직 앨리스의 부분계에만 관심이 있다. 즉 우리는 앨리스가 항상 측정할 수 있는 모든 것을 쫓아가려 한다. 우리가 전체 파동 함수를 알아야만 할까? 아니면 밥의 변수를 없애는 방법이 있을까? 두 번째 질문에 대한 답은 '그렇다.'이다. 우리는 밀도 행렬 ρ를 써서 앨리스의 완전한 기술을 포착할 수 있다.

앨리스 계의 한 관측량 $\mathbf{L}$을 생각해 보자. 여느 관측량과 마찬가지로 $\mathbf{L}$은 물론 행렬로 표현할 수 있다.

$$L_{a'b',ab} = \langle a'b' | \mathbf{L} | ab \rangle.$$

복합계에 대해서는 ab 쌍이 사실은 기저 벡터를 이름하는 하나의 첨자임을 기억하라.

"$\mathbf{L}$은 앨리스 관측량이다."라고 하는 말은 $\mathbf{L}$이 상태 이름표의 밥쪽 절반과 무관함을 뜻한다. 이 때문에 $\mathbf{L}$의 형태에 어떤 제약 조건이 생긴다. 아이디어는 이렇다. 상태 이름표에서 밥의 반쪽을 바꾸는 효과를 주는 모든 $\mathbf{L}$의 행렬 원소를 걸러 내는(0과 같게 두는) 것이다. 즉 $\mathbf{L}$은 특별한 형태를 갖게 된다.

$$L_{a'b',ab} = L_{a'a} \, \delta_{b'b}. \tag{7.18}$$

이 간단해 보이는 식에는 설명이 조금 필요하다. 여러분은 아마도 텐서 곱에 대한 막간(6.1 참조)에서 다룬 성분 형태의 텐서 곱에 대한 것들을 복습하고 싶을 것이다. 좌변은 4 × 4 행렬이다. 두 첨자 각각은 4개의 서로 다른 값 uu, ud, du, dd를 가질 수 있다. 우변은 어떨까? 행렬 원소 $L_{a'a}$ 또한 첨자가 2개이다. 그러나 각각은 오직 2개의 다른 값들, 즉 u나 d만 가질 수 있다. 사실 식 7.18의 양변에서 똑같은 기호 L은 2개의 서로 다른 행렬을 말하고 있다.

언뜻 보기에 마치 우리가 4 × 4 행렬을 2 × 2 행렬과 같다고 놓은 것처럼 보인다. 이는 정말로 문제가 될 것이다. 하지만 $\delta_{b'b}$ 때문에 모든 것이 잘 돌아간다. $L_{a'a}\,\delta_{b'b}$ 항은 2 × 2 행렬 2개의 텐서 곱의 원소이며 그 텐서 곱은 4 × 4 행렬이다.[6] 식 7.18을 해독하는 방법은 이렇다.

4 × 4 행렬 $L_{a'b',ab}$ 는 2개의 2 × 2 행렬 $L_{a'a}$ 와 $\delta_{b'b}$ 의 텐서 곱으로 인수 분해할 수 있다. 여기서 $\delta_{b'b}$ 는 2 × 2 단위 행렬과 똑같다.

이제 복합계의 모든 장비를 이용해서 $\mathbf{L}$(4 × 4 버전)의 기댓값을 계산해 보자.

---

6) 행렬에 관해 말하고 있기 때문에, 이를 또한 크로네커 곱이라 부를 수도 있었다. 지금 우리 목적에서는 형식적인 구분이 중요하지 않다.

$$\langle \Psi | \mathbf{L} | \Psi \rangle = \sum_{a,b,a',b'} \psi^* (a', b') \, L_{a'b',ab} \, \psi(a, b).$$

경고했듯이 첨자가 많다. 하지만 행렬 L의 특수한 형태를 이용하면 더 간단해진다. 식 7.18의 인수 $\delta_{b'b}$ ―크로네커 델타― 가 이름표의 밥쪽 절반을 바꾸는 모든 원소를 걸러 내고 다른 원소들을 그대로 남겨 둔다. 이는 $b' = b$라 놓는 것이므로 그 결과

$$\langle \Psi | \mathbf{L} | \Psi \rangle = \sum_{a',b,a} \psi^* (a', b) \, L_{a',a} \, \psi(a, b). \qquad (7.19)$$

를 얻는다. a와 a'에 대한 합은 잠시 무시하고 대신 b에 대한 합에 집중하자. 우리는 다음과 같은 양

$$\rho_{a'a} = \sum_b \psi^* (a, b) \, \psi(a', b) \qquad (7.20)$$

와 마주하게 된다. 2×2 행렬 $\rho_{a'a}$는 앨리스의 밀도 행렬이다. 이미 b에 대해 더했으므로 $\rho_{a'a}$는 어떤 b 첨자에도 의존하지 않음에 유의하라. $\rho_{a'a}$는 순전히 앨리스의 변수 a와 a'의 함수이다. 사실 우리는 다음 강의에서 이 예를 쉽게 따라가기 위해 식에서 b만 유지했다.

식 7.20로부터 $\rho_{a'a}$를 대입하면 식 7.19를 간단하게 할 수 있다. 그러면 L(2×2 버전)의 기댓값은

$$\langle \mathbf{L} \rangle = \sum_{a'a} \rho_{a'a}\, L_{a,a'} \qquad (7.21)$$

이 된다. b에 대해 더했으므로 4 × 4 행렬이 2 × 2 행렬로 줄어들었다. 이는 말이 된다. 복합계에 작용하는 연산자는 4 × 4 행렬일 것으로 기대되며 앨리스의 연산자는 2 × 2 행렬일 것으로 기대되기 때문이다.

식 7.21의 우변은 행렬의 대각 원소의 합이다. 즉 이는 행렬 $\rho\mathbf{L}$의 자취이다. 따라서 다음과 같이 쓸 수 있다.

$$\langle \mathbf{L} \rangle = \mathrm{Tr}\, \rho\mathbf{L}.$$

여기서의 교훈은 이렇다. 앨리스의 밀도 행렬 ρ를 계산하기 위해서는 밥의 변수에도 의존하는 전체 파동 함수를 알아야 할 필요가 있다. 그러나 일단 우리가 ρ를 알면, 그것이 어디에서 왔는지는 잊어버리고, 이를 이용해 앨리스의 관측과 관련된 모든 것을 계산할 수 있다. 간단한 예로 ρ를 이용하면 관측을 했을 때 앨리스 계가 상태 a로 남아 있을 확률 $P(a)$를 계산할 수 있다. $P(a)$를 정하기 위해 복합계가 상태 $|ab\rangle$에 있을 확률인 $P(a, b)$로부터 시작하자. 이 확률은

$$P(a, b) = \psi^{*}(a, b)\psi(a, b)$$

이다. 확률의 기본 규칙에 따라 b에 대해 더하면 a에 대한 확률을 얻는다.

$$P(a) = \sum_b \psi^*(a, b)\psi(a, b).$$

이는 정확히 밀도 행렬의 대각 원소이다.

$$P(a) = \rho_{aa}. \qquad (7.22)$$

밀도 행렬의 몇몇 성질은 다음과 같다.

1. 밀도 행렬은 에르미트 행렬이다.

$$\rho_{aa'} = \rho_{a'a}^*.$$

2. 밀도 행렬의 자취는 1이다.

$$\mathrm{Tr}\,(\rho) = 1.$$

식 7.22의 좌변이 확률이므로 이 점은 명확하다.

3. 밀도 행렬의 고윳값은 모두 양수이며 0과 1 사이의 값이다. 따라서 만약 어떤 고윳값이 1이면 다른 모든 고윳값은

0이다. 이 결과를 해석할 수 있겠는가?

4. 순수 상태에 대해 다음을 만족한다.

$$\rho^2 = \rho$$
$$\mathrm{Tr}\left(\rho^2\right) = 1.$$

5. 혼합 상태 또는 얽힘 상태에 대해 다음을 만족한다.

$$\rho^2 \neq \rho$$
$$\mathrm{Tr}\left(\rho^2\right) < 1.$$

마지막 두 성질은 순수 상태와 혼합 상태를 수학적으로 구분할 수 있는 명확한 방법을 제공한다. 얽힘 상태의 부분계(예를 들어 홑겹 상태의 앨리스 반쪽)는 혼합 상태로 간주한다.

여기서 잠시 멈추고 이 두 성질을 조금 더 이해할 필요가 있다. 문제를 간단히 하기 위해 ρ가 대각 행렬이라 가정하자. 즉 모든 비대각 원소는 0이다. ρ는 에르미트 행렬이고, 모든 에르미트 행렬은 어떤 기저에서 대각 형태로 표현할 수 있기 때문에 이렇게 간단히 하는 것은 아무 일도 아니다.[7] 대각 행렬을 제곱하

---

[7] 앞서 7.2에서 말했듯이 에르미트 행렬 $\mathbf{M}$은 $\mathbf{P}^{\dagger}\mathbf{P}$ 변환을 통해 대각화할 수 있다. 여기서 P는 그 열이 정규화된 $\mathbf{M}$의 고유 벡터인 일원 행렬이다.

는 일은 아주 간단하다. 각 개별 원소를 제곱하기만 하면 된다. ρ 는 혼합 상태를 나타내고 ρ의 대각 원소는 더해서 1이 되어야 하므로 ρ의 대각 원소 중 어느 원소도 1이 될 수 없다. 그렇지 않다면 ρ는 순수 상태를 나타낼 것이다. 따라서 ρ는 1보다 작은 양의 대각 원소를 적어도 2개를 가져야만 한다. 이 원소들을 제곱하면 새로운 행렬 ρ^2이 되는데, 그 원소들은 훨씬 더 작아진다. 이로써 혼합 상태에 대한 ρ의 두 성질 모두가 설명된다.

다음 연습 문제를 풀기 전에 자취에 대해 한 가지 더 말해야겠다. 자취는 수학적으로 흥미로운 성질을 많이 갖고 있다. 아주 유용한 성질 중 하나는 두 행렬 곱의 자취는 곱 순서와 상관이 없다는 점이다. 즉

$$\text{Tr } AB = \text{Tr } BA$$

라고 하더라도

$$AB \neq BA$$

이다. 이렇게 말하는 이유는 $\text{Tr } \rho L$ 대신 $\text{Tr } L\rho$ 라고 쓴 밀도 행렬의 자취를 가끔 보게 될 것이기 때문이다. 이 두 표현은 서로 똑같다.

7.6 구체적인 예제: 앨리스의 밀도 행렬 계산하기

지금까지의 밀도 행렬에 대한 논의가 몇몇 독자들에게는 다소 추상적이었을 것이다. 여기 풀어 놓은 예제를 통해 밀도 행렬이 조금 더 명확해질 것이다. 식 7.20으로부터 앨리스의 밀도 행렬 정의를 돌아보자.

$$\rho_{a'a} = \sum_b \psi^*(a, b)\, \psi(a', b). \tag{7.23}$$

이제 상태 벡터

$$|\Psi\rangle = \frac{1}{\sqrt{2}}\left(|ud\rangle + |du\rangle\right)$$

를 생각해 보자. 기저 벡터들 중 두 기저가 $\frac{1}{\sqrt{2}}$의 계수를 갖고 있으며 다른 두 기저의 계수는 0이다. 계수의 제곱의 합이 1이므로 이 상태는 정규화되어 있다. 또한 4개의 모든 계수가 실수여서 복소 켤레 과정이 간단해진다.

이 상태에 대한 앨리스의 밀도 행렬을 계산해 보자. 먼저 가능한 모든 입력값 a와 b에 대해 $\psi(a, b)$의 값을 나열해 보자. 이 값은 단지 기저 벡터의 계수일 뿐이다.

$$\psi(u, u) = 0$$
$$\psi(u, d) = \frac{1}{\sqrt{2}}$$
$$\psi(d, u) = \frac{1}{\sqrt{2}}$$

$$\psi(d, d) = 0.$$

다음으로 이 4개의 식을 이용해 식 7.23의 식을 전개해서 앨리스의 밀도 행렬의 각 원소를 계산할 것이다. 이렇게 전개할 때, $\psi^*(a, b)\psi(a', b)$ 형태의 모든 인자에 대해 밥의 입력값은 두 인수 모두에서 똑같음에 유의하라. 이 성질을 갖지 않는 모든 항은 버린다. 이것이 바로 "덧셈에서 b'을 b와 같게 놓는다."라는 뜻이다. 전개한 결과는 다음과 같다.

$$\rho_{uu} = \psi^*(u, u)\psi(u, u) + \psi^*(u, d)\psi(u, d) = \frac{1}{2}$$
$$\rho_{ud} = \psi^*(d, u)\psi(u, u) + \psi^*(d, d)\psi(u, d) = 0$$
$$\rho_{du} = \psi^*(u, u)\psi(d, u) + \psi^*(u, d)\psi(d, d) = 0$$
$$\rho_{dd} = \psi^*(d, u)\psi(d, u) + \psi^*(d, d)\psi(d, d) = \frac{1}{2}.$$

이 값들이 2 × 2 행렬의 원소들이다.

$$\rho = \begin{pmatrix} \frac{1}{2} & 0 \\ 0 & \frac{1}{2} \end{pmatrix}. \tag{7.24}$$

이 행렬의 자취는 1이다. 밀도 행렬이 완성되었다.[8]

---

8) 아트는 시인이다. 자신은 깨닫지도 못하지만.

7.7 얽힘 검증

복합계 S_{AB}에 대해 여러분에게 파동 함수

$$\psi(a, b)$$

를 주었다고 하자. 여기 대응되는 상태가 얽혀 있는지 아닌지 어떻게 알 수 있을까? 나는 지금 실험적 검증이 아니라 수학적 과정을 말하고 있다. 이와 관련된 질문이 있다. 얽힘의 정도가 변할까? 만약 그렇다면 그것을 어떻게 정량화할 수 있을까?

얽힘은 상관 관계를 양자 역학적으로 일반화한 것이다. 즉 앨리스는 계의 자기 쪽 절반을 측정함으로써 밥의 절반에 대해 무언가를 알아낼 수 있다는 말이다. 앞선 강의의 고전적인 사례에서 동전을 이용해 상관 관계의 개념을 살펴보았다. 만약 찰리가 앨리스에게 준 동전을 앨리스가 관측하면, 앨리스는 그것이 100원짜리 동전인지 500원짜리 동전인지 알 수 있을 뿐만 아니라 밥이 어떤 동전을 갖고 있는지도 알게 된다. 이는 실험적인 그림이다. 상관 관계에 대한 수학적인 함의는 확률 함수 $P(a, b)$가 인수 분해되지 않는다는 것이다. (즉 식 6.3과 같지 않다.) 확률 분포가 인수 분해되지 않는다면 식 6.2에서 기술했듯이 상관 관계가 0이 아니다.

7.7.1 얽힘에 대한 상관 관계 검증

$\mathbf{A}$를 앨리스의 관측량, $\mathbf{B}$를 밥의 관측량이라 하자. 이들 사이의 상관 관계는 개별 관측량의 평균(또는 기댓값)과 곱의 평균으로 정의된다.

$$\langle \mathbf{A} \rangle$$
$$\langle \mathbf{B} \rangle$$
$$\langle \mathbf{AB} \rangle$$

를 이들 기댓값이라 하자. A와 B 사이의 상관 관계 $C(\mathbf{A}, \mathbf{B})$는 다음과 같이 정의된다.

$$C(\mathbf{A}, \mathbf{B}) = \langle \mathbf{AB} \rangle - \langle \mathbf{A} \rangle \langle \mathbf{B} \rangle.$$

연습 문제 7.9: 임의의 앨리스 관측량 A와 밥의 관측량 B가 주어졌을 때, 곱 상태에 대해서는 상관 관계 $C(\mathbf{A}, \mathbf{B})$는 0임을 보여라.

이 연습 문제로부터 얽힘에 대한 무언가를 알 수 있다. 만약 상관 관계 ─ $C(\mathbf{A}, \mathbf{B}) \neq 0$ ─ 에 있는 임의의 두 관측량 A와 B를 찾을 수 있는 상태에 어떤 계가 있다면 그 상태는 얽혀 있다. 상관 관계는 −1과 +1 사이의 범위에 있는 것으로 정의된다. 두 극단적인 값은 가능한 가장 큰 음의 상관 관계와 양의 상관 관계를 나타낸다. $C(\mathbf{A}, \mathbf{B})$의 크기가 더 클수록 그 상태는 더 얽혀 있다. 만약 $C(\mathbf{A}, \mathbf{B}) = 0$이면 상관 관계(얽힘)는 전혀 없다.

7.7.2 얽힘에 대한 밀도 행렬 검증

상관 관계를 계산하려면 계의 파동 함수와 함께 계의 밥 부분 및 앨리스 부분에 대해서도 알아야 한다. 그런데 얽힘을 검증할 수 있는 또 다른 방법이 있다. 앨리스의(또는 밥의) 밀도 행렬만 알면 된다. 상태 $|\psi\rangle$를 밥의 인수 $|\phi\rangle$와 앨리스의 인수 $|\Psi\rangle$의 곱 상

태라 하자. 이는 복합 파동 함수 또한 밥 인수와 앨리스 인수의
곱이라는 뜻이다.

$$\psi(a, b) = \psi(a)\phi(b).$$

이제 앨리스의 밀도 행렬을 계산해 보자. 식 7.20의 정의를 이용
하면

$$\rho_{a'a} = \psi^*(a)\psi(a') \sum_b \phi^*(b)\phi(b)$$

를 얻는다. 만약 밥의 상태가 정규화됐다면

$$\sum_b \phi^*(b)\phi(b) = 1$$

이다. 덕분에 앨리스의 밀도 행렬은 특별히 간단해진다.

$$\rho_{a'a} = \psi^*(a)\psi(a'). \tag{7.25}$$

이 행렬은 앨리스의 변수에만 의존한다는 사실에 유의하라. 앨리
스의 계에 대해 우리가 알아야 할 모든 것이 앨리스의 파동 함수
에 포함되어 있다는 점은 아마 그리 놀랍지 않을 것이다.

이제 곱 상태라는 가정 아래 앨리스의 밀도 행렬의 고윳값에

관한 중요한 정리를 증명할 참이다. 이 정리는 얽히지 않은 상태에 대해서만 성립하며 그런 상태를 확인하는 데에 역할을 한다. 그 정리에 따르면 임의의 곱 상태에 대해 앨리스(또는 밥)의 밀도 행렬은 0이 아닌 고윳값을 정확히 1개 가지며, 그 고윳값은 정확히 1이다. 행렬 ρ에 대해 고윳값 방정식을 쓰는 것으로 정리를 시작해 보자.

$$\sum_{a'} \rho_{a'a} \alpha_{a'} = \lambda \alpha_a.$$

즉 열 벡터 α에 행렬 ρ가 작용하면 고윳값 λ를 곱한 똑같은 벡터를 되돌려 준다. 식 7.25에서 간단한 형태의 ρ를 이용하면

$$\psi(a') \sum_a \psi^*(a) \alpha_a = \lambda \alpha_{a'} \qquad (7.26)$$

과 같이 쓸 수 있다. 이제 여러분도 한두 가지를 알아차렸을 것이다. 먼저

$$\sum_a \psi^*(a) \alpha_a$$

라는 양은 내적의 형태이다. 열 벡터 α가 ψ에 수직이면 식 7.26의 좌변은 0이다. 그런 벡터는 고윳값이 0인 ρ의 고유 벡터이다.

만약 앨리스의 상태 공간 차원 수가 N_A이면 ψ에 수직인 벡

터는 ($N_A - 1$) 개 존재한다. 이들 각각은 고윳값이 0인 ρ의 고유 벡터이다. 그 결과 0이 아닌 고윳값을 갖는 오직 하나의 가능한 고유 벡터 방향, 즉 벡터 $\psi(a)$만 남는다. 사실 $\alpha_a = \psi(a)$를 대입하면, 정말로 이것이 고윳값이 1인 ρ의 고유 벡터라는 것을 알 수 있다.

정리를 요약하면 이렇다. 앨리스-밥 복합계가 곱 상태에 있다면 앨리스(또는 밥)의 밀도 행렬은 1의 고윳값을 오직 하나 가지며 나머지 모든 고윳값은 0이다. 게다가 0이 아닌 고윳값을 갖는 고유 벡터는 다름 아닌 계의 앨리스 반쪽의 파동 함수이다.

이 상황에서는 앨리스의 계가 순수 상태이다. 앨리스의 모든 관측은 마치 밥과 그의 계가 전혀 존재하지 않으며 앨리스는 파동 함수 $\psi(a')$으로 기술되는 고립계를 갖는 것처럼 기술된다.

순수 상태의 반대편 극단은 최대 얽힘 상태이다. 최대 얽힘 상태는 어느 부분계에 대해서도 아무것도 모르는 결합계의 상태이다. 그 상태가 그 계를 전체적으로 완전히 — 양자 역학이 허용하는 한 최대한 완벽하게 — 기술한다 하더라도 그렇다. |홑겹⟩ 상태는 최대 얽힘 상태이다.

앨리스가 최대 얽힘 상태에 대한 밀도 행렬을 계산하면 무언가 아주 실망스러울 것이다. 그 밀도 행렬은 단위 행렬에 비례한다. 모든 고윳값은 똑같으며, 고윳값을 모두 더하면 1이므로 각각의 고윳값은 $1/N_A$과 같다. 즉

$$\rho_{a'a} = \frac{1}{N_A}\delta_{a'a} \qquad (7.27)$$

이다. 앨리스는 왜 실망할까? 식 7.22로 돌아가 보자. 그 식은 특정한 상태 a의 확률이 ρ의 대각 원소임을 말하고 있다. 그런데 식 7.27은 모든 확률이 똑같다고 말한다. 분포가 너무 밋밋해서 가능한 모든 결과가 똑같이 나올 것 같은 그런 확률보다 덜 유익한 것이 또 있을까?

'최대 얽힘'이라는 표현은 오직 앨리스의 부분계 하나에만 관련된 실험에 대해 그 부분계를 완전히 모른다는 것을 뜻한다. 한편 이는 앨리스와 밥의 측정 사이에 상관 관계가 크다는 뜻이기도 하다. 홑겹 상태에 대해 만약 앨리스가 자기 스핀의 임의의 성분을 측정한다면, 앨리스는 자동적으로 밥이 자기 스핀의 똑같은 성분을 측정했을 때 어떤 결과를 얻을지 자동적으로 알게 된다. 이는 정확하게 곱 상태에서는 배제된 그런 종류의 지식이다.

따라서 각 형태의 상태에서 어떤 것들은 예측할 수 있지만 어떤 것들은 그렇지 않다. 곱 상태에서는 각각의 분리된 부분계에 행한 측정을 통계적으로 예측할 수 있지만, 앨리스의 측정이 밥 계에 대해서는 아무것도 말해 주지 않는다. 반면 최대 얽힘 상태에서 앨리스는 자신의 측정에 대해 아무것도 예측할 수 없으나, 자신의 결과와 밥의 결과 사이의 관계에 대해 많은 것을 알게 된다.

7.8 측정 과정

우리는 양자계가 양립 불가능해 보이는 서로 다른 방식으로 변화하는 것을 보아 왔다. 바로 측정 사이의 일원적 변화와 측정이 일어날 때의 파동 함수의 붕괴가 그 두 방식이다. 이런 상황 때문에 소위 실재에 관해 가장 피 튀기는 논쟁과 혼란스러운 주장들이 난무했다. 나는 그런 논쟁들에서 방향을 틀어 팩트에 집중할 것이다. 일단 양자 역학이 어떻게 작동하는지 여러분이 알게 된다면, 정말 문제가 있다고 생각할 것인지 스스로 결정할 수 있을 것이다.

모든 측정은 계와 관측 장비를 수반한다는 점에 유의하면서 논의를 시작하자. 하지만 양자 역학이 일관된 이론이라면, 그 계와 장비를 하나의 더 큰 계로 결합할 수 있어야 한다. 논의를 간단히 하기 위해 그 계가 단일 스핀계라 하자. 장비 A는 우리가 1강에서 사용했던 것과 똑같은 장비이다. 장비의 창에서는 3개의 가능한 신호를 볼 수 있다. 그중 하나는 빈칸이다. 이는 장비가 스핀과 접촉하기 전의 중립 상태를 나타낸다. 다른 2개의 신호는 두 가지 가능한 측정 결과, 즉 $+1$과 -1이다.

만약 그 장비가 양자계라면(물론 그래야만 한다.) 장비는 상태 벡터로 기술된다. 가장 간단하게 기술하면 그 장비는 정확히 세 상태, 즉 빈칸 상태와 2개의 결과 상태를 갖는다. 따라서 장비에 대한 기저 벡터는

$$|b\}$$
$$|+1\}$$
$$|-1\}$$

이다. 한편 스핀의 기저 상태는 보통의 위쪽 상태와 아래쪽 상태로 취할 수 있다.

$$|u\rangle$$
$$|d\rangle.$$

이 2개의 기저 벡터 집합으로부터 6개의 기저 벡터를 갖는 복합(텐서 곱) 상태 공간을 만들 수 있다.

$$|u, b\rangle$$
$$|u, +1\rangle$$
$$|u, -1\rangle$$
$$|d, b\rangle$$
$$|d, +1\rangle$$
$$|d, -1\rangle.$$

계가 장비를 만났을 때 무슨 일이 벌어지는지 그 상세한 메커니즘은 복잡할 수 있지만, 그 복합계가 어떻게 변화하는지에 대해서는 자유롭게 가정할 수 있다. 장비가 빈칸 상태로, 스핀은 위쪽

상태로 시작한다고 하자. 장비가 스핀과 상호 작용을 한 뒤 최종 상태는 (가정에 따라)

$$|u, +1\rangle$$

이다. 즉 상호 작용의 결과 스핀은 변하지 않지만 장비를 +1 상 태로 뒤집는다. 이를 다음과 같이 쓸 수 있다.

$$|u, b\rangle \rightarrow |u, +1\rangle. \qquad (7.28)$$

이와 비슷하게 만약 스핀이 아래쪽 상태에 있으면 장비를 -1 상 태로 뒤집는다고 생각할 수 있다.

$$|d, b\rangle \rightarrow |d, -1\rangle. \qquad (7.29)$$

따라서 장비가 스핀과 상호 작용을 한 뒤에 장비를 바라보면 애 초에 스핀이 무엇이었는지 알 수 있다. 이제 초기 스핀 상태가 보 다 일반적이라고 해 보자. 즉

$$\alpha_u |u\rangle + \alpha_d |d\rangle$$

이다. 계의 일부로 장비를 포함시키면 초기 상태는

$$\alpha_u |u, b\rangle + \alpha_d |d, b\rangle \qquad (7.30)$$

이나. 이 초기 상태는 곱 상태, 특히 초기 스핀 상태와 빈칸 장비 상태의 곱이다. 이것이 완전히 얽혀 있지 않음을 보일 수 있다.

연습 문제 7.10: 식 7.30의 상태 벡터는 완전히 얽히지 않은 상태를 나타 냄을 확인하라.

식 7.28과 7.29로부터 식 7.30의 개별 항이 어떻게 변화하는지 알 기 때문에, 최종 상태를 쉽게 정할 수 있다.

$$\alpha_u |u, b\rangle + \alpha_d |d, b\rangle \rightarrow \alpha_u |u, +1\rangle + \alpha_d |d, -1\rangle.$$

이 최종 상태는 얽힘 상태이다. 사실 $\alpha_u = -\alpha_d$이면 이는 최대 얽힘 홑겹 상태이다. 실제로 누구든 장비를 쳐다보고 즉시 스핀 상태가 무엇인지 말할 수 있다. 만약 장비에서 +1을 읽게 되면 그 스핀은 위쪽이고 −1을 읽게 되면 스핀은 아래쪽이다. 게다가 최종 상태의 장비가 +1을 보일 확률은

$$\alpha_u^* \alpha_u$$

이다. 이 숫자는 확률을 나타낸다. 스핀이 위쪽이었을 원래 확률과 정확하게 똑같다. 측정을 이렇게 기술하면 파동 함수의 붕괴는 일어나지 않는다. 대신 상태 벡터의 일원적 변화에 따라 장비와 계 사이의 얽힘이 생길 뿐이다.

유일한 문제는, 어떤 면에서는 우리가 어려운 문제를 단지 뒤로 미루었다는 점이다. 실험자―앨리스라 하자.―가 장비를 보는 것이 허락되지 않아야 장비가 그 스핀 상태를 '안다'는 이야기를 듣는다면 아주 만족스럽지 않을 것이다. 앨리스가 장비를 바라볼 때 앨리스는 복합계의 파동 함수를 붕괴시킨다는 것은 사실이 아닌가? 그렇기도 하고 아니기도 하다. 앨리스의 목적만을 위해서라면 그렇다. 앨리스는 장비와 스핀이 2개의 가능한 구성 상태 중 하나에 있으며 그에 따라 상태가 진행되리라 결론 내릴 것이다.

이제 밥을 이 장면으로 데려오자. 지금까지 밥은 스핀과 장비와 앨리스와 상호 작용하지 않았다. 밥의 관점에서는 셋 모두가 하나의 양자계를 형성한다. 앨리스가 장비를 바라볼 때 파동 함수의 붕괴 따위는 일어나지 않는다. 그 대신 밥은 앨리스가 계의 다른 두 성분과 얽히게 되었다고 말한다.

여기까진 다 좋고 다 잘되었다. 하지만 밥이 앨리스를 바라볼 때 어떤 일이 벌어질까? 밥이 원하던 바를 위해 밥은 파동 함수를 붕괴시켰다. 하지만 그때 찰리라는 좋은 노인이 있어서……

그 계를 바라보는 마지막 선수가 파동 함수를 붕괴시킬까, 아니면 그저 얽히게 되는 것일까? 아니면 최후의 목격자가 있는 것일까? 나는 이 질문에 답하려고 들지는 않을 것이다. 그러나 분명히 해 두어야 할 점은 계와 장비를 수반하는 어떤 종류의 실험에 대한 확률을 양자 역학이 일관되게 계산한다는 점이다. 우리는 양자 역학을 사용하고, 양자 역학은 잘 돌아간다. 하지만 그 밑에 깔려 있는 '실재'에 질문을 던지려고 하면 혼란에 빠진다.

7.9 얽힘과 국소성

양자 역학이 국소성(locality)을 깨는가? 어떤 사람들은 그렇다고 생각한다. 아인슈타인은 본인이 양자 역학이 내포하고 있다고 주장했던 "도깨비 같은 원격 작용"(독일어로 "spukhafte Fernwirkung")을 저주했다. 그리고 물리학자 존 벨(John Bell)은 양자 역학이 비국소적임을 증명해 전설적인 인물이 되었다.

반면 대부분의 이론 물리학자들, 특히 얽힘으로 뒤범벅이 된 양자 장론을 연구하는 사람들은 정반대의 주장을 할 것이다. 제대로 된 양자 역학은 국소성을 보장한다.

물론 문제는 그 두 집단에게 국소성이 서로 다른 것을 의미한다는 점이다. 양자 장론 이론가들이 그 용어를 어떻게 이해하는지부터 시작해 보자. 이 관점에서는 국소성이 오직 하나의 의미를 가지고 있다. 즉 광속보다 더 빠른 신호를 보낸다는 것은 불가능하다. 양자 역학이 이 규칙을 어떻게 강제하는지를 보여 주겠다.

　먼저 앨리스 계와 밥 계의 정의를 확장하자. 지금까지 앨리스 계라는 용어를 앨리스가 자신과 함께 가지고 다니며 거기에 실험을 할 수 있는 어떤 계라는 뜻으로 사용했다. 이번 강의의 나머지 부분에서는 이 용어를 무언가 다른 뜻으로 사용할 것이다. 앨리스 계는 앨리스가 가지고 다니는 어떤 계뿐만 아니라 앨리스가 사용하는 장비, 그리고 심지어 앨리스 자신으로도 구성되어 있다. 물론 밥 계에 대해서도 똑같다. 기저 켓 벡터

$$|a\rangle$$

는 앨리스가 상호 작용할 수 있는 모든 것을 기술한다. 마찬가지로 켓 벡터

$$|b\rangle$$

는 밥이 상호 작용할 수 있는 모든 것을 기술한다. 그리고 텐서 곱 상태

$$|ab\rangle$$

는 앨리스의 세상과 밥의 세상이 결합된 것을 기술한다.

우리는 앨리스와 밥이 과거의 어느 때에는 상호 작용을 할 만큼 충분히 가까웠지만 지금 앨리스는 센타우리자리 알파별에 있고 밥은 펠로 앨토에 있다고 가정할 것이다. 앨리스-밥의 파동 함수는

$$\psi(ab)$$

이며 얽혀 있을 수도 있다. 앨리스의 계, 앨리스의 장비, 그리고 앨리스 자신은 앨리스의 밀도 행렬

$$\rho_{aa'} = \sum_b \psi^*(a'b)\,\psi(ab) \qquad (7.31)$$

로 완벽하게 기술된다. 이런 질문을 생각해 보자. 밥이 어떻게든 앨리스의 밀도 행렬을 즉각적으로 바꾸기 위해 무엇이라도 할 수 있을까? 밥은 양자 역학의 법칙이 허용하는 것들만 할 수 있음을 유념하라. 특히 밥의 변화는, 무엇이 그 변화를 야기하든, 일원적이어야 한다. 즉 그 변화는 일원 행렬

$$\mathbf{U}_{bb'}$$

로 기술되어야만 한다. 행렬 $\mathbf{U}$는 밥이 실험을 하든 말든 밥 계에 일어나는 일이면 무엇이든지 나타낸다. 이 행렬은 파동 함수에

작용해 새로운 파동 함수를 만들어 낸다. 이를 우리는 '최종' 파동 함수라 부를 것이다.

$$\psi_{\text{최종}}(ab) = \sum_{b'} \mathbf{U}_{bb'}\, \psi(ab').$$

또한 이 파동 함수의 복소 켤레를 다음과 같이 쓸 수 있다.

$$\psi^*_{\text{최종}}(a'b) = \sum_{b''} \psi^*(a'b'')\, \mathbf{U}^{\dagger}_{b''b}.$$

기호가 섞이는 것을 피하기 위해 몇몇 기호에 프라임(')을 첨가했다. 이제 앨리스의 새로운 밀도 행렬을 계산해 보자. 우리는 식 7.31을 사용할 것이지만, 원래 파동 함수를 최종 파동 함수로 바꿀 것이다.

$$\rho_{aa'} = \sum_{b,b',b''} \psi^*(a'b'')\, \mathbf{U}^{\dagger}_{b''b}\, \mathbf{U}_{bb'}\, \psi(ab').$$

지금 수많은 첨자들이 날아다니고 있지만, 눈에 보이는 것처럼 수학이 어렵지는 않다. 실제로 행렬 $\mathbf{U}$가 어떻게

$$\mathbf{U}^{\dagger}_{b''b}\, \mathbf{U}_{bb'}$$

의 조합으로 들어가 있는지 살펴보자. 이 조합은 정확히 행렬 곱

$U^\dagger U$이다. 여기서 U가 일원적임을 떠올려 보자. 이 때문에 $U^\dagger$ U 곱은 단위 행렬 $\delta_{b''b'}$이다. 앞서와 마찬가지로 이는 $b'' = b'$인 모든 항을 포함시키고 나머지 모두를 무시하라는 지침에 해당한다. 이렇게 단순화하면

$$\rho_{aa'} = \sum_b \psi^*(a'b)\,\psi(ab)$$

를 얻는다. 이는 정확하게 식 7.31과 똑같다. 즉 $\rho_{aa'}$은 U가 작용하기 전과 정확하게 똑같다. 밥의 편에서 일어난 일은 밥과 앨리스가 최대한으로 얽혀 있다고 하더라도 앨리스의 밀도 행렬에 그 어떤 즉각적인 효과도 미치지 못한다. 이는 앨리스가 자신의 부분계(앨리스의 통계 모형)를 보는 관점이 정확하게 이전처럼 남아 있다는 뜻이다. 이 주목할 만한 결과는 최대 얽힘계에 대해 놀라워 보일 수도 있지만, 이는 또한 빛보다 빠른 신호는 보낼 수 없음을 보장한다.

7.10 양자 모의 실험: 벨의 정리 도입

그 어떤 신호도 즉각적으로 보낼 수 없음을 보장하는 데에 일원성이 두드러진 역할을 했다는 점은 흥미롭다. U가 일원적이지 않았다면 앨리스의 최종 밀도 행렬은 정말로 밥에 의해 영향을 받았을 것이다.

그렇다면 아인슈타인이 "도깨비 같은 원격 작용"이라고 말

했던, 그를 너무나 괴롭혔던 것은 대체 무엇일까? 이 질문에 답하기 위해서, 아인슈타인과 벨이 서로 완전히 다른 국소성이라는 개념에 대해 말하고 있었음을 이해하는 것이 중요하다. 이를 보여 주기 위해 나는 컴퓨터 게임을 하나 고안해 냈다. 새로운 컴퓨터 게임이 하는 일은 컴퓨터 안쪽에 자기장 속의 양자 스핀이 있다고 여러분이 생각하게끔 속이는 것이다. 여러분은 이 가능성을 검증하기 위해 실험을 시작한다. 도식적인 개요가 그림 7.1에 나와 있다.

여기 작동법이 있다. 컴퓨터 안에서 메모리는 2개의 복소수 α_u와 α_d를 저장한다. 이들은 보통의 정규화 규칙을 따른다.

$$\alpha_u^* \alpha_u + \alpha_d^* \alpha_d = 1.$$

게임을 시작할 때 계수 α는 어떤 값으로 초기화된다. 그리고는 컴퓨터가 슈뢰딩거 방정식을 풀어서 마치 α가 스핀 상태 벡터의 성분인 것과 꼭 마찬가지로 α 값을 갱신한다.

또한 컴퓨터는 장비의 고전적인 3차원 방향을 2개의 각, 또는 하나의 단위 벡터의 형태로 저장한다. 키보드를 통해 여러분은 여러분 뜻대로 이 각을 설정하고 바꿀 수 있다. 메모리에는 한 가지 요소가 더 저장된다. 즉 장비의 창에 있는 숫자를 나타내는 값(+1 또는 −1)이다. 컴퓨터 화면은 장비를 보여 준다. 여러분은 실험자로서 여러분의 장비가 어떤 방향을 가리킬지를 선택한다.

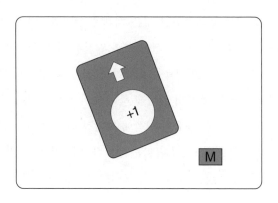

그림 7.1 양자 모의 실험. 컴퓨터 화면이 사용자가 제어하는 장비의 방향을 보여 주고 있다. 간단히 하기 위해 여기서는 2차원 방향만 보여 준다. 사용자는 스핀(여기서 보여 주지는 않았다.)을 측정하고 싶을 때면 언제나 단추 M을 누를 수 있다. 측정과 측정 사이에 스핀 상태는 슈뢰딩거 방정식에 따라 변한다.)

또한 측정 단추 M이 있어서 그 장비를 활성화시킨다.

이 프로그램의 마지막 요소는 난수 생성기로서, 측정 결과인 $+1$ 또는 -1을 각각 $\alpha_u^* \alpha_u$, 그리고 $\alpha_d^* \alpha_d$의 확률로 만들어 낸다. 난수 생성기는 진짜 난수를 만들어 내는 것이 아니라 난수를 흉내 낸 숫자를 만들어 낸다. 난수 생성기는 전적으로 결정론적인 고전 역학에 기초를 두고 있으며, 원주율 같은 것을 이용해서 수를 생성한다. 그럼에도 여러분을 속이기에는 충분히 훌륭하다.

게임이 시작되면 컴퓨터는 계속해서 α_u와 α_d의 값을 갱신한다. 여러분은 원하는 만큼 오래 기다렸다가 단추 M을 누른다. 그러면 난수 생성기의 도움으로 게임의 결과가 나와 스크린에 표시된다. 이 결과를 바탕으로 컴퓨터는 붕괴에 의해 상태를 갱신한다. 만약 결과가 +1이면 α_d의 값은 0으로 재설정되고 α_u의 값은 1로 재설정된다. 그 결과가 −1이면 α_d의 값은 1로 재설정되고 α_u의 값은 0으로 재설정된다. 그리고는 여러분이 다시 M을 누를 때까지 슈뢰딩거 방정식이 작업을 인계받는다.

여러분이 훌륭한 실험가라면 수많은 시도를 통해 통계를 모으고 양자 역학의 예측과 비교할 것이다. 만약 모든 것이 잘 돌아간다면 여러분은 컴퓨터 안에서 무슨 일이 벌어지고 있든지 간에 양자 역학이 정확하게 기술한다고 결론짓는다. 물론 컴퓨터는 여전히 고전적이지만 큰 어려움 없이 양자 스핀을 흉내 내고 있다.

다음으로 2개의 양자 스핀을 흉내 내는 두 컴퓨터 A, B로 똑같은 실험을 해 보자. 만약 스핀이 곱 상태로 시작해 절대로 상호 작용하지 않는다면, 우리는 아무런 혼선 없이 두 컴퓨터 각각에서 단순히 게임을 진행할 수 있다. 그런데 마침 앨리스, 밥, 찰리가 돌아와 우리를 돕겠다고 나섰다. 찰리는 물론 얽힘 쌍을 만들어 내고 싶어 한다. 찰리는 케이블로 두 컴퓨터를 연결해 하나의 컴퓨터를 만들면서 작업을 시작한다. 그 케이블이 즉각적인 신호를 보낼 수 있다고 가정하자. 결합된 컴퓨터는 이제 메모리에 4개의 복소수

$$\alpha_{uu},\ \alpha_{ud},\ \alpha_{du},\ \alpha_{dd}$$

를 저장하고 슈뢰딩거 방정식을 이용해 갱신한다. 각 컴퓨터 화면은 장비를 보여 준다. 앨리스의 화면은 A를, 밥의 화면은 B를 보여 준다. 각각의 가상 장비는 독립적으로 방향을 가리킬 수 있고, 각각은 그 자신의 단추 M에 의해 독립적으로 활성화된다. 둘 중 하나의 단추 M을 누르면 결합된 메모리가 (난수 생성기의 도움으로) 그에 대응하는 장비로 신호를 보내 결과를 만들어 낸다. '

이 장치가 2스핀계의 양자 역학을 흉내 낼 수 있을까? 두 컴퓨터를 연결하는 케이블이 단절되지 않는 한, 그리고 즉각적으로 메시지를 보낼 수 있는 한 그렇다. 그러나 그 계가 곱 상태에 있고, 또 곱 상태를 유지하는 것이 아니라면, 두 컴퓨터의 연결을 끊었을 때 모의 실험은 끝장날 것이다.

이를 증명할 수 있을까? 그 답은 또 다시 '그렇다.'이다. 그리고 이것이 벨의 정리의 핵심적인 내용이다. 앨리스와 밥의 장비를 공간적으로 분리하려는 그 어떤 고전적인 양자 역학 모의 실험도 그 상태 벡터를 저장하고 갱신하는 중앙 메모리와 함께 분리된 컴퓨터를 즉각적으로 연결하는 케이블이 있어야만 한다.

하지만 이는 국소성을 깨는 정보가 케이블을 통해 전해질 수 있음을 뜻하는 것 아닌가? 만약 앨리스와 밥, 찰리가 비상대론적 고전계가 할 수 있는 모든 깃을 할 수 있다면 그럴 것이다.[9] 그러나 만약 양자 조작을 흉내 내는 그런 조작만 가능하다면 그 답은

---

9) 즉 즉각적으로 신호를 보내는 것이 허용되는 계.

'아니오.'이다. 우리가 보았듯이 양자 역학은 밥의 행위가 앨리스의 밀도 행렬에 영향을 주도록 허용하지 않는다.

이 문제는 양자 역학에서는 문제가 아니다. 다만 고전적인 불 논리 컴퓨터로 양자 역학을 흉내 낼 때의 문제이다. 이것이 벨의 정리의 내용이다. 고전 컴퓨터는 얽힘을 흉내 내는 즉각적인 케이블로 연결되어야만 한다.

7.11 얽힘 요약

양자 역학이 우리에게 강요하는 모든 반직관적인 개념들 중에서 얽힘이 가장 받아들이기 어려운 개념일 것이다. 고전 역학에서는 전체 상태를 기술하면서도 그 개별적인 부분 성분들에 대해서는 정보가 없는 그런 계와 비슷한 것이 없다. 비국소성은 정의하는 것조차 놀라우리만치 어렵다. 이런 쟁점들을 인정하고 받아들이는 최선의 길은 수학을 내면화하는 것이다. 다음에 나오는 내용은 우리가 얽힘에 관해 배운 것을 압축적으로 요약한 것이다. 특히 세 가지 구체적인 사례―홑겹 상태, 곱 상태, '거의 홑겹' 상태―에 대한 '전과 기록'을 만들어서 얽힘 상태, 얽히지 않은 상태, 부분 얽힘 상태 사이의 차이점을 세밀하게 드러내고자 했다. 이런 형식이 수학적인 유사점과 차이점을 명확히 하는 데에 도움이 되길 바란다. 어느 정도 시간을 갖고 이것들을 복습하고, 계속 진도를 나가기 전에 연습 문제를 풀어 보기 바란다.

- 이름: 곱 상태(얽히지 않은 상태)
- 수배 이유: 과도한 국소성, 고전계 모방
- 설명: 각 부분계는 완전히 규정된다. 앨리스와 밥의 계 사이에 상관 관계가 없다.
- 상태 벡터: $\alpha_u \beta_u |uu\rangle + \alpha_u \beta_d |ud\rangle + \alpha_d \beta_u |du\rangle + \alpha_d \beta_d |dd\rangle$.
- 정규화: $\alpha_u^* \alpha_u + \alpha_d^* \alpha_d = 1, \quad \beta_u^* \beta_u + \beta_d^* \beta_d = 1$.
- 밀도 행렬: 앨리스의 밀도 행렬은 정확히 하나의 0이 아닌 고윳값을 가지며 그 값은 1이다. 0이 아닌 고윳값을 갖는 이 고유 벡터는 앨리스 부분계의 파동 함수이다. 밥에 대해서도 마찬가지이다.
- 파동 함수: $\psi(a)\phi(b)$. 인수 분해된다.
- 기댓값: $\langle \sigma_x \rangle^2 + \langle \sigma_y \rangle^2 + \langle \sigma_z \rangle^2 = 1$
  $$\langle \tau_x \rangle^2 + \langle \tau_y \rangle^2 + \langle \tau_z \rangle^2 = 1.$$
- 상관 관계: $\langle \sigma_z \tau_z \rangle - \langle \sigma_z \rangle \langle \tau_z \rangle = 0$.

연습 문제 7.11: '거의 홑겹' 상태에서 σ_z에 대한 앨리스의 밀도 행렬을 계산하라. (294쪽의 상태 벡터 전과 기록 3을 참조하라.)

- 이름: 홑겹 상태(최대 얽힘 상태)

- 수배 이유: 비국소성, 완전한 양자 불가사의

- 설명: 복합계가 전체적으로 완전히 규정된다. 앨리스 또는 밥의 부
분계에 대한 정보가 없다.

- 상태 벡터: $\frac{1}{\sqrt{2}}(|ud\rangle - |du\rangle)$.

- 정규화: $\psi_{uu}^{*}\psi_{uu} + \psi_{ud}^{*}\psi_{ud} + \psi_{du}^{*}\psi_{du} + \psi_{dd}^{*}\psi_{dd} = 1$.

- 밀도 행렬

  - 전체 복합계: $\rho^{2} = \rho$, $\text{Tr}\left(\rho^{2}\right) = 1$.

  - 앨리스 부분계: 밀도 행렬은 단위 행렬에 비례하며 똑같은 고
  윳값을 갖는다. 고윳값의 합은 1이다. 따라서 각 측정의 결과
  는 확률적으로 똑같다. $\rho^{2} = \rho$, $\text{Tr}\left(\rho^{2}\right) < 1$.

- 파동 함수: $\psi(a, b)$. 인수 분해되지 않는다.

- 기댓값: $\langle\sigma_{z}\rangle, \langle\sigma_{x}\rangle, \langle\sigma_{y}\rangle = 0$

  $\langle\tau_{z}\rangle, \langle\tau_{x}\rangle, \langle\tau_{y}\rangle = 0$

  $\langle\tau_{z}\sigma_{z}\rangle, \langle\tau_{x}\sigma_{x}\rangle, \langle\tau_{y}\sigma_{y}\rangle = -1$.

- 상관 관계: $\langle\sigma_{z}\tau_{z}\rangle - \langle\sigma_{z}\rangle\langle\tau_{z}\rangle = -1$.

상태 벡터 전과 기록 3

- 이름: '거의 홀겹' 상태(부분 얽힘 상태)
- 수배 이유: 우유부단, 일반적으로 우스꽝스러움, 위쪽과 아래쪽 구분 곤란
- 설명: 복합계에 관해 몇몇 정보가 있고 각각의 부분계에 관해서도 몇몇 정보가 있다. 각각의 경우에 대해 불완전하다.
- 상태 벡터: $\sqrt{0.6}|ud\rangle - \sqrt{0.4}|du\rangle$.
- 정규화: $\psi_{uu}^* \psi_{uu} + \psi_{ud}^* \psi_{ud} + \psi_{du}^* \psi_{du} + \psi_{dd}^* \psi_{dd} = 1$.
- 밀도 행렬
  - 전체 복합계: $\rho^2 = \rho$, $\mathrm{Tr}\, \rho^2 = 1$.
  - 앨리스 부분계: $\rho^2 \neq \rho$, $\mathrm{Tr}\,(\rho^2) < 1$.
- 파동 함수: $\psi(a, b)$. 인수 분해되지 않는다.
- 기댓값: $\langle \sigma_z \rangle = 0.2$
  $$\langle \sigma_x \rangle, \langle \sigma_y \rangle = 0;\ \langle \tau_z \rangle = -0.2$$
  $$\langle \tau_x \rangle, \langle \tau_y \rangle = 0$$
  $$\langle \tau_z \sigma_z \rangle = -1$$
  $$\langle \tau_x \tau_x \rangle = -2\sqrt{0.24}.$$
- 상관 관계: 이 예에서는 $\langle \sigma_z \tau_z \rangle - \langle \sigma_z \rangle \langle \tau_z \rangle = -0.96$ 이다. 일반적으로 부분 얽힘 상태에 대해 상관 관계는 -1과 +1 사이이지만, 정확하게 0은 아니다.

연습 문제 7.12: 각 전과 기록에서 수치들을 확인하라.

⚛ 8강 ⚛

입자와 파동

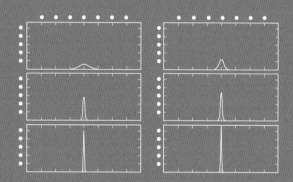

아트와 레니는 이제까지 충분히 얽힘을 즐겼다.

이 둘은 조금 더 간단한 무언가를 할 준비가 되었다.

레니: 힐베르트 선생님, 1차원에서 무언가를 가지고 계신가요?

힐베르트: 한번 살펴보지. 단일 차원은 최근에 아주 인기가 많아.

가끔은 물건이 동나기도 해.

아트: 저는 고전적인 것에 만족해요. 가진 게 그것뿐이라면요.

힐베르트: 여기선 안 돼, 이 친구야. 면허가 취소될 걸세.

아트: 그렇군요.

길거리를 오가는 사람들에게 양자 역학이 뭐냐고 물으면 대개는 빛이 입자이고 전자가 파동이라는 이야기가 아니냐고 답할 것이다. 하지만 지금까지 나는 입자를 거의 언급하지 않았고 파동은 파동 함수 이야기할 때 딱 한 번 언급했다. 지금까지는 파동 함수가 파동과는 아무런 관계가 없었다. 그렇다면 언제 우리는 '진짜' 양자 역학에 다가가는 걸까?

그 답은 물론 이렇다. 진짜 양자 역학은 입자와 파동에 대한 것이라기보다 이들의 행동을 지배하는 비고전적이지만 논리적인 원리들에 대한 것이다. 이번 강의에서 보게 되겠지만, 입자-파동 이중성은 여러분이 지금까지 배운 것들을 확장한 것에 불과하다. 직접 해 보면 어렵지 않다. 하지만 물리학으로 뛰어들기 전에 몇 가지 수학을 복습하려고 한다. 그중 몇 가지는 오래되었고 — 앞선 강의에서도 나왔다. — 다른 몇 가지는 새롭다.

8.1 막간: 연속 함수에 대하여

8.1.1 파동 함수 복습

우리는 이번 강의에서 파동 함수라는 용어를 사용할 것이다. 그래서 그 속으로 뛰어들기 전에 그것에 대해 조금 복습해 보자. 5강에서 파동 함수를 추상적인 대상으로 논의했다. 파동이나 함수와 무슨 관계가 있는지는 설명하지 않았다. 이렇게 생략된 내용을 바로잡기 전에 앞서 논의한 바를 복습할 것이다.

고윳값이 λ이고 고유 벡터가 $|\lambda\rangle$인 관측량 L을 하나 고르는 것으로 시작한다. $|\Psi\rangle$를 상태 벡터라 하자. 에르미트 연산자의 고유 벡터는 완전한 직교 정규 기저를 이루므로, 벡터 $|\Psi\rangle$는 다음과 같이 전개할 수 있다.

$$|\Psi\rangle = \sum_\lambda \psi(\lambda)|\lambda\rangle. \qquad (8.1)$$

5.1.2와 5.1.3을 돌이켜 보면

$$\psi(\lambda)$$

라는 양을 그 계의 파동 함수라 부른다. 하지만 다음 사항에 유의하라. $\psi(\lambda)$의 구체적인 형태는 처음 골랐던 구체적인 관측량 L에 의존한다. 만약 우리가 다른 관측량을 골랐다면 설령 여전히 똑같은 상태에 대해 말하고 있다 하더라도, (기저 벡터 및 고윳값과 함께) 파동 함수 또한 달랐을 것이다. 따라서 $\psi(\lambda)$가 $|\Psi\rangle$와 결부된 파동 함수라는 진술을 제한해야 한다. 조금 더 엄밀히 말해 $\psi(\lambda)$는 L 기저에서의 파동 함수라고 말해야 한다. 기저 벡터의 직교 정규성

$$\langle \lambda_i | \lambda_j \rangle = \delta_{ij}$$

를 이용하면 L 기저에서의 파동 함수는 또한 상태 벡터 $|\Psi\rangle$와 고유 벡터 $|\lambda\rangle$의 내적(또는 투사)과 같다고 볼 수 있다.

$$\psi(\lambda) = \langle \lambda | \Psi \rangle.$$

파동 함수는 두 가지 방식으로 생각할 수 있다. 먼저 파동 함수는 특정한 기저에서 상태 벡터의 성분들의 집합이다. 이 성분들을 열 벡터로 쌓아 올릴 수 있다.

$$\begin{pmatrix} \psi(\lambda_1) \\ \psi(\lambda_2) \\ \psi(\lambda_3) \\ \psi(\lambda_4) \\ \psi(\lambda_5) \end{pmatrix}.$$

파동 함수를 생각하는 또 다른 방식은 λ의 함수로 여기는 것이다. 임의의 허용 가능한 λ 값을 특정하면 함수 $\psi(\lambda)$는 복소수를 만들어 낸다. 따라서

$$\psi(\lambda)$$

는 불연속 변수 λ의 복소 함수라고 말할 수 있다. 이런 식으로

생각하면 선형 연산자는 함수에 작용하는 연산이 되고, 그 결과로 새로운 함수를 돌려준다.

마지막으로 상기할 점은, 실험 결과가 λ일 확률이

$$P(\lambda) = \psi^*(\lambda)\psi(\lambda)$$

라는 것이다.

8.1.2 벡터로서의 함수

지금까지 우리가 공부했던 계는 유한한 차원의 상태 벡터를 가지고 있었다. 예를 들어 간단한 스핀은 2차원 상태 공간으로 기술된다. 이런 이유로 관측량들은 유한한 개수의 가능한 관측값만 가진다. 그러나 무한한 개수의 값을 가질 수 있는 더 복잡한 관측량도 있다. 그 한 사례가 입자이다. 입자의 좌표는 관측량이지만 스핀과 달리 좌표가 가질 수 있는 값의 개수는 무한하다. 예를 들어 x 축을 따라 움직이는 입자는 임의의 실수 x에서 발견될 수 있다. 즉 x는 연속적으로 무한한 변수이다. 계의 관측량이 연속적이면 그 파동 함수는 정말로 연속 변수의 함수가 된다. 이런 종류의 계에 양자 역학을 적용하려면 함수를 포함하도록 벡터의 개념을 확장해야 한다.

함수는 함수이고 벡터는 벡터이다. 이 둘은 서로 다른 것처럼 보인다. 그렇다면 어떤 의미에서 함수가 벡터인가? 벡터를 3차원

공간에서 방향을 가리키는 화살표로 생각한다면 이것은 함수와 똑같지 않다. 하지만 벡터에 대한 관점을 넓혀 어떤 가정을 만족하는 수학적인 개체의 집합이라고 생각하면 함수는 정말로 벡터 공간을 형성한다. 그런 벡터 공간을 종종 힐베르트 공간이라 부른다. 독일의 수학자 다비트 힐베르트(David Hilbert)의 이름을 딴 것이다.

하나의 실변수 x의 복소 함수 $\psi(x)$의 집합을 생각해 보자. 복소 함수란 각각의 x에 대해 $\psi(x)$가 복소수라는 뜻이다. 반면 독립 변수 x는 보통의 실변수이다. $-\infty$에서 $+\infty$까지 임의의 실수를 가질 수 있다.

이제 "함수는 벡터이다."라는 말이 무슨 뜻인지 확실하게 정의해 보자. 이는 느슨한 비유나 은유가 아니다. 적절한 제한 조건이 있으면(이 문제로 다시 돌아올 것이다.) $\psi(x)$ 같은 함수는 벡터 공간을 정의하는 수학적 공리를 만족한다. 1.9.2에서 이런 개념을 간단하게 다루었다. 이제 이 개념을 최대한 활용할 것이다. 복소 벡터 공간을 정의하는 공리를 돌아보면(1.9.1 참조) 복소 함수는 그 모두를 만족함을 알 수 있다.

1. 임의의 두 함수를 더한 것은 함수이다.
2. 덧셈의 교환 법칙이 성립한다.
3. 덧셈의 결합 법칙이 성립한다.
4. 임의의 함수를 더했을 때 그와 똑같은 함수를 결과로 돌

려주는 그런 0 함수가 유일하게 존재한다.

5. 임의의 함수 $\psi(x)$에 대해 $\psi(x) + (-\psi(x)) = 0$을 만족하는 함수 $-\psi(x)$가 유일하게 존재한다.

6. 함수에 임의의 복소수를 곱하면 그 결과 또한 함수이며 선형적이다.

7. 분배 법칙이 성립한다. 그 의미는 다음과 같다.

$$z[\psi(x) + \phi(x)] = z\psi(x) + z\phi(x)$$
$$[z + w]\psi(x) = z\psi(x) + w\psi(x).$$

여기서 z와 w는 복소수이다.

이 모두는 함수 $\psi(x)$를 추상적인 벡터 공간에서의 켓 벡터 $|\Psi\rangle$와 동일시할 수 있음을 뜻한다. 놀랄 것도 없이 브라 벡터 또한 정의할 수 있다. 켓 벡터 $|\Psi\rangle$에 대응하는 브라 벡터 $\langle\Psi|$는 복소 켤레 함수 $\psi^*(x)$와 일치한다.

이런 개념을 효과적으로 사용하기 위해 우리의 수학 도구 상자 속에 있는 몇몇 항목들을 일반화할 필요가 있다. 앞선 강의에서 파동 함수를 식별하는 이름표는 어떤 유한한 불연속적인 집합의 원소였다. 예를 들면 어떤 관측량의 고윳값이 그랬다. 그러나 이제는 독립 변수가 연속적이다. 다른 무엇보다, 이는 우리가 보통의 덧셈 연산(Σ)을 이용해서 연속 변수에 대해 더할 수 없음을 뜻한다. 그렇지만 내 생각에 여러분은 어떻게 해야 할지 알 것이다. 여기 벡터에 기초한 개념들 중 세 가지를 함수 지향적으로 바꾸었다. 이들 중 둘은 쉽게 이해할 수 있을 것이다.

1. 합(Σ)을 적분으로 대체한다.
2. 확률을 확률 밀도로 대체한다.
3. 크로네커 델타를 디랙 델타 함수(Dirac delta funtion)로 대체한다.

이 항목들을 조금 더 자세히 알아보자.

합을 적분으로 대체한다. 정말로 엄밀하고자 했다면 x 축을 아주 작은 거리 ε만큼 떨어져 있는 점들의 불연속적인 집합으로 대체하는 것부터 시작했을 것이다. 그러고 나서 $\varepsilon \to 0$인 극한을 취한다. 각 단계를 증명하기 위해서는 여러 쪽이 소요될 것이다. 하지만 합을 적분으로 바꾸는 것과 같은 몇몇 직관적인 정의로 이런 문제를 피할 수 있다. 이 개념은 도식적으로 다음과 같이 쓸 수 있다.

$$\sum_i \to \int dx.$$

예를 들어 곡선 아래 넓이를 계산하고자 한다면 x 축을 미세한 선분으로 나눈 뒤 많은 수의 직사각형의 넓이를 더한다. 이는 기본 미적분에서 정확히 우리가 하는 작업이다. 각각의 선분의 길이를 0으로 줄이면 그 합은 적분이 된다.

브라 $\langle \Psi |$와 켓 $| \Phi \rangle$의 내적을 정의해 보자. 내적을 정의하는 확실한 방법은 식 1.2의 합을 적분으로 대체하는 것이다. 우리는 내적을 다음과 같이 정의한다.

$$\langle \Psi | \Phi \rangle = \int_{-\infty}^{\infty} \psi^*(x)\phi(x)dx. \tag{8.2}$$

확률을 확률 밀도로 대체한다. 나중에 우리는

$$P(x) = \psi^*(x)\psi(x)$$

를 변수 x에 대한 확률 밀도와 같게 볼 것이다. 왜 그냥 확률이 아니라 확률 밀도일까? 만약 x가 연속 변수라면 x가 임의의 정확한 값을 가질 확률은 일반적으로 0이다. 보다 유용한 질문은 이렇다. x가 두 값, $x = a$와 $x = b$ 사이에 있을 확률은 무엇인가? 확률 밀도는 이 확률이 적분

$$P(a, b) = \int_a^b P(x)\, dx = \int_a^b \psi^*(x)\psi(x)\, dx$$

로 주어지게끔 정의된다. 총 확률은 1이어야 하므로

$$\int_{-\infty}^{\infty} \psi^*(x)\psi(x)\,dx = 1 \qquad (8.3)$$

로 정규화된 벡터를 정의할 수 있다.

크로네커 델타를 디랙 델타 함수로 대체한다. 지금까지의 이 내용들은 아주 익숙할 것이다. 디랙 델타 함수는 아마 덜 익숙할 것이다. 디랙 델타 함수는 크로네커 델타 δ_{ij}와 유사하다. 크로네커 델타는 $i \neq j$일 때 0이고 $i = j$일 때 1이다. 하지만 다른 식으로도 정의할 수 있다. 유한 차원 공간에서의 임의의 벡터 F_i를 생각해 보자. 크로네커 델타가

$$\sum_j \delta_{ij} F_j = F_i$$

를 만족함은 쉽게 보일 수 있다. 이 합에서 0이 아닌 유일한 항이 $j = i$일 때의 항이기 때문이다. 이 합에서 크로네커 기호는 F_i를 제외한 모든 F를 걸러 낸다. 이를 일반화하는 방법은 뻔하다. 적분 안에서 사용했을 때 이와 비슷하게 걸러 내는 성질을 가진 새로운 함수를 정의하면 된다. 즉 임의의 함수 $F(x)$에 대해

$$\int_{-\infty}^{\infty} \delta(x - x')\,F(x')dx' = F(x) \qquad (8.4)$$

의 성질을 갖는 새로운 물건

$$\delta(x - x')$$

을 원한다. 식 8.4는 디랙 델타 함수라 불리는 이 새로운 물건을 정의한다. 이 함수는 양자 역학에서 핵심적인 도구로 판명날 것이다. 하지만 디랙 델타 함수는 그 이름에도 불구하고 보통의 의미에서 진짜 함수는 아니다. 디랙 델타 함수는 $x \neq x'$이면 0이고 $x = x'$일 때 무한대이다. 사실 $\delta(x)$는 그 아래쪽 넓이가 1이 되는 딱 그만큼만 무한하다. 대략 말하자면 디랙 델타 함수는 무한소 간격 ε에 대해 0이 아닌 함수인데, 그 간격에 대해 디랙 델타 함수는 $1/\varepsilon$의 값을 가진다. 따라서 그 넓이는 1이고, 더 중요하게는 식 8.4를 만족한다. 함수

$$\frac{n}{\sqrt{\pi}} e^{-(nx)^2}$$

은 n이 아주 커짐에 따라 디랙 델타 함수와 상당히 비슷해진다. 그림 8.1은 n이 점점 커짐에 따라 얼마나 비슷해지는지를 보여준다. $n = 10$이라는 아주 작은 값에 멈추기는 했으나 그래프는 이미 아주 좁고 끝이 날카롭게 뾰족하다.

8.1.3 부분 적분

선형 연산자를 논하기 전에 잠깐 옆길로 새서 적분 기법 중 하나인 부분 적분(integration by parts)이라는 것을 상기하고자 한다.

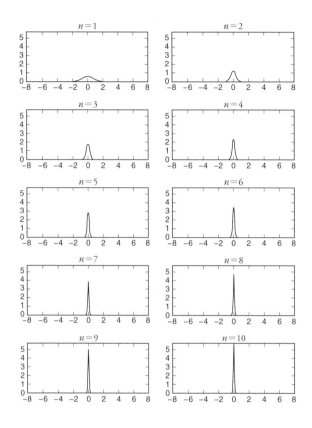

그림 8.1 디랙 델타 함수 근사. 이는 $\dfrac{n}{\sqrt{\pi}}e^{-(nx)^2}$ 에 기초한 근사이며 증가하는 n에 대해 그렸다.

이는 아주 간단하면서도 우리의 목적을 위해 필수 불가결하다. 이 기법을 계속 반복해서 사용할 것이다. 두 함수 F와 G에 대해 이들의 곱 FG의 미분을 생각해 보자. 그 미분은 다음과 같이 쓸 수 있다.

$$d(FG) = FdG + GdF,$$

즉

$$d(FG) - GdF = FdG$$

이다. 정적분을 취하면

$$\int_a^b d(FG) - \int_a^b GdF = \int_a^b FdG,$$

즉

$$FG\,\Big|_a^b - \int_a^b GdF = \int_a^b FdG$$

이다. 이는 여러분이 아마도 미적분법에서 기억할 수 있는 표준 공식이다. 하지만 양자 역학에서는 적분의 끝점이 전체 축을 아우르는 경향이 있다. 그리고 우리의 파동 함수는 적절히 정규화 되기 위해 무한대에서 0으로 가야 한다. 따라서 이 식의 첫 항은 언제나 0의 값일 것이다. 이를 염두에 두면 단순화된 부분 적분 을 사용할 수 있다.

$$\int_{-\infty}^{\infty} F\frac{dG}{dx}dx = -\int_{-\infty}^{\infty}\frac{dF}{dx}Gdx.$$

이 형태는 F와 G가 무한대에서 적절하게 0으로 수렴해서 경곗값 항들이 0이 되는 한 정확하다. 여러분이 단지 이 형태를 기억하는 것만으로도 스스로에게 큰 은혜가 될 것이다. 피적분 함수의 한 인수에서 다른 인수로 미분을 옮기고 그 대가로 음의 부호를 붙인다.

8.1.4 선형 연산자

브라와 켓은 양자 역학 이야기의 절반에 불과하다. 나머지 절반은 선형 연산자, 특히 에르미트 연산자의 개념이다. 여기서 두 가지 의문이 생긴다.

1. 함수 공간에서의 선형 연산자는 무슨 뜻인가?
2. 선형 연산자가 에르미트일 조건은 무엇인가?

선형 연산자라는 개념은 대단히 단순하다. 하나의 함수에 작용해 또 다른 함수를 주는 기계에 불과하다. 두 함수의 합에 작용하면 개별 결과의 합을 내준다. 복소수를 곱한 함수에 작용하면 원래 결과에 똑같은 복소수가 곱해진다. 즉 이 기계는 (놀랍게도!) 선형적이다.

몇몇 예를 살펴보자. 함수 $\psi(x)$에 실행할 수 있는 한 가지 간단한 연산은 여기에 x를 곱하는 것이다. 그 결과 새로운 함수 $x\psi(x)$가 나온다. 이 작용이 선형적임은 쉽게 확인할 수 있다. "x를 곱한다."라는 연산자를 기호 $\mathbf{X}$로 나타낼 것이다. 그러면 정의에 따라

$$\mathbf{X}\psi(x) = x\psi(x) \tag{8.5}$$

이다. 여기 또 다른 예가 있다. $\mathbf{D}$를 미분 연산자로 정의한다.

$$\mathbf{D}\psi(x) = \frac{d\psi(x)}{dx}. \tag{8.6}$$

연습 문제 8.1: $\mathbf{X}$와 $\mathbf{D}$는 선형 연산자임을 증명하라.

이는 물론 우리가 만들 수 있는 가능한 선형 연산자들 중 매우 작은 집합에 불과하지만, $\mathbf{X}$와 $\mathbf{D}$가 입자에 대한 양자 역학에서 아주 핵심적인 역할을 한다는 점을 곧 알게 될 것이다.

이제 에르미트 성질을 생각해 보자. 에르미트 연산자를 정의하는 편리한 방법은 브라와 켓 사이에 그 연산자를 샌드위치시켜 그 행렬 원소로 정의하는 것이다. 연산자 $\mathbf{L}$을 2개의 다른 방식으로 샌드위치시킬 수 있다.

$$\langle \Psi | \mathrm{L} | \Phi \rangle,$$

또는

$$\langle \Phi | \mathrm{L} | \Psi \rangle.$$

일반적으로 이 두 샌드위치 사이에는 간단한 관계가 없다. 그러나 에르미트 연산자의 경우(정의에 따라 $\mathrm{L}^{\dagger} = \mathrm{L}$이다.) 간단한 관계가 성립한다. 2개의 샌드위치는 서로가 복소 켤레이다.

$$\langle \Psi | \mathrm{L} | \Phi \rangle = \langle \Phi | \mathrm{L} | \Psi \rangle^{*}.$$

연산자 X와 D가 에르미트인지 살펴보자.

$$\mathrm{X}\psi(x) = x\psi(x)$$

임을 돌이켜 보면 식 8.2의 내적 공식을 이용해

$$\langle \Psi | \mathrm{X} | \Phi \rangle = \int \psi^{*}(x)x\phi(x)dx$$

$$\langle \Phi | \mathrm{X} | \Psi \rangle = \int \phi^{*}(x)x\psi(x)dx$$

와 같이 쓸 수 있다. x는 실수이므로 이 두 적분은 서로 복소 켤레임을 쉽게 알 수 있다. 따라서 $\mathbf{X}$는 에르미트이다.

연산자 $\mathbf{D}$는 이떨까? 이 경우 두 샌드위치는

$$\langle \Psi | \mathbf{D} | \Phi \rangle = \int \psi^* \frac{d\phi(x)}{dx} dx \qquad (8.7)$$

$$\langle \Phi | \mathbf{D} | \Psi \rangle = \int \phi^* \frac{d\psi(x)}{dx} dx \qquad (8.8)$$

이다. $\mathbf{D}$가 에르미트인지 결정하려면 이 두 적분을 비교해서 서로 복소 켤레인지 확인할 필요가 있다. 이 형태로는 뭐라고 말하기가 좀 어렵다. 비법은 두 번째 적분을 부분 적분하는 것이다. 우리가 설명했듯이 부분 적분을 이용하면 피적분 함수의 한 인수에서 다른 인수로 미분을 옮길 수 있다. 그와 동시에 부호를 바꾸기만 한다면 말이다. 따라서 식 8.8은 다음과 같이 다시 쓸 수 있다.

$$\langle \Phi | \mathbf{D} | \Psi \rangle = - \int \psi(x) \frac{d\phi^*(x)}{dx} dx. \qquad (8.9)$$

이제 식 8.7과 식 8.9의 두 표현을 그저 비교하기만 하면 된다. 이것은 쉽다. 음의 부호 때문에 이 둘은 명백히 서로 복소 켤레가 아님이 분명하다. 대신 이들의 관계는 다음과 같이 요약된다.

$$\langle \Psi | \mathbf{D} | \Phi \rangle = - \langle \Phi | \mathbf{D} | \Psi \rangle^*.$$

이는 우리가 원했던 것과 정반대이다. X 연산자와는 달리 D 연산자는 에르미트가 아니다. 대신

$$D^\dagger = -D$$

의 관계를 만족한다. 이런 성질을 가진 연산자를 반에르미트 연산자(anti-Hermitian operator)라 부른다.

에르미트 연산자와 반에르미트 연산자는 비록 서로 반대되는 연산자들이지만, 한쪽에서 다른 쪽으로 넘어가는 것은 아주 쉽다. 그저 허수 i 또는 $-i$를 곱하기만 하면 된다. 따라서 D를 이용해 에르미트 연산자

$$-i\hbar D$$

를 만들 수 있다. 이 새로운 에르미트 연산자가 파동 함수에 작용하는 것을 보면,

$$-i\hbar D\psi(x) = -i\hbar \frac{d\psi(x)}{dx} \qquad (8.10)$$

임을 알 수 있다. 이 공식을 명심하라. 입자의 아주 중요한 성질, 즉 운동량을 정의하는 데에 주도적인 역할을 곧 하게 될 것이다.

8.2 입자의 상태

고전 역학에서는 계에 작용하는 힘이 주어지면 '계의 상태'는 그 계의 미래를 예측하기 위해 알아야 할 모든 것을 뜻했다. 이는 물론 그 계를 구성하는 모든 입자의 위치와 함께 그 입자들의 운동량까지 포함한다. 고전적인 관점에서는 순간적인 위치와 운동량은 완전히 다른 변수이다. 가령 1차원 x 축을 따라 움직이는 질량 m의 입자가 있을 때, 그 계의 순간적인 상태는 순서쌍 (x, p)로 기술된다. 좌표 x는 입자의 위치이고 p는 운동량이다. 이 두 변수는 함께 계의 위상 공간을 정의한다. 만약 우리가 그 입자에 작용하는 힘을 위치의 함수로서 안다면 해밀턴 방정식을 통해 나중의 모든 시간에서의 위치와 운동량을 계산할 수 있다. 이들은 위상 공간 속을 지나가는 흐름을 정의한다.

상황이 이렇다면, 입자의 양자 상태도 위치와 운동량으로 표시된 상태의 기저가 아우를 것이라고 생각할 수 있다.

$$| x, p \rangle.$$

그렇다면 파동 함수는 변수가 2개인 함수일 것이다.

$$\psi(x, p) = \langle x, p | \Psi \rangle.$$

그러나 이는 틀렸다. 고전 물리학에서 동시에 알 수 있는 것들이 양자 역학에서는 그렇지 않을 수도 있음을 우리는 이미 보아 왔다. 스핀의 서로 다른 성분, 즉 σ_z와 σ_x가 한 예이다. 두 성분을 동시에 알 수는 없다. 따라서 두 성분이 모두 특정된 상태를 갖지 못한다. x와 p에 대해서도 마찬가지이다. 값을 모두 지정하기에 둘은 너무 많다. 우리가 스핀 (σ_z, σ_x)에 대해서 말하고 있든 아니면 위치와 운동량 (x, p)에 대해서 말하고 있든 둘이 양립할 수 없음은 궁극적으로 실험적 사실이다.

그렇다면 x 축 위의 입자에 대해서 우리는 무엇을 알 수 있을까? x와 p가 아니라면? 그 답은 x 또는 p이다. 왜냐하면 위치와 운동량 연산자의 수학에 따르면 이 둘은 교환 가능하지 않기 때문이다. 하지만 이는 여러분이 미리 예상할 수 있었던 것이 아니라는 점을 강조해야겠다. 이는 수십 년에 걸친 실험 관측으로 정제된 결과이다.

만약 입자의 위치가 관측량이라면 그와 관련된 에르미트 연산자가 반드시 있어야 한다. 연산자 $\mathbf{X}$는 확실한 후보이다. 직관적인 위치 개념과 수학 연산자 $\mathbf{X}$ 사이의 근본적인 연관성을 이해하는 첫 단계는 $\mathbf{X}$의 고유 벡터와 고윳값을 알아보는 것이다. 고윳값은 관측할 수 있는 가능한 위치의 값이고, 고유 벡터는 명확한 위치의 상태를 나타낸다.

8.2.1 위치 고윳값과 위치 고유 벡터

다음 질문은 뻔하다. $\mathbf{X}$를 측정했을 때 가능한 결과는 무엇인가,

그리고 그렇게 명확한(예측 가능한) 값을 갖는 상태는 무엇인가?
다르게 말하자면, 그 고윳값과 고유 벡터는 무엇인가? $\mathbf{X}$부터 시
작해 보자. $\mathbf{X}$의 고윳값 방정식은

$$\mathbf{X}|\Psi\rangle = x_0|\Psi\rangle$$

이다. 여기서 고윳값은 x_0으로 표기했다. 파동 함수를 사용해

$$x\psi(x) = x_0\psi(x) \qquad (8.11)$$

로 표현할 수 있다. 마지막 식은 이상해 보인다. 어떻게 x와 어떤
함수의 곱이 똑같은 함수에 비례할 수 있는가? 이 식을 마주하면
이는 불가능해 보인다. 하지만 계속 나가 보자. 우리는 식 8.11을

$$(x - x_0)\psi(x) = 0$$

의 형태로 다시 쓸 수 있다. 물론 곱이 0이면 두 인수 중 적어도
하나는 0이어야 한다. 하지만 다른 인수는 0과 다를 수도 있다.
따라서 만약 $x \neq x_0$이면 $\psi(x) = 0$이다. 이는 아주 강력한 조건
이다. 이는 주어진 고윳값 x_0에 대해 함수 $\psi(x)$가 오직 그 점, 즉

$$x = x_0$$

에서만 0이 아닐 수 있다. 보통의 연속 함수에 대해서는 이 조건이 치명적이다. 그 어떤 의미있는 함수도 한 점을 제외한 다른 모든 곳에서 0일 수 있으면서 오직 그 점에서만 0일 수는 없다. 하지만 이는 정확하게 디랙 델타 함수

$$\delta(x - x_0)$$

의 성질이다. 그렇다면 확실히 모든 실수 x_0은 **X**의 고윳값이고 그에 대응하는 고유 벡터는 $x = x_0$에서 무한하게 집중된 함수(종종 고유 함수라 부른다.)이다. 이 의미는 명확하다. 파동 함수

$$\psi(x) = \delta(x - x_0)$$

은 입자가 정확히 x 축 위의 점 x_0에 위치하는 상태를 나타낸다.

물론 x_0에 있는 것으로 알려진 입자를 나타내는 파동 함수가 x_0을 제외한 다른 모든 곳에서 0임은 너무나 당연하게도 말이 된다. 어떻게 그렇지 않을 수가 있을까? 하지만 이런 직관을 수학적으로 확증하는 것을 알아보는 일은 즐겁다.

상태 $|\Psi\rangle$와 위치 고유 상태 $|x_0\rangle$의 내적을 생각해 보자.

$$\langle x_0 | \Psi \rangle.$$

식 8.2를 이용하면

$$\langle x_0|\Psi\rangle = \int_{-\infty}^{\infty} \delta(x-x_0)\psi(x)dx$$

을 얻는다. 식 8.4에 주어진 디랙 델타 함수의 정의에 따라 이 적분의 결과는

$$\langle x_0|\Psi\rangle = \psi(x_0) \qquad (8.12)$$

이다. 이는 임의의 x_0에 대해서 사실이므로, 첨자를 떼어 버리고 일반적인 식으로 쓸 수 있다.

$$\langle x|\Psi\rangle = \psi(x). \qquad (8.13)$$

즉 x 방향으로 움직이는 입자의 파동 함수 $\psi(x)$는 상태 벡터 $|\Psi\rangle$를 위치 고유 벡터 위로 투사한 것이다. 또한 $\psi(x)$를 위치 표현에서의 파동 함수라 부를 것이다.

8.2.2 운동량 고윳값과 운동량 고유 벡터

위치는 직관적이다. 운동량은 덜 직관적이다. 양자 역학에서는 특히 그렇다. 나중에서야 우리는 운동량과 동일시한 연산자와, 질량과 속도의 곱이라는 익숙한 고전적인 개념 사이의 연관성을

알게 될 것이다. 그 연관성을 확실히 보여 줄 작정이다.

지금으로서는 추상적인 수학 경로를 따라가 보자. 양자 역학에서의 운동량 연산자를 P라 부르며, 연산자 $-i\mathbf{D}$로 정의된다.

$$-i\mathbf{D} = -i\frac{d}{dx}.$$

앞서 식 8.10에서 보았듯이 이 연산자를 에르미트로 만들기 위해서는 $-i$라는 인수가 필요하다.

P를 그냥 $-i\mathbf{D}$라고 정의했을 수도 있다. 하지만 그랬다면 나중에 이런 개념들을 고전 물리학의 개념들과 연결 지을 때 문제에 봉착하게 된다. 이유는 명확하다. 단위가 맞지 않는다. 고전 물리학에서 운동량의 단위는 질량 × 속도, 즉 질량 × 길이 / 시간이다. 반면 연산자 D의 단위는 길이의 역수, 즉 1/길이이다. 이 불일치를 해소하는 길은 플랑크 상수 $\hbar$에 있다. 플랑크 상수의 단위는 질량 × 길이² / 시간이다. 따라서 P와 D 사이의 올바른 관계는

$$\mathbf{P} = -i\hbar\mathbf{D} \tag{8.14}$$

이다. 파동 함수에 작용하는 식으로 쓰면

$$\mathbf{P}\psi(x) = -i\hbar\frac{d\psi(x)}{dx} \tag{8.15}$$

이다. 양자 물리학자는 종종 $\hbar$가 정확히 1이 되는 단위 체계를 사용한다. 그런 단위에서는 식이 간단해진다. 그 자체로 대단한 유혹이지만, 여기서 그렇게 하지는 않을 것이다.

$\mathbf{P}$의 고유 벡터와 고윳값을 계산해 보자. 추상적인 벡터 표기법에서의 고유 방정식은

$$\mathbf{P}|\Psi\rangle = p|\Psi\rangle \tag{8.16}$$

이다. 여기서 기호 p는 $\mathbf{P}$의 고윳값이다. 식 8.16은 파동 함수로도 표현할 수 있다.

$$\mathbf{P} = -i\hbar\frac{d}{dx}$$

의 일치 관계를 이용하면 고유 방정식은

$$-i\hbar\frac{d\psi(x)}{dx} = p\psi(x),$$

즉

$$\frac{d\psi(x)}{dx} = \frac{ip}{\hbar}\psi(x)$$

로 쓸 수 있다. 이는 우리가 예전에 마주쳤던 형태의 방정식이다.

그 풀이는 지수 함수의 형태이다.

$$\psi_p(x) = Ae^{\frac{ipx}{\hbar}}.$$

아래 첨자 p는 단지 $\psi_p(x)$가 특정한 고윳값 p를 갖는 **P**의 고유 벡터임을 알려 주기 위함이다. 이는 x의 함수이지만, **P**의 고윳값으로 표식이 붙었다.

지수 함수에 곱해진 상수 A는 고유 벡터 방정식으로 정해지지 않는다. 그것은 새로울 것이 없다. 고윳값 방정식은 파동 함수의 전체 정규화에 대해 결코 말해 주는 것이 없다. 하나의 규칙으로서, 파동 함수가 1의 확률로 정규화될 조건으로 이 상수를 정한다. 2.3까지 거슬러 올라가는 예가 하나 있다. 스핀의 x 성분의 고유 벡터이다.

$$|r\rangle = \frac{1}{\sqrt{2}}|u\rangle + \frac{1}{\sqrt{2}}|d\rangle.$$

$1/\sqrt{2}$이라는 인수는 전체 확률이 1임을 확실히 하기 위해 여기 들어가 있다.

P의 고유 벡터를 정규화하는 것은 보다 까다로운 연산이지만 그 결과는 간단하다. 인수 A는 스핀의 경우보다 겨우 조금 더 복잡할 뿐이다. 시간을 아끼기 위해 답만 알려 주고 증명은 나중에 여러분에게 맡기겠다. 올바른 인수는 $A = 1/\sqrt{2\pi}$이다. 따라서

$$\psi_p(x) = \frac{1}{\sqrt{2\pi}} e^{\frac{ipx}{\hbar}} \qquad (8.17)$$

이다. 식 8.13과 식 8.17로부터 다소 흥미로운 점을 발견할 수 있다. 위치 고유 벡터 $|x\rangle$와 운동량 고유 벡터 $|p\rangle$의 내적은 형태가 아주 간단하면서도 대칭적이다.

$$\langle x|p \rangle = \frac{1}{\sqrt{2\pi}} e^{\frac{ipx}{\hbar}}$$

$$\langle p|x \rangle = \frac{1}{\sqrt{2\pi}} e^{\frac{-ipx}{\hbar}}. \qquad (8.18)$$

두 번째 식은 단순히 첫째 식의 복소 켤레이다. $|x\rangle$가 디랙 델타 함수로 표현된다는 점을 유념하면 이 결과는 쉽게 확인할 수 있다. 진도를 더 나가기 전에 두 가지 중요한 점을 말해야겠다.

1. 식 8.17은 위치 기저에서의 운동량 고유 함수를 나타낸다. 즉 이 식이 운동량 고유 상태를 나타내지만 x의 함수이지 p의 양함수는 아니다.

2. 우리는 기호 ψ를 위치와 운동량 고유 상태 모두에 대해 사용하고 있다. 수학자들은 2개의 다른 함수에 대해 똑같은 기호를 쓰는 것을 허용하지 않겠지만 물리학자들은 항상 그렇게 한다. $\psi(x)$는 그게 무엇이든 그저 우리가 마침 논의하고 있는 함수를 위한 일반적인 기호이다.

이 시점에서 여러분은 파동 함수를 왜 파동 함수라 부르는지 가물가물해지기 시작했을 것이다. 여러분이 유념해야 할 점은 운동량 연산자의 고유 함수(고유 벡터를 나타내는 파동 함수)가 파동의 형태를 띠고 있다는 점이다. 엄밀히 말해 사인파와 코사인파이다. 사실 우리는 지금 양자 역학의 파동-입자 이중성의 가장 근본적인 측면들 중 하나를 볼 수 있다. 함수

$$e^{\frac{ipx}{\hbar}}$$

의 파장은

$$\lambda = \frac{2\pi\hbar}{p}$$

로 주어진다. 왜냐하면 변수 x에 $\frac{2\pi\hbar}{p}$ 를 더하더라도 함숫값이 바뀌지 않기 때문이다.

$$e^{\frac{ip\left(x + \frac{2\pi\hbar}{p}\right)}{\hbar}} = e^{\frac{ipx}{\hbar}}e^{2\pi i} = e^{\frac{ipx}{\hbar}}.$$

여기서 잠시 멈추고 운동량과 파장 사이의 이 연관성이 얼마나 중요한지 논의해 보자. 이는 그냥 중요한 정도가 아니다. 많은 측면에서 20세기 물리학을 정의하는 관계이다. 지난 100년 넘게 물리학자들은 주로 미시 세계의 법칙을 밝히는 데에 관심을 기울

여 왔다. 이는 어떻게 세상만물이 더 작은 개체로부터 만들어졌
는지를 규명하는 것을 뜻했다. 명백한 사례들이 있다. 분자는 원
자로 만들어지고, 원자는 전자와 원자핵으로 만들어지고, 원자핵
은 양성자와 중성자로 만들어진다. 이런 아원자 입자들은 쿼크와
글루온으로 이루어져 있다. 과학자들이 훨씬 더 작고 더 깊이 숨
겨진 실체를 찾아나서는 한 이 게임은 계속된다.

이 모든 것들은 너무나 작아서 맨눈은 고사하고 가장 좋은
광학 현미경으로도 보기 어렵다. 그 이유는 우리 눈이 충분히 민
감하지 못해서가 아니다. 눈과 광학 현미경이 가시광선 스펙트럼
에 민감하기 때문이다. 가시광선 스펙트럼은 원자의 크기보다 적
어도 수천 배나 더 긴 파장으로 구성되어 있다. 자연의 규칙에 따
르면 물체를 볼 때 여러분이 이용하는 파장보다 훨씬 더 작은 물
체는 구분해 볼 수 없다. 이런 이유로 20세기 물리학의 스토리는
주로 점점 더 작은 빛의 파장, 또는 여느 다른 종류의 파장을 요
구해 왔다. 10강에서 우리는 주어진 파장의 빛이 광자로 구성되
어 있으며 광자의 운동량이 정확하게

$$\lambda = \frac{2\pi\hbar}{p}$$

의 관계에 따라 파장과 관계가 있음을 알게 될 것이다. 이는 훨씬
더 작은 물체를 탐색하기 위해서는 훨씬 더 큰 운동량의 광자(또
는 다른 물체)가 필요함을 뜻한다. 운동량이 커지면 불가피하게 에

너지가 높아진다. 이런 이유 때문에 물질의 미시적인 성질을 발견하고자 할 때에는 더 강력한 입자 가속기가 필요한 것이다.

8.3 푸리에 변환과 운동량 기저

파동 함수 $\psi(x)$는 위치 x에 있는 입자를 발견할 확률을 정하는 데에 중요한 역할을 한다.

$$P(x) = \psi^*(x)\psi(x).$$

곧 알게 되겠지만, 어떤 실험을 통해서도 입자의 위치와 운동량을 동시에 정할 수는 없다. 그러나 만약 우리가 위치에 관해 어느 것도 결정하지 않으면 운동량은 정밀하게 측정할 수 있다. 이 상황은 스핀의 x 성분과 z 성분의 경우와 아주 유사하다. 둘 중 하나의 값은 측정할 수 있지만 둘 다 측정하지는 못한다.

만약 우리가 어떤 입자의 운동량을 측정하기로 했다면 그 입자가 운동량 p를 가질 확률은 얼마인가? 그 답은 3강에서 제시했던 원리들을 직설적으로 일반화하면 된다. 운동량 측정의 결과 운동량이 p일 확률은

$$P(p) = |\langle p|\Psi\rangle|^2 \tag{8.19}$$

이다. $\langle \mathbf{P}|\Psi\rangle$라는 양은 운동량 표현에서의 $|\Psi\rangle$의 파동 함수라

부른다. 당연하게도 이는 p의 함수이며 새로운 기호

$$\tilde{\psi}(p) = \langle p | \Psi \rangle \qquad (8.20)$$

로 표기한다. 상태 벡터를 표현하는 데에는 두 가지 방법이 있음이 이제 명확해졌다. 하나는 위치 기저에서 표현하는 것이고 다른 하나는 운동량 기저에서 표현하는 것이다. 두 파동 함수—위치 파동 함수 $\psi(x)$와 운동량 파동 함수 $\tilde{\psi}(p)$—모두 정확하게 똑같은 상태 벡터 $|\Psi\rangle$를 나타낸다. 그렇다면 이들 사이에 어떤 변환식이 있어서 만약 여러분이 $\psi(x)$를 안다면 그 변환을 통해 $\tilde{\psi}(p)$를 만들 수 있고 그 반대도 마찬가지여야만 할 것이다. 사실이 두 표현은 서로 푸리에 변환(Fourier transform) 관계에 있다.

8.3.1 항등원 풀어쓰기

우리는 이제 디랙 브라켓 표기법이 복잡한 것들을 간단히 하는 데에 얼마나 엄청난 위력을 발휘하는지 보게 될 것이다. 먼저 앞선 강의에서 중요한 개념들을 돌이켜 보자. 어떤 에르미트 관측량의 고유 벡터로 직교 정규 상태 기저를 정의한다고 하자. 이 기저 벡터를 $|i\rangle$라 부르자. 7강에서 나는 아주 유용한 기법을 설명했다. 이제 그 기법이 얼마나 유용한지 알아보려고 한다. 그 기법을 항등원 풀어쓰기(resolving the identity)라 부른다. 식 7.11에 주어진 기법은 항등 연산자 $\mathbf{I}$(임의의 벡터에 작용해 똑같은 벡터를 주는

연산자)를

$$\mathbf{I} = \sum_i |i\rangle\langle i|$$

의 형태로 쓰는 것이다. 운동량과 위치 모두 에르미트이므로, 벡터 $|x\rangle$의 집합과 벡터 $|p\rangle$의 집합 각각이 기저 벡터를 정의한다. 합을 적분으로 바꾸면 항등원을 풀어쓰는 두 가지 방법

$$\mathbf{I} = \int dx\, |x\rangle\langle x| \qquad (8.21)$$

와

$$\mathbf{I} = \int dp\, |p\rangle\langle p| \qquad (8.22)$$

에 이르게 된다. 추상적인 벡터 $|\Psi\rangle$의 위치 표현에서의 파동 함수를 안다고 가정하자. 정의에 따라 이는

$$\psi(x) = \langle x|\Psi\rangle \qquad (8.23)$$

과 같다. 이제 운동량 표현에서의 파동 함수 $\tilde{\psi}(p)$를 알고 싶다고 하자. 자세한 단계가 여기 제시되어 있다.

1. 먼저 운동량 표현의 파동 함수의 정의를 이용한다.

$$\tilde{\psi}(p) = \langle p | \Psi \rangle.$$

2. 식 8.21로 주어진 형태로 항등 연산자를 브라 벡터와 켓 벡터 사이에 끼워 넣는다.

$$\tilde{\psi}(p) = \int dx \, \langle p | x \rangle \langle x | \Psi \rangle.$$

3. $\langle x | \Psi \rangle$라는 표현은 정확히 파동 함수 $\psi(x)$이고 $\langle p | x \rangle$는 식 8.18의 두 번째 식에 따라

$$\langle p | x \rangle = \frac{1}{\sqrt{2\pi}} e^{\frac{-ipx}{\hbar}}$$

로 주어진다.

4. 이 모두를 다 합치면

$$\tilde{\psi}(p) = \frac{1}{\sqrt{2\pi}} \int dx \, e^{\frac{-ipx}{\hbar}} \psi(x) \qquad (8.24)$$

임을 알 수 있다.

이 식은 위치 표현에서 주어진 파동 함수를 그에 대응하는 운동량 표현에서의 파동 함수로 어떻게 변환하는지를 정확히 보여 준다. 이게 어디에 좋을까? 어떤 입자에 대한 위치 파동 함수를 안다고 하자. 그런데 여러분 실험의 목표는 운동량을 측정하는 것이고, 여러분은 운동량 p를 관측할 확률을 알고 싶다고 하자. 그 과정은 이렇다. 먼저 식 8.24를 이용해 $\tilde{\psi}(p)$를 계산하고 그다음 확률

$$P(p) = \tilde{\psi}^*(p)\tilde{\psi}(p)$$

를 구하면 된다. 거꾸로 계산하는 방법도 똑같이 쉽다. $\tilde{\psi}(p)$를 알고 $\psi(x)$를 복원하려 한다고 하자. 이번에는 식 8.22를 이용해 항등원을 풀어쓴다. 여기 그 과정이 있다. (앞의 과정과 믿을 수 없을 정도로 비슷함에 유의하라.)

1. 위치 표현 파동 함수의 정의를 이용한다.

$$\psi(x) = \langle x \,|\, \Psi \rangle.$$

2. 식 8.22에서 주어진 형태로 항등 연산자를 브라 벡터와 켓 벡터 사이에 끼워 넣는다.

$$\psi(x) = \int dp \, \langle x \,|\, p \rangle \langle p \,|\, \Psi \rangle.$$

3. $\langle p \,|\, \Psi \rangle$라는 표현은 정확히 파동 함수 $\tilde{\psi}(p)$이고 $\langle x \,|\, p \rangle$는 식 8.18로 주어진다. 하지만 이번에는 두 식 중 첫 번째이다.

$$\langle x \,|\, p \rangle = \frac{1}{\sqrt{2\pi}} e^{\frac{ipx}{\hbar}}.$$

4. 이 모두를 다 합치면

$$\psi(x) = \frac{1}{\sqrt{2\pi}} \int dp \, e^{\frac{ipx}{\hbar}} \tilde{\psi}(p).$$

임을 알 수 있다.

위치에서 운동량으로 왔다 갔다 하는 이 두 식을 다시 한번 살펴보자. 두 식이 얼마나 대칭적인지 유념하라. 유일한 비대칭은 한 식에는 $e^{\frac{ipx}{\hbar}}$가 있고 다른 식에는 $e^{\frac{-ipx}{\hbar}}$가 있다는 점이다.

$$\tilde{\psi}(p) = \frac{1}{\sqrt{2\pi}} \int dx \, e^{\frac{-ipx}{\hbar}} \psi(x)$$

$$\psi(x) = \frac{1}{\sqrt{2\pi}} \int dp \, e^{\frac{ipx}{\hbar}} \tilde{\psi}(p). \tag{8.25}$$

식 8.25로 요약되는 위치와 운동량 표현 사이의 관계는 이들이 서로가 푸리에 변환이라는 점이다. 사실 이는 푸리에 분석 분야에서 핵심적인 방정식이다. 디랙의 우아한 표기법을 이용하면 이 식들을 유도하기가 얼마나 쉬웠는지 유념하기 바란다.

8.4 교환자와 푸아송 괄호

앞서 4강에서 우리는 교환자에 관한 2개의 중요한 원리를 공식화했다. 첫 번째는 고전 역학과 양자 역학 사이의 관계에 관한 것이었고 두 번째는 불확정성과 관련이 있었다. 이제 이 원리들이 **X** 및 **P**와 무슨 관계가 있는지를 보이는 것으로 이 긴 강의를 마치고자 한다.

교환자와 고전 물리학 사이의 연관성부터 시작해 보자. 기억을 떠올려 보면, 교환자는 푸아송 괄호와 대단히 비슷함을 알 수 있었다. 우리는 식 4.21에서 그 관계를 명시적으로 표현했다. 이 강의에서 사용하고 있는 연산자 기호 **L**과 **M**을 대입하면

$$[\mathbf{L}, \mathbf{M}] \iff i\hbar \{L, M\} \tag{8.26}$$

을 얻는다. 양자 운동에 대한 방정식은 그 고전적인 상응물과 대단히 많이 닮았음을 상기하게 된다. 이는 관측량 **X**와 **P**의 교환자를 계산하면 무언가를 알아낼 수도 있음을 암시한다. 다행히도 이 계산은 쉽게 할 수 있다.

먼저 곱 **XP**가 보통의 파동 함수 $\psi(x)$에 연산자로 작용할 때 그 결과가 무엇인지 살펴보자. 식 8.5와 8.15를 돌이켜 보면

$$\mathbf{X}\psi(x) = x\psi(x)$$

$$\mathbf{P}\psi(x) = -i\hbar\,\frac{d\psi(x)}{dx}$$

라고 쓸 수 있다. 이 두 식을 통해 우리는 곱 **XP**가 $\psi(x)$에 어떻게 작용하는지 알 수 있다.

$$\mathbf{XP}\psi(x) = -i\hbar\,x\frac{d\psi(x)}{dx}. \qquad (8.27)$$

이제 **X**와 **P**의 순서를 반대로 해 보자.

$$\mathbf{PX}\psi(x) = -i\hbar\,\frac{d(x\psi(x))}{dx}.$$

이 마지막 식을 계산하려면 곱 $x\psi(x)$를 미분하는 기본 규칙을 사용하기만 하면 된다. 이 규칙을 사용하면

$$\mathbf{PX}\psi(x) = -i\hbar\,x\frac{d\psi(x)}{dx} - i\hbar\,\psi(x) \qquad (8.28)$$

임을 쉽게 알 수 있다. 이제 식 8.27에서 식 8.28을 빼서 파동 함수에 교환자가 어떻게 작용하는지를 보일 것이다.

$$[\mathbf{X}, \mathbf{P}]\psi(x) = \mathbf{X}\mathbf{P}\psi(x) - \mathbf{P}\mathbf{X}\psi(x),$$

따라서

$$[\mathbf{X}, \mathbf{P}]\psi(x) = i\hbar\,\psi(x)$$

이다. 즉 교환자 $[\mathbf{X}, \mathbf{P}]$가 임의의 파동 함수 $\psi(x)$에 작용하면 그 결과 $\psi(x)$에 $i\hbar$라는 숫자를 곱할 뿐이다. 우리는 이를

$$[\mathbf{X}, \mathbf{P}] = i\hbar \qquad\qquad (8.29)$$

와 같이 써서 표현할 수 있다. 이 식은 그 자체로 어마어마하게 중요하다. $\mathbf{X}$와 $\mathbf{P}$가 교환 가능하지 않다는 사실은 왜 이들을 동시에 측정할 수 없는지를 이해하는 데에 열쇠가 된다. 여기서 이 식을 식 8.26의 등치 관계와 비교하면 훨씬 더 흥미롭다. 이 등치 관계는 교환자를 고전적인 푸아송 괄호와 관계 짓는다. 사실 식 8.29는 그에 대응하는 푸아송 괄호가

$$\{x, p\} = 1$$

임을 암시한다. 이는 정확하게 좌표와 그 켤레 운동량 사이의 고전적인 관계(『물리의 정석: 고전 역학 편』 10강의 식 (8) $\{q_i, p_j\} = \delta_{ij}$를

참조하라.)이다. 궁극적으로 이 연관성은 운동량에 대한 양자적 관념이 고전적인 관념과 왜 연결되어 있는지를 설명한다.

5강의 일반적인 불확정성 원리를 이용하면 이제 우리는

$$[\mathbf{X}, \mathbf{P}] = i\,\hbar$$

인 경우에 특화시켜

$$\Delta\mathbf{X}\Delta\mathbf{P} \geq \frac{\hbar}{2}$$

를 얻는다. 다음 강의에서 이를 증명할 것이다.

이제 교환자와 관련된 두 번째 원리를 떠올려 보자. 4강에서 우리는 두 관측량 $\mathbf{L}$과 $\mathbf{M}$이 교환 가능하지 않으면 동시에 정할 수 없음을 알았다. 이 둘이 교환 가능하지 않으면 $\mathbf{M}$의 측정을 방해하지 않고서 $\mathbf{L}$을 측정할 수 없다. 교환되지 않는 두 관측량의 동시 고유 벡터를 찾는 것은 불가능하다. 그 결과가 일반적인 불확정성 원리이다.

8.5 하이젠베르크의 불확정성 원리

신사숙녀 여러분, 여러분 모두가 기다려 왔던 것이 지금 여기 있습니다. 마침내 하이젠베르크의 불확정성 원리입니다!

하이젠베르크의 불확정성 원리는 양자 역학에서 가장 유명한 결과 중 하나이다. 이는 입자의 위치와 운동량을 동시에 알 수 없음을 주장할 뿐만 아니라, 이들 사이의 불확정성에 대한 정량적인 한계를 정확하게 제시한다. 이 시점에서 일반적인 불확정성 원리를 설명했던 5강으로 다시 돌아가 보기를 권유한다. 우리는 거기서 모든 작업을 다 했고, 이제 그 열매를 거두어들일 작정이다.

우리가 보아 왔듯이 일반적인 불확정성 원리는 두 관측량 **A**와 **B**의 동시적인 불확정성에 대한 정량적인 한계를 제시한다. 이 개념은 식 5.13의 부등식으로 요약된다.

$$\Delta\mathbf{A}\Delta\mathbf{B} \geq \frac{1}{2}|\langle\Psi|[\mathbf{A},\mathbf{B}]|\Psi\rangle|.$$

이제 이 원리를 위치와 운동량 연산자 **X**와 **P**에 직접 적용하자. 이 경우 교환자는 그저 하나의 숫자일 뿐이고 그 기댓값은 그것과 똑같은 숫자이다. **A**와 **B**를 **X**와 **P**로 바꾸면

$$\Delta\mathbf{X}\Delta\mathbf{P} \geq \frac{1}{2}|\langle\Psi|[\mathbf{X},\mathbf{P}]|\Psi\rangle|$$

이고 [**X**, **P**]를 $i\hbar$로 바꾸면 그 결과는

$$\Delta\mathbf{X}\Delta\mathbf{P} \geq \frac{1}{2}|i\hbar\langle\Psi|\Psi\rangle|$$

이다. 여기서 $\langle\Psi|\Psi\rangle$는 1과 같으므로, 최종 결과는

$$\Delta \mathbf{X} \Delta \mathbf{P} \geq \frac{1}{2} i \hbar$$

이다. 그 어떤 실험도 지금까지 이 한계를 깨뜨리지 못했다. 여러분은 재현 가능한 방식으로 한 입자의 운동량과 위치를 동시에 결정하려고 최선의 노력을 다할 수 있지만, 아무리 주의를 기울인다 하더라도 위치의 불확정성과 운동량의 불확정성을 곱하면 $\frac{1}{2} \hbar$보다 결코 작아지지 않는다.

8.2.1에서 보았듯이 $\mathbf{X}$의 고유 상태의 파동 함수는 어떤 위치 x_0 주변에 대단히 집중되어 있다. 반면 운동량 고유 상태의 확률 $P(x)$는 전체 x 축에 걸쳐 균일하게 퍼져 있다. 이를 확인하기 위해 식 8.17의 파동 함수에다가 그 복소 켤레를 곱하자.

$$\psi_p^*(x)\psi_p(x) = \left(\frac{1}{\sqrt{2\pi}} e^{\frac{-ipx}{\hbar}}\right)\left(\frac{1}{\sqrt{2\pi}} e^{\frac{ipx}{\hbar}}\right) = \frac{1}{2\pi}.$$

이 결과는 완전히 균일해서 x 축 위의 어디에도 뾰족한 봉우리가 없다. 명확한 운동량을 가진 상태는 확실히 그 위치에 대해서는 완전히 불확실하다.

다음 쪽에 있는 그림 8.2는 위치 x에 대한 불확정성의 정의를 보여 주고 있다. 위쪽 그림에서 불확정성 Δx는 기댓값 $\langle x \rangle$에 대해 함수가 얼마나 퍼져 있는가를 재고 있음을 알 수 있다. d라는 이름표는 $\langle x \rangle$에 대해 한 점이 벗어난 정도를 보여 준다. 이 값은 양수일 수도 있고 음수일 수도 있다. 불확정성 Δx는 가능

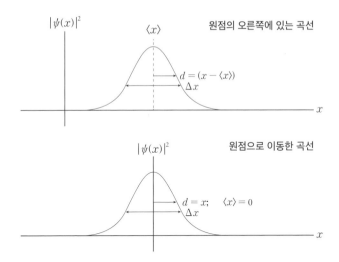

그림 8.2 불확정성의 기본. $\langle x \rangle$가 원점의 오른쪽에 있다. 벗어난 정도 d는 양수이거나 음수일 수 있다. 전체 불확정성 $\Delta x \, (>0)$은 d^2의 평균으로부터 유도할 수 있다. (위 그림) 원점을 오른쪽으로 옮겨 $\langle x \rangle = 0$ 이다. Δx의 값은 똑같다. (아래 그림)

한 모든 d에 대해 평균을 취하는 과정의 결과이며 전체적으로 그 함수를 특징짓는다. 양수의 d가 음수의 d와 상쇄되지 않도록 하기 위해 평균을 취하는 과정에서 각각의 d 값을 제곱한다.

그림 8.2의 아래쪽 그림은 원점이 $\langle x \rangle$와 일치하게 함수를 이동하면 계산이 얼마나 간단해지는지를 보여 준다. 함수를 이렇게 이동해도 Δx 값은 변하지 않는다.

입자 동역학

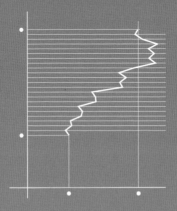

아트와 레니는 힐베르트 공간에서 어떤 움직임을 기대했다.

그러나 모든 상태 벡터는 절대적으로 정지해 있었다.

얼어붙었다고 말해도 좋을 정도로.

레니: 지루해, 아트. 여기 주변에서 뭔가 일이 벌어지지 않은 거야?

힐베르트 선생님, 이 술집은 왜 이렇게 조용하죠?

힐베르트: 오, 걱정하지 말게.

해밀토니안이 여기 오자마자 일이 벌어질 걸세.

아트: 그 해밀토니안? 마치 실제 연산자인 것처럼 들리네요.

9.1 간단한 예제

「물리의 정석」 시리즈 「고전 역학 편」과 「양자 역학 편」은 주로 2개의 질문에 초점을 맞추었다. 첫째, 계가 뜻하는 바는 무엇이며 계의 순간적인 상태를 어떻게 기술할 것인가? 우리가 보아 왔듯이 이 질문에 대한 고전적인 답과 양자적인 답은 아주 다르다. 고전적인 위상 공간—좌표와 운동량의 공간—은 양자 이론에서 상태의 선형 벡터 공간으로 대체된다.

둘째, 상태가 시간에 따라 어떻게 변하는가? 고전 역학과 양자 역학 모두에서 그 답은 제-1법칙을 따른다. 즉 상태는 정보와 구별이 결코 지워지지 않도록 변한다. 고전 역학에서는 이 원리가 해밀턴 방정식(Hamilton's equations)과 리우빌 정리(Liouville's theorem)로 이어진다. 양자 역학에서 이 법칙이 어떻게 일원성의 원리로 이르게 되는지 4강에서 설명했다. 일원성의 원리는 다시 일반적인 슈뢰딩거 방정식에 이른다.

8강은 모두 첫 질문에 관한 것이었다. 입자의 상태를 어떻게 기술할 것인가? 이제 이 강의에서 두 번째 질문을 다룬다. 그 질문은 이렇게 다시 말할 수 있다. 양자 역학에서 입자는 어떻게 움직이는가?

4강에서 양자 상태가 시간에 따라 어떻게 변하는지 그 기본 규칙을 제시했다. 핵심 요소는 해밀토니안 H였다. 이것은 고전 역학과 양자 역학 모두에서 계의 총 에너지를 나타낸다. 양자 역학에서는 해밀토니안이 시간 의존 슈뢰딩거 방정식

$$i\hbar \frac{\partial |\Psi\rangle}{\partial t} = \mathbf{H}|\Psi\rangle \qquad (9.1)$$

를 통해 계의 시간에 따른 변화를 조종한다. 이번 강은 모두 원조 슈뢰딩거 방정식, 즉 에르빈 슈뢰딩거(Erwin Schrödinger)가 양자 역학적인 입자를 기술하기 위해 써 내려간 그 방정식에 관한 것이다. 원조 슈뢰딩거 방정식은 식 9.1의 특별한 경우이다.

고전 역학에서 보통 (비상대론적) 입자의 운동은 해밀토니안이 지배한다. 해밀토니안은 운동 에너지와 퍼텐셜 에너지의 합과 같다. 곧 이 해밀토니안의 양자 버전으로 돌아올 텐데, 먼저 훨씬 더 간단한 해밀토니안부터 살펴보자.

우리가 생각할 수 있는 가장 간단한 해밀토니안부터 시작하자. 이 경우 해밀토니안 연산자 $\mathbf{H}$는 고정된 상수와 운동량 연산자 $\mathbf{P}$의 곱이다.

$$\mathbf{H} = c\mathbf{P}. \qquad (9.2)$$

이 예는 거의 쓴 적이 없지만, 결국 아주 유익한 것으로 판명될 것이다. 상수 c는 고정된 숫자이다. $c\mathbf{P}$가 입자에 대한 그럴듯한

해밀토니안일까? 물론 그렇다. 그리고 잠시 뒤 이 해밀토니안이 어떤 종류의 입자를 기술하는지 알게 될 것이다. 지금으로서는 우리가 비상대론적 입자에 대해 기대했던 것과는 식 9.2가 다르다는 점만 유의하기 바란다. 즉 이 해밀토니안은 $\mathbf{P}^2/2m$이 아니다. 그보다 더 간단한 이 예는 단지 수학적 기제가 어떻게 작동하는지 알아보기 위해 먼저 탐구할 만한 가치가 있다.

이 예를 위치 기저에서의 파동 함수 $\psi(x)$를 써서 어떻게 표현할 수 있을까? 우리의 연산자를 시간 의존 슈뢰딩거 방정식(식 9.1)에 대입하는 것으로 시작해 보자.

$$i\hbar \, \frac{\partial\psi(x,t)}{\partial t} = -ci\hbar \, \frac{\partial\psi(x,t)}{\partial x}.$$

지금 ψ를 x와 t 모두의 함수로 쓰고 있음에 유의하라. $i\hbar$ 항을 상쇄하면

$$\frac{\partial\psi(x,t)}{\partial t} = -c\frac{\partial\psi(x,t)}{\partial x} \qquad (9.3)$$

를 얻는다. 이는 아주 간단한 식이다. 사실 $(x-ct)$의 임의의 함수가 이 식의 풀이이다. "$(x-ct)$의 함수"란 x와 t에 분리해서 의존하지 않고 오직 $(x-ct)$의 조합에만 의존하는 임의의 함수를 뜻한다. 이것이 어떻게 식을 만족하는지를 보기 위해 임의의 함수 $\psi(x-ct)$에 대해 그 도함수를 살펴보자. x에 대한 편미분

을 취하면

$$\frac{\partial \psi(x - ct)}{\partial x}$$

를 얻는다. 왜냐하면 $(x - ct)$의 x에 대한 미분은 1이기 때문이다. 하지만 t에 대한 편미분을 취하면

$$-c\frac{\partial \psi(x - ct)}{\partial t}$$

를 얻는다. 도함수의 이런 조합이 식 9.3을 분명히 만족한다. 따라서 이런 형태를 가진 임의의 함수는 슈뢰딩거 방정식의 풀이이다.

이제 함수 $\psi(x - ct)$가 어떻게 행동하는지 살펴보자. 이 함수는 무엇과 비슷해 보이는가? 시간에 대해 어떻게 변할까? 특정한 시간 $t = 0$일 때의 순간 모습을 살펴보는 것부터 시작하자. 이 순간 모습을 $\psi(x)$라 부를 수 있다. 왜냐하면 이 함수는 특정한 시간 $t = 0$에서 공간의 모든 점에서 ψ가 어떤 모습인지 알려주기 때문이다. 물론 우리는 그저 $(x - ct)$의 임의의 함수를 원하는 것이 아니다. 총 확률

$$\int_{-\infty}^{\infty} \psi^*(x)\psi(x)dx$$

가 1과 같기를 바란다. 즉 $\psi(x)$가 무한대에서 근사하게 0으로 떨

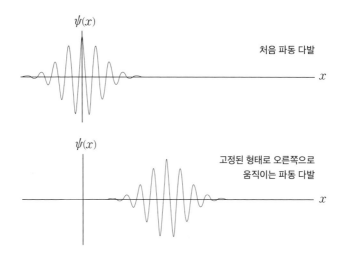

$\psi(x)$

처음 파동 다발

x

$\psi(x)$

고정된 형태로 오른쪽으로
움직이는 파동 다발

x

그림 9.1 고정된 속도 c로 움직이는 고정된 형태의 파동 다발.

어져 이 적분이 발산하지 않기를 바란다. 그림 9.1은 $\psi(x)$를 도
식적으로 보여 준다. 이런 특성 때문에 $\psi(x)$를 파동 다발(wave
packet)이라 부르는 것이 말이 된다.

시간 $t = 0$에서의 순간 모습 $\psi(x)$를 기술했는데, 시간을 앞
으로 진행시키면 어떤 일이 벌어질까? 시간 t가 증가함에 따라
파동 다발은 정확하게 똑같은 모습을 유지한다. 복소수 값을 갖
는 함수 $\psi(x, t)$의 모든 특성이 균일한 속도 c로 오른쪽으로 움직
인다.[1]

---

1) 이는 $\psi(x)$의 실수부와 허수부를 모두 포함한다.

우리의 상수에 *c*라는 이름을 준 데에는 이유가 있다. 기호 *c* 는 종종 광속을 나타낸다. 그렇다면 이 입자는 광자인가? 아니, 그렇지 않다. 하지만 이 가상 입자에 대한 우리의 기술은 광속으로 움직이는 중성미자에 대한 정확한 기술과 아주 가깝다. (실제 중성미자는 아마도 측정할 수 없을 정도로 광속보다 조금 더 작은 속도로 움직인다.) 이 해밀토니안은 1차원 운동하는 중성미자를 아주 잘 기술한다. 다만 한 가지 문제가 있다. 우리의 파동 함수가 기술하는 입자는 오른쪽으로만 움직일 수 있다. 이 기술을 마무리 지으려면 입자가 왼쪽으로도 움직일 수 있는 또 다른 가능성을 추가해야만 한다.[2]

오른쪽으로 가는 우리의 잭손(Zaxon)[3]은 또 다른 괴팍한 특징이 있다. 그 에너지는 양수 또는 음수이다. 이는 **P** 연산자가 벡터여서 양수와 음수를 모두 가질 수 있기 때문이다. 일반적으로 음의 운동량을 가진 입자의 에너지는 음수이며 양의 운동량을 가진 입자의 에너지는 양수이다. 이에 대해 더 자세히 말하지는 않을 것이다. 다만 이런 종류의 입자가 갖는 음의 에너지 문제는 디랙이 해결했으며, 그가 이것을 이용해 반입자에 대한 이론적 기

---

2) 오른쪽으로만 가는 입자를 보면 닥터 수스(Dr. Seuss)의 고전적인 이야기인 「잭스(The Zax)」가 생각난다. 나는 이 입자를 '오른쪽으로 가는 잭손'이라 부르고 싶다. 만약 시어도어 소이스 가이젤(Theodore Seuss Geisel, 닥터 수스의 본명)이 중성미자에 대해 더 알았다면 그 이야기가 어떻게 되었을지 알 길이 없다.

3) 방금 말한 잭손이다.

초를 확립했다는 사실을 언급해 둔다. 우리의 목적을 위해서는 이 문제를 무시하고 간단히 우리 입자의 에너지가 양수이거나 음수일 수 있다고 하자.

우리 입자의 파동 함수는 엄격하게 x 축을 따라 움직이므로 확률 분포 또한 그렇다. 그 결과 x의 기댓값도 정확히 똑같은 방식으로 움직인다. 즉 기댓값이 c의 속도로 오른쪽으로 움직인다는 말이다. 하지만 또 다른 중요한 사항을 명심해야 한다. 속도 c가 고정된 상수라고 말하는 것은 농담이 아니다. 우리의 입자는 오로지 이 특별한 속도로 움직이는 상태에만 존재할 수 있다. 더 느려지거나 더 빨라질 수 없다.

그런 입자를 고전적으로 기술한 것과 비교하면 어떤가? 고전적인 물리학자라면 똑같은 해밀토니안에서 시작해 그저 해밀턴 방정식을 쓸 것이다. $\mathbf{H} = c\mathbf{P}$이므로 해밀턴 방정식은

$$\frac{\partial H}{\partial p} = \dot{x}$$

$$\frac{\partial H}{\partial x} = -\dot{p}$$

이다. 편미분을 수행하면 이 식은

$$\frac{\partial H}{\partial p} = \dot{x} = c$$

$$\frac{\partial H}{\partial x} = -\dot{p} = 0$$

이 된다. 따라서 우리 입자를 고전적으로 기술하면 운동량이 보존되며 위치는 고정된 속도 c로 움직인다. 양자 역학적인 기술에서는 모든 확률 분포와 기댓값이 c의 속도로 움직인다. 즉 위치의 기댓값이 고전적인 운동 방정식에 따라 행동한다.

9.2 비상대론적 자유 입자

오직 질량이 없는 입자만 광속으로 움직일 수 있다. 여기에 그런 입자들은 오직 그 속도로만 움직일 수 있다는 말을 보태고 싶다. 광자와 중력자를 제외하고, 알려진 모든 입자는 질량이 있으며 c보다 작은 임의의 속도로 움직일 수 있다. 입자들이 광속보다 훨씬 더 작은 속도로 움직이면 비상대론적이라 말한다. 이런 입자의 운동은 적어도 고전적으로는 보통의 뉴턴 역학이 지배한다. 양자 역학을 가장 일찍 적용한 것은 비상대론적 입자의 운동에 대해서였다.

4강과 8강에서 고전 역학의 푸아송 괄호가 양자 역학의 교환자와 수학적으로 똑같은 역할을 한다는 것을 보였다. 고전 역학의 운동 방정식과 양자 역학의 운동 방정식은 이런 구조물로 썼기 때문에 그 형태가 거의 동일하다. 특히 해밀토니안이 교환자에 대해 하는 것과 똑같은 방식으로 푸아송 괄호와 연동된다. 따라서 만약 여러분이 이미 그 고전 물리학을 알고 있는 계의 양자 역학적 방정식을 쓰려고 한다면, 연산자 형태로 변환된 고전적인 해밀토니안을 사용하려고 시도해 보는 것은 아주 바람직하다.

비상대론적 자유 입자에 대해 시도해 볼 만한 자연스러운 해밀토니안은 $p^2/2m$이다. 입자가 자유롭다는 의미는 그 입자에 작용하는 힘이 없어서 퍼텐셜 에너지를 무시할 수 있다는 것이다. 따라서 운동 에너지에만 신경을 쓰면 된다. 운동 에너지는

$$T = \frac{1}{2}mv^2$$

으로 정의된다. 기억을 떠올려 보면 고전적인 입자의 운동량은

$$p = mv$$

이다. 해밀토니안은 단지 운동 에너지이며 운동량으로 표현할 수 있다.

$$H = \frac{1}{2}mv^2 = \frac{p^2}{2m}.$$

이는 고전적인 비상대론적 자유 입자에 대한 해밀토니안이다. 앞서 말한 오른쪽으로 가는 잭손과는 달리 이 입자의 에너지는 그 운동 방향에 의존하지 않는다. 이는 에너지가 p 자체가 아니라 p^2에 비례하기 때문이다. 그러니까 우리는 에너지가 $p^2/2m$인 입자

로 시작해 자유 입자에 대한 슈뢰딩거 방정식(슈뢰딩거가 발견한 원조 방정식)을 알아낼 것이다.

우리의 계획은 앞선 예에서 사용했던 것과 똑같은 과정을 따르는 것이다. 즉 해밀토니안을 이용해 시간 의존 슈뢰딩거 방정식을 쓰는 것이다. 늘 그렇듯 방정식의 좌변은

$$i\hbar\,\frac{\partial\psi}{\partial t}$$

이다. 고전적인 해밀토니안 ― 운동 에너지 ― 을 연산자로 다시 써서 우변을 유도할 것이다. 고전적인 운동 에너지는

$$p^2/2m$$

이다. 양자 버전에서는 p를 연산자 $\mathbf{P}$로 대체한다.

$$\mathbf{H} = \mathbf{P}^2/2m.$$

이것이 무슨 뜻일까? 우리가 보았듯이 연산자 $\mathbf{P}$는

$$\mathbf{P} = -i\hbar\,\frac{\partial}{\partial x}$$

로 정의된다. $\mathbf{P}$의 제곱은 $\mathbf{P}$를 연달아 2번 작용시켜 얻은 연산자

일 뿐이다. 따라서

$$\mathbf{P}^2 = \left(-i\hbar\,\frac{\partial}{\partial x}\right)\left(-i\hbar\,\frac{\partial}{\partial x}\right),$$

즉

$$\mathbf{P}^2 = -\,\hbar^2\,\frac{\partial^2}{\partial x^2}$$

이다. 따라서 해밀토니안은

$$\mathbf{H} = -\,\frac{\hbar^2}{2m}\,\frac{\partial^2}{\partial x^2}$$

이다. 마지막으로 시간 의존 슈뢰딩거 방정식의 좌변과 우변을 같다고 놓으면

$$i\hbar\,\frac{\partial \psi}{\partial t} = \frac{-\hbar^2}{2m}\,\frac{\partial^2 \psi}{\partial x^2} \tag{9.4}$$

을 얻는다. 이것이 보통의 비상대론적 자유 입자에 대한 전통적인 슈뢰딩거 방정식이다. 이는 특별한 종류의 파동 함수이지만, 앞선 예와는 대조적으로 다른 파장(그리고 운동량)의 파동은 다른 속도로 움직인다. 이 때문에 파동 함수는 그 형태를 유지하지 못한다. 잭슨 파동 함수와는 달리 이 파동 함수는 퍼지고 무너지는

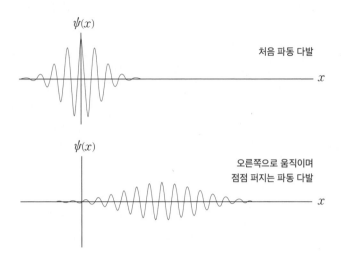

그림 9.2 비상대론적 자유 입자에 대한 전형적인 파동 다발. 처음 파동 다발은 조밀하고 국소적으로 아주 몰려 있다. (위 그림) 시간이 지남에 따라 파동 다발은 오른쪽으로 움직이며 퍼진다. (아래 그림)

경향이 있다. 그림 9.2가 이를 도식적으로 보여 준다.

9.3 시간 독립 슈뢰딩거 방정식

우리는 비상대론적 자유 입자에 대한 시간 의존 슈뢰딩거 방정식을 풀고자 한다. 하지만 먼저 시간에 대해 독립적인 방정식부터 풀 필요가 있다. 시간 독립 슈뢰딩거 방정식은 근본적으로 해밀토니안에 대한 고유 벡터 방정식

$$H|\Psi\rangle = E|\Psi\rangle$$

이다. 파동 함수 $\psi(x)$를 써서 명시적으로 쓰면 다음과 같다.

$$-\frac{\hbar^2}{2m}\frac{\partial^2 \psi(x)}{\partial x^2} = E\psi(x). \qquad (9.5)$$

이 방정식을 만족하는 고유 벡터의 완전 집합은 쉽게 찾을 수 있다. 사실 운동량 고유 벡터가 이 방정식을 만족한다. 다음 함수

$$\psi(x) = e^{\frac{ipx}{\hbar}} \qquad (9.6)$$

을 가능한 풀이로 가정하고 식 9.5의 방정식에 대입해 보자. 미분을 수행하면

$$E = p^2/2m \qquad (9.7)$$

이라고 놓았을 때 이 함수가 정말로 식 9.5의 풀이임을 알 수 있다. 이는 전혀 놀랍지 않다. 결국 E는 식 9.5는 에너지 고윳값을 나타내기 때문이다.

연습 문제 9.1: 식 9.6을 식 9.5에 대입해 식 9.7을 유도하라.

4.13에서 보았듯이 시간 독립 슈뢰딩거 방정식의 모든 풀이로부터 시간 의존 방정식의 풀이를 구할 수 있다. 그저 시간 독립 풀이 — 이 경우 $e^{\frac{ipx}{\hbar}}$ — 에 $e^{-i\frac{Et}{\hbar}} = e^{-i\frac{p^2 t}{2m\hbar}}$ 을 곱하기만 하면 된다. 따라서 이 풀이에 대한 완전 집합은

$$\psi(x, t) = \exp\frac{i\left(px - \dfrac{p^2 t}{2m}\right)}{\hbar}$$

로 쓸 수 있다. ($\exp(x) = e^x$ 이다.) 일반적인 풀이는 이 풀이의 합, 즉 적분이다.

$$\psi(x, t) = \int \tilde{\psi}(p)\left(\exp\frac{i\left(px - \dfrac{p^2 t}{2m}\right)}{\hbar}\right)dp.$$

시간 $t = 0$에서의 임의의 파동 함수부터 시작해서 푸리에 변환으로 $\tilde{\psi}(p)$를 구하고, 시간에 따라 전개할 수 있다. p의 다른 값이 대해 파동이 다른 속도로 진행하기 때문에 파동 함수의 형태는 바뀔 것이다. 그러나 곧 보게 되겠지만 전체 파동 다발은 고전적인 입자가 그런 것과 꼭 마찬가지로 $\langle p/m \rangle$의 속도로 진행할 것이다.

이 간단한 일반 풀이는 중요한 의미를 갖고 있다. 무엇보다 파동 함수의 운동량 표현이 시간에 따라 아주 간단한 방식으로

변화함을 말하고 있다.

$$\tilde{\psi}(p, t) = \tilde{\psi}(p) \exp \frac{i\left(px - \dfrac{p^2 t}{2m}\right)}{\hbar}.$$

즉 크기는 상수로 남아 있고 오직 그 위상만 시간에 따라 변한다. 이것이 흥미로운 이유는 확률 $\mathbf{P}(p)$가 모든 시간에 대해 변하지 않기 때문이다. 물론 이는 운동량 보존의 결과이다. 하지만 이는 그 입자에 힘이 작용하지 않을 때에만 성립한다.

9.4 속도와 운동량

지금까지 연산자 $\mathbf{P}$와 고전적인 운동량 개념인 질량과 속도의 곱, 다시 말해

$$v = p/m \tag{9.8}$$

사이의 관계를 설명하지 않았다. 양자 역학적 입자의 속도란 무슨 뜻일까? 가장 간단한 답은 위치의 평균 $\langle \Psi | \mathbf{X} | \Psi \rangle$에 대한 시간 미분을 뜻하는 것이다.

$$v = \frac{d\langle \Psi | \mathbf{X} | \Psi \rangle}{dt}.$$

조금 더 구체적으로 파동 함수를 써서 표현하면

$$v = \frac{d}{dt} \int dx \, \psi^*(x, t) \, x \, \psi(x, t)$$

이다. 왜 $\langle \Psi | \mathbf{X} | \Psi \rangle$는 시간에 따라 변할까? ψ가 시간에 의존하기 때문이다. 사실 어떻게 변하는지도 알고 있다. ψ의 시간 의존은 시간 의존 슈뢰딩거 방정식이 지배한다. 그 사실을 이용해 $\langle \Psi | \mathbf{X} | \Psi \rangle$가 시간에 따라 어떻게 변하는지 알아낼 수도 있다. 나는 이런 식으로―무식한 방법으로―계산해 보았는데 몇 쪽이 소요되었다. 다행히 앞선 강의에서 여러분이 배웠던 추상적인 방법을 사용하면 더 쉽다. 사실 대부분의 작업은 4강에서 이미 다 했다. 실제로 진도를 계속 나가기 전에 4강, 특히 4.9장의 처음부터 식 4.17까지 복습하길 권한다. 식 4.17을 다시 쓰면

$$\frac{d}{dt} \langle \mathbf{L} \rangle = \frac{i}{\hbar} \langle \, [\, \mathbf{H}, \mathbf{L} \,] \, \rangle$$

이다. 즉 임의의 관측량 $\mathbf{L}$의 기댓값의 시간 도함수는 $i/\hbar$ 곱하기 해밀토니안과 $\mathbf{L}$의 교환자의 기댓값이다. 이 원리를 속도 v에 적용하면

$$v = \frac{i}{2m\,\hbar} \langle \, [\, \mathbf{P}^2, \mathbf{X} \,] \, \rangle \qquad (9.9)$$

임을 알게 된다. 이제 우리는 P^2과 X의 교환자만 계산하면 된다. 간단하게 한두 단계를 거치면

$$[\, P^2, X \,] = P[\, P, X \,] + [\, P, X \,]P \qquad (9.10)$$

임을 알 수 있다. 각각의 교환자를 전개해서 몇몇 항들이 확실히 상쇄시키면 이 결과를 확인할 수 있다.

연습 문제 9.2: 식 9.10의 각 변을 전개해서 그 결과를 비교해 이 식을 증명하라.

마지막으로 기본적인 교환 관계

$$[\, P, X \,] = - \, i \, \hbar$$

를 이용한다. 이를 식 9.10에 대입하고 그 결과를 식 9.9에 넣으면

$$v = \frac{\langle P \rangle}{m}$$

를 얻는다. 아마도 더 익숙한 형태는

$$\langle \mathbf{P} \rangle = mv \qquad\qquad (9.11)$$

일 것이다. 우리가 증명해야겠다고 제시한 바를 정확하게 증명해 냈다. 운동량은 질량과 속도의 곱과 같다. 보다 정확하게 말해서, 평균 운동량은 질량과 속도의 곱과 같다.

이것이 무슨 뜻인지 더 잘 이해하기 위해, 파동 함수가 상당히 좁은 덩어리의 다발 형태라고 가정하자. x의 기댓값은 근사적으로 그 덩어리의 가운데에 위치해 있을 것이다. 식 9.11은 파동 다발의 중심이 고전적인 규칙 $p = mv$에 따라 진행함을 말하고 있다.

9.5 양자화

양자 역학에서의 힘이라는 주제로 옮겨 가기 전에 잠깐 멈추어서 우리가 해 왔던 것들을 논의하고자 한다. 우리는 잘 알려져 있고 믿을 만한 고전계 — 자유 입자 — 로 시작해서 그것을 양자화했다. 이 과정을 다음과 같이 정리할 수 있다.

1. 고전계로 시작한다. 이는 좌표 x와 운동량 p의 집합을 뜻한다. 우리의 예에서는 오직 하나의 좌표와 운동량이 있었지만 그 과정은 쉽게 일반화할 수 있다. 좌표와 운동량은 x_i와 p_i 쌍으로 나온다. 고전계는 또한 해밀토니안을 갖고 있다. 해밀토니안은 x와 p의 함수이다.

2. 고전적인 위상 공간을 선형 벡터 공간으로 대체한다. 위치 표현에서는 상태 공간이 파동 함수 $\psi(x)$로 표현된다. 파동 함수는 좌표, 일반적으로 모든 좌표에 의존한다.

3. x와 p를 연산자 $\mathbf{X}_i$와 $\mathbf{P}_i$로 대체한다. 각 $\mathbf{X}_i$는 파동 함수에 작용해 파동 함수에 x_i를 곱한다. 각 $\mathbf{P}_i$는 다음과 같은 규칙

$$\mathbf{P}_i \rightarrow -\,i\,\hbar\,\frac{\partial}{\partial x_i}$$

에 따라 작용한다.

4. 이렇게 대체하고 나면 해밀토니안은 시간 의존 또는 시간 독립 슈뢰딩거 방정식에 사용할 수 있는 연산자가 된다. 시간 의존 방정식은 파동 함수가 어떻게 시간에 따라 변하는지를 알려 준다. 시간 독립 형태의 방정식을 통해 해밀토니안의 고유 벡터와 고윳값을 찾을 수 있다.

이 양자화 과정은 계에 대한 고전적인 방정식을 양자 방정식으로 전환하는 수단이다. 이 방법은 입자의 운동에서 양자 전기 동역학의 분야에 이르기까지 계속해서 사용해 왔다. 심지어 아인슈타인의 중력 이론을 양자화하기 위한 시도도 있었다. (성공적이지는 못했다.) 하나의 간단한 경우에서 보았듯이 이 과정에 따르면 기댓값의 운동은 고전적인 운동과 밀접한 관련이 있음을 장담할 수 있다.

이 모든 이야기는 "닭이 먼저냐, 달걀이 먼저냐?"라는 의문이 들게 한다. 무엇이 먼저인가? 고전 이론인가, 양자 이론인가? 물리학의 논리적 출발점은 고전 역학이어야 하는가, 양자 역학이어야 하는가? 나는 그 답이 명백하다고 생각한다. 양자 역학이야말로 자연에 대한 진짜 기술이다. 고전 역학은 아름답고 우아하지만, 하나의 근사일 뿐이다. 대충 말하자면, 파동 함수가 다발로 그 형태를 유지할 때에는 이것이 사실이다. 가끔 운 좋으면, 익숙한 고전계로 시작해서 그것을 양자화해 계에 대한 양자 이론을 추정할 수 있다. 때로는 이것이 먹힌다. 전자의 양자적 운동이 한 예이다. 이는 입자에 대한 고전 역학에서 추론할 수 있다. 맥스웰 방정식에서 유도해 낸 양자 전기 동역학은 또 다른 사례이다. 그러나 출발점으로 사용할 고전 이론이 존재하지 않는 경우도 있다. 입자의 스핀에 대해서는 실제로 고전적인 대응물이 없다. 그리고 일반 상대성 이론의 양자화 시도는 대실패였다. 양자 이론은 아마도 고전 이론보다 훨씬 더 근본적인 것 같다. 고전 이론은 일반적으로 하나의 근사로 이해해야만 한다.

이 정도만 말해 두고, 계속해서 입자의 운동을 양자화할 것이다. 이번에는 힘의 효과까지 포함된다.

9.6 힘

모든 입자가 자유 입자라면 세상은 따분한 곳일 것이다. 힘 덕분에 입자들은 서로 모여서 원자, 분자, 초콜릿 바, 블랙홀을 만드는 등 흥미로운 일들을 할 수 있다. 임의로 주어진 입자에 작용하는 힘은 우주의 다른 모든 입자가 그 입자에 미치는 힘의 총합이다. 실제로는 대개 다른 모든 입자가 무엇을 하고 있는지 안다고 가정하고, 그 효과를 우리가 연구하고 있는 입자에 대한 퍼텐셜 에너지로 대체한다. 이 정도는 고전 역학과 양자 역학 모두에서 사실이다.

퍼텐셜 에너지 함수는 $V(x)$로 표기한다. 고전 역학에서는 퍼텐셜 에너지가 다음 식에 따라 한 입자에 작용하는 힘과 관련되어 있다.

$$F(x) = -\frac{\partial V}{\partial x}.$$

만약 운동이 1차원이면 편미분은 보통의 미분으로 바꿀 수 있지만, 그대로 내버려 둘 것이다. 이제 이 식을 뉴턴의 운동 제2법칙 $F = ma$와 결합하면

$$m\frac{d^2 x}{dt^2} = -\frac{\partial V}{\partial x}$$

를 얻는다. 양자 역학에서는 다르게 진행한다. 즉 해밀토니안을 쓰고 슈뢰딩거 방정식을 푼다. 이 과정에 퍼텐셜 에너지를 결합하는 것은 간단하다. 퍼텐셜 에너지 $V(x)$는 연산자 $\mathbf{V}$가 되어 해밀토니안에 더해진다.

어떤 종류의 연산자가 $\mathbf{V}$인가? 그 답은 추상적인 브라와 켓을 쓰기보다 파동 함수의 언어로 생각하면 가장 쉽게 표현할 수 있다. 연산자 $\mathbf{V}$가 임의의 파동 함수 $\psi(x)$에 작용하면 파동 함수에 함수 $V(x)$를 곱하게 된다.

$$\mathbf{V}|\Psi\rangle \rightarrow V(x)\psi(x).$$

고전 역학에서와 마찬가지로 일단 힘이 포함되면 입자의 운동량은 보존되지 않는다. 사실 뉴턴의 운동 법칙은

$$\frac{dp}{dt} = F,$$

즉

$$\frac{dp}{dt} = -\frac{\partial V}{\partial x} \tag{9.12}$$

의 형태로 쓸 수 있다. 양자화 규칙에 따르면 해밀토니안에 $\mathbf{V}(x)$를 더한다.[4]

---

[4] 기술적으로 이것은 자유 입자에 대해서도 사실이다. 다만 자유 입자의 경우 우리는 $V(x)$를 0과 같다고 놓는다.

$$\mathbf{H} = \frac{\mathbf{P}^2}{2m} + \mathbf{V}(x). \qquad (9.13)$$

그리고 슈뢰딩거 방정식을 익숙한 방식으로 수정한다.

$$i\hbar\,\frac{\partial\psi}{\partial t} \;=\; \frac{-\hbar^2}{2m}\frac{\partial^2\psi}{\partial x^2} + V(x)\psi$$

$$E\psi \;=\; \frac{-\hbar^2}{2m}\frac{\partial^2\psi}{\partial x^2} + V(x)\psi. \qquad (9.14)$$

이는 어떤 효과가 있는가? 추가적인 항은 확실히 ψ가 시간에 따라 변하는 방식에 영향을 미친다. 이는 물론 꼭 그래야만 한다. 파동 다발의 평균적인 위치가 고전적인 궤적을 따라야 한다면 말이다. 우리의 추론을 확인하기 위해 정말로 그런지 살펴보자. 무엇보다 식 9.11은 여전히 성립하는가? 성립해야 한다. 왜냐하면 운동량과 속도 사이의 관계는 힘이 존재한다고 해서 영향을 받지 않기 때문이다.

　새로운 항이 $\mathbf{H}$에 추가되었으므로, $\mathbf{X}$와 $\mathbf{H}$의 교환자에 새로운 항이 있을 것이다. 잠정적으로는 그 항이 식 9.9의 속도에 대한 표현을 수정할 수도 있다. 그러나 그런 일은 벌어지지 않음을 쉽게 확인할 수 있다. 새로운 항은 $\mathbf{X}$와 $\mathbf{V}(x)$의 교환자와 관련이 있다. 그러나 x를 곱하는 것과 x의 함수를 곱하는 것은 서로 교환 가능한 연산이다. 즉

$$[\mathbf{X}, \mathbf{V}(x)] = 0$$

이다. 따라서 속도와 운동량 사이의 관계는 양자 역학에서의 힘에 의해 영향을 받지 않는다. 이는 고전 역학에서의 경우와 마찬가지이다.

보다 흥미로운 질문은 이런 것이다. 뉴턴 법칙의 양자 버전을 이해할 수 있을까? 앞에서 말했듯이 이 법칙은

$$\frac{dp}{dt} = F$$

로 쓸 수 있다. $\mathbf{P}$의 기댓값의 시간 도함수를 계산해 보자. 여기서도 비법은 $\mathbf{P}$와 해밀토니안을 교환하는 것이다.

$$\frac{d}{dt}\langle \mathbf{P}\rangle = \frac{i}{2m\,\hbar}\langle[\mathbf{P}^2, \mathbf{P}]\rangle + \frac{i}{\hbar}\langle[\mathbf{V}, \mathbf{P}]\rangle. \qquad (9.15)$$

첫 번째 항은 0이다. 왜냐하면 어떤 연산자는 그 연산자의 임의의 함수와 교환 가능하기 때문이다. 두 번째 항을 계산하기 위해, 아직 증명하지 않은 식

$$[\mathbf{V}(x), \mathbf{P}] = i\,\hbar\,\frac{dV(x)}{dx} \qquad (9.16)$$

을 이용할 것이다. 식 9.16을 식 9.15에 대입하면

$$\frac{d}{dt}\langle \mathbf{P} \rangle = -\left\langle \frac{dV}{dx} \right\rangle$$

를 얻는다. 이제 식 9.16을 증명하자. 이 교환자를 파동 함수에 작용하면

$$[\mathbf{V}(x),\mathbf{P}]\psi(x) = V(x)\left(-i\hbar\frac{d}{dx}\right)\psi(x) - \left(-i\hbar\frac{d}{dx}\right)V(x)\psi(x)$$
$$(9.17)$$

와 같이 쓸 수 있다. 이는 쉽게 간단히 할 수 있고, 그 결과는 식 9.16이다. 따라서

$$\frac{d}{dt}\langle \mathbf{P} \rangle = -\left\langle \frac{dV}{dx} \right\rangle \qquad (9.18)$$

를 보였다. 이는 운동량의 시간 변화율에 대한 뉴턴 방정식의 양자 대응물이다.

연습 문제 9.3: 식 9.17의 우변을 간단히 하면 식 9.16의 우변이 됨을 보여라. 힌트: 먼저 곱의 미분법에 따라 두 번째 항을 전개한다. 그리고 상쇄되는 항을 찾아본다.

9.7 선형 운동과 고전적인 극한

여러분은 아마도 우리가 X의 기댓값이 정확하게 고전적인 궤적을 따른다는 것을 증명했다고 생각할지도 모르겠다. 그러나 우리가 실제로 증명한 것은 아주 다르다. 이 차이가 존재하는 이유는 x의 함수의 평균은 x의 평균의 함수와 똑같지 않기 때문이다. 만약 식 9.18을

$$\frac{d}{dt}\langle \mathbf{P} \rangle = -\frac{dV(\langle x \rangle)}{d\langle x \rangle} \quad \text{(이는 틀렸다.)}$$

로 읽는다면(강조하건대, 이렇게 읽으면 안 된다.) 위치와 운동량의 평균이 고전적인 방정식을 만족한다고 말할 것이다. 그러나 실제로는 고전적인 방정식은 단지 근사일 뿐이다. dV/dx의 평균을 x의 평균의 함수로 대체할 수 있다면 훌륭한 근사이다. 이렇게 하는 것이 합당할 때는 언제인가? $V(x)$가 파동 다발의 크기와 비교했을 때 천천히 변할 때이다. 만약 V가 파동 다발에 걸쳐 급격하게 변한다면 고전적인 근사는 깨질 것이다. 사실 그런 경우 멋지고 좁은 파동 다발은 원래 파동 다발과 전혀 닮은 점이 없는, 모양 나쁘게 흩뿌려진 파동으로 부서질 것이다. 파동 함수 또한 흩어질 것이다. 그렇다면 여러분은 슈뢰딩거 방정식을 풀 수밖에 없을 것이다.

  이 점을 조금 더 자세히 살펴보자. 수학적으로 우리는 파동 다발의 형태에 대해 어떤 가정도 하지 않았다. 그러나 암묵적으

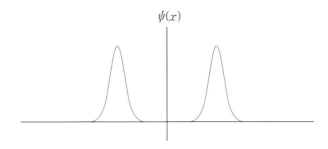

$\psi(x)$

그림 9.3 $x = 0$ 이 중심인 쌍봉(최댓값이 2개) 함수. $\langle x \rangle = 0$ 이지만 $\Delta x > 0$ 임에 유의하라.

로 우리는 파동 다발이 하나의 최댓값을 갖고 양의 방향과 음의 방향으로 매끄럽게 늘어져 0으로 떨어지는, 멋진 모습의 함수일 것으로 생각했다. 이 조건은 비록 수학적인 가정에 명시적으로 드러나지는 않았지만, 고전 역학에 따라 우리가 기대하는 방식으로 입자가 움직이는지에 대해 실제적인 영향을 미친다.

    이 점을 보여 주기 위해 약간은 '이상한' 파동 다발을 생각해 보자. 그림 9.3은 x 축의 원점에 중심이 있는 쌍봉(최댓값이 둘이다.) 파동 다발을 보여 준다. 이제 x의 어떤 함수, 예컨대 힘을 나타내는 $F(x)$를 생각해 보자. $F(x)$의 기댓값은 x의 기댓값의 함수 F와 같지 않다. 즉

$$\langle F(x) \rangle \neq F(\langle x \rangle)$$

이다. 우변은 파동 다발의 중심의 함수이다. 이는 좌변과 같지 않다. 좌변 $\langle F(x)\rangle$는 앞에서 계산한 결과인 식 9.18의 우변과 똑같은 형태이다.[5]

이 두 표현이 극단적으로 다를 수 있는 예를 하나 소개한다. F가 x의 제곱과 같다고 하자.

$$F = x^2.$$

그리고 파동 다발이 그림 9.3과 같이 $x = 0$을 중심으로 쌍봉 함수 형태라고 하자. x의 기댓값은 얼마인가? 0이다. 따라서 $F(\langle x\rangle)$도 0이다. 왜냐하면 $F(0) = 0^2 = 0$이기 때문이다. 반면 x^2의 기댓값은 얼마인가? 이 값은 0보다 크다. 따라서 파동 다발이 그 중심에 따라 주로 특징지어지는 멋지고 단일한 봉우리의 모습이 아니라면, 운동량의 시간 변화율이 x의 기댓값에서 계산한 힘이라는 말이 항상 사실은 아니다. 파동 함수가 상당히 좁은 범위에 집중되어 있어서 $F(x)$의 기댓값이 $F(\langle x\rangle)$의 기댓값과 똑같을 때에만 그렇다. 그래서 우리의 양자 운동 방정식이 고전적인 방정식과 닮았다고 말하면 조금은 사기를 친 셈이다. 이는 파동 다발이 국소적으로 잘 밀착되어 있느냐의 여부에 달려 있다.

다른 모든 것이 똑같다면 입자의 질량이 클 때 그 파동 함수

---

[5] $-\left\langle\dfrac{dV}{dx}\right\rangle$는 그 방정식에서 힘을 나타냄을 상기하라.

가 아주 잘 집중되어 있는 경향이 있다. 만약 퍼텐셜 함수 $V(x)$에 아주 날카로운 뾰족점이 없다면 $\langle F(x) \rangle$를 $F(\langle x \rangle)$로 훌륭하게 근사할 수 있다. 하지만 $V(x)$가 뾰족점을 갖고 있다면 파동 다발은 부서지는 경향이 있다. 예를 들어 오른쪽으로 움직이는 멋진 파동 다발이 있고 그림 9.4와 비슷한 퍼텐셜 함수를 가진 원자 같은 점 구조와 부딪친다고 해 보자. 파동 다발은 퍼지면서 분해될 것이다. 반면 파동 다발이 아주 매끈한 퍼텐셜과 부딪치면 그 매끈한 퍼텐셜을 통과해 지나가면서 다소간 고전적인 운동 방정식에 따라 움직일 것이다. 우리는 가능한 모든 환경에서 양자 역학이 고전 역학을 재현하리라 기대하지 않는다. 꼭 그래야만 하는 환경, 즉 입자가 무겁고, 퍼텐셜이 매끈하고, 그 어떤 것도 파동 함수를 분해하거나 흩어 놓지 않는 그런 환경 속에서만 고전 역학을 재현하리라 기대한다.[6]

파동 함수를 부수는 '나쁜 퍼텐셜'은 어떤 물리적 상황에서 생기는가? 퍼텐셜의 생김새가 그와 관련된 어떤 크기를 갖고 있다고 가정하자. 그림 9.4에서 크고 가깝게 묶여 있는 뾰족점이 많다고 생각해 보자. 이런 생김새의 크기를 δx라 하고, δx는 들어오는 입자의 위치 불확정성보다 훨씬 더 작다고 가정하자.

---

6) 미국 라디오 프로그램 진행자 개리슨 케일러(Garrison Keillor)의 마지막 대사만큼 달변은 아니지만, 모두 사실이다.

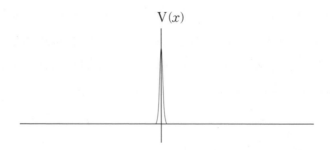

$$V(x)$$

그림 9.4 뾰족한 퍼텐셜 함수. 날카로운 봉우리를 가진 퍼텐셜 함수는 파동 함수를 흩어 놓는 경향이 있다. 파동 다발에 비해 이런 성질이 작을수록 파동 다발은 더 많이 흩어지고 '덜 고전적으로' 될 것이다.

$$\delta x < \Delta x.$$

만약 $V(x)$의 날카로운 형태가 들어오는 파동 다발의 크기보다 훨씬 더 작은 척도에서 존재한다면 그 파동 다발은 여러 개의 작은 조각들로 부서질 것이다. 각각의 조각들은 서로 다른 방향으로 흩어질 것이다. 대략 말해, 퍼텐셜의 형태가 들어오는 입자의 파장보다 더 짧다면 그 파동 함수는 부서지는 경향이 있다.

볼링공을 들고 "Δx가 얼마지?" 하고 물어보자. 우리는 불확정성 원리를 이용해서 이 질문에 대한 어떤 직관을 얻을 수 있다. 보통은 $\Delta p \times \Delta x$는 $\hbar$보다 더 크다. 그러나 많은 그럴듯한 경우에 이 값은 $\hbar$ 정도 된다.

$$\Delta p \Delta x \sim \hbar.$$

이제 p는 가능한 한 거의 최대한으로 집중되어 있지만, 보통의 거시적인 물체에 대해서는 불확정성 원리가 대단히 많이 포화되어 있다. 즉 좌변은 대략 $\hbar$와 같다. 그 이유는 아주 복잡하지만, 여기서 더 깊이 들어가지는 않을 것이다. 대신 이를 사실로 받아들이고 그 의미를 살펴보자. Δp는 무엇인가? $m \Delta v$이다. 그 결과는 다음과 같다.

$$m \Delta v \Delta x \sim \hbar.$$

기호들을 재배열하면 다음과 같이 쓸 수 있다.

$$\Delta v \Delta x \sim \frac{\hbar}{m},$$

즉

$$\Delta x \sim \frac{\hbar}{m \Delta v}$$

이다. 이제 볼링공을 바닥에 내려놓으면 속도의 불확정성은 아주 크지 않음을 잘 알 수 있다. 공이 점점 더 무거워짐에 따라 속도의 불확정성은 점점 더 작아질 것으로 예상할 수 있다. 그러나 어느 경우든 우변에서는 m이 분모에 들어가 있어서 Δv와 상관없이 m이 작아질수록 Δx는 더 커질 것이다. 특히 퍼텐셜의 생김새보다 더 커지는 경향이 있다.

양자 역학적인 극한에서는 m이 아주 작아지고 Δx가 커지는 경향이 있어서 파동 함수는 너덜너덜한 퍼텐셜의 영향 속에서 움직일 것이다. 파동 함수는 퍼텐셜이 자기 자신보다 훨씬 더 날카롭고 생김새가 훨씬 더 험한 것으로 바라보게 된다. 이때 파동 함수가 부서진다. 반면 m이 아주 커지면 Δx는 작아진다. 큰 볼링공에 대해서는 그 파동 다발이 아주 집중되어 있을 것이다. 그 파동 다발이 뾰족한 퍼텐셜 속을 움직이면 이 미세한 파동 함수는 그 생김새가 (상대적으로) 아주 널찍한 퍼텐셜을 마주하게 된다. 널찍하고 매끈한 생김새를 통과해 지나가면 파동 함수는 조각들로 부서지지 않는다. 큰 질량과 매끈한 퍼텐셜은 고전적인 극한의 특징이다. 질량이 작고 울퉁불퉁한 퍼텐셜 속을 움직이는 입자는 양자 역학적 계처럼 행동한다.

전자는 어떤가? 고전적으로 행동할 만큼 충분히 무거운가? 그 답은 퍼텐셜과 질량 사이의 상호 작용에 달려 있다. 예를 들어 2개의 축전기 판이 1센티미터 떨어져 있고 그 사이에 매끄러운 전기장이 작용한다면 전자는 멋지고 밀집된, 거의 고전적인 입자처럼 그 간격을 가로질러 움직일 것이다. 반면 원자핵과 결부된 퍼텐셜은 언제나 날카로운 모양을 갖고 있다. 전자의 파동 다발이 이 퍼텐셜과 부딪치면 사방팔방으로 흩어진다.

이 주제를 끝내기 전에 최소 불확정성 파동 다발을 언급하고 싶다. 이는 $\Delta x \Delta p$가 $\hbar/2$와 똑같은 파동 다발이다. 즉 이 경우 $\Delta x \Delta p$는 양자 역학이 허용하는 한 가장 작은 값이다. 이런 파동 다발은 가우스 곡선(Gaussian curve)의 형태를 취하며 종종 가우스 파동 다발(Gaussian wave packet)이라 부른다. 시간이 지남에 따라 파동 다발은 퍼져서 편평해진다. 그런 파동 다발은 그리 일반적이지는 않지만 엄연히 존재한다. 정지해 있는 볼링공이 좋은 근사이다. 10강에서 우리는 조화 진동자의 바닥 상태가 가우스 파동 다발임을 보게 될 것이다.

9.8 경로 적분

고전적인 해밀토니안 역학은 계의 상태가 한 단계 한 단계 점증하는 변화에 초점을 맞춘다. 하지만 역학을 공식화하는 또 다른 방법이 있다. 바로 최소 작용의 원리(Principle of Least Action)라고 하는 것이다. 여기서의 초점은 전체 이력이다. 한 입자에 대해서, 이는 어떤 초기 시간에서 어떤 최종 시간까지 그 입자의 전체 궤적을 들여다보는 것을 뜻한다. 두 접근법의 내용은 똑같지만, 강조점은 다르다. 해밀토니안 역학은 어떤 순간에 영점 조정해서 그 순간과 다음 순간 사이에 계가 어떻게 변하는지 말해 준다. 최소 작용의 원리는 한발 물러서서 전체 모양을 바라본다. 자연이 가능한 모든 궤적의 견본을 만들고 한 쌍의 고정된 초기점과 최종점 사이의 작용을 최소화하는 궤적을 고른다고 생각할 수

있다.[7]

양자 역학에서도 또한 점증하는 변화에 집중하는 해밀토니안 기술이 있다. 이는 시간 의존 슈뢰딩거 방정식이며, 아주 일반적이다. 우리가 아는 한, 해밀토니안 기술은 모든 물리계를 기술하는 데에 이용할 수 있다. 그럼에도, 거의 70년 전에 미국의 물리학자 리처드 파인만(Richard P. Feynman)이 그랬듯이 양자 역학을 바라보는 방법 중에 전체 이력을 그려 보는 방법이 있는지 물어보는 것이 정당해 보인다. 즉 최소 작용의 원리와 부합하는 공식이 있을까? 이 강의에서 파인만의 경로 적분(path integral)에 대해 자세하게 설명하지는 않을 것이다. 다만 여러분의 입맛을 자극하기 위해 그게 어떻게 돌아가는지 힌트를 제공할 셈이다.

먼저 『물리의 정석: 고전 역학 편』에서 설명했던 고전적인 최소 작용의 원리를 아주 간단하게 상기하고자 한다. 고전적인 입자가 시간 t_1에 위치 x_1에서 출발해 시간 t_2에 위치 x_2에 도달한다고 가정하자. (그림 9.5를 보라.) 질문은 이렇다. t_1과 t_2 사이의 궤적은 무엇인가?

최소 작용의 원리에 따르면 실제 궤적은 작용이 최소가 되는 궤적이다. 작용은 물론 기술적인 용어이며 궤적의 끝점 사이

---

7) 엄밀히 말해 이 원리는 '정적인 작용의 원리'라 불러야 한다. 실제 궤적은 작용의 정류점들이며 항상 최소인 것은 아니다. 우리 목적을 위해서는 이런 세세한 점들이 중요하지는 않다.

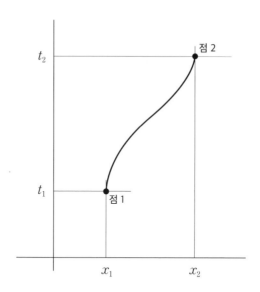

그림 9.5 고전적인 궤적. 이는 한 입자가 점 1 (x_1, t_1)에서 점 2 (x_2, t_2)까지 움직일 때 취할 수 있는 한 궤적을 보여 준다. 문제를 간단히 하기 위해 x의 방향으로 입자의 속도를 나타내는 $\dot{x}$는 그리지 않았다.

의 라그랑지안 적분을 나타낸다. 간단한 계에 대해 라그랑지안 (Lagrangian)은 운동 에너지와 퍼텐셜 에너지의 차이다. 따라서 1차원을 움직이는 입자에 대해 작용은

$$A = \int_{t_1}^{t_2} L(x, \dot{x}) dt, \qquad (9.19)$$

즉

$$A = \int_{t_1}^{t_2} \left(\frac{m\dot{x}^2}{2} - V(x) \right) dt$$

이다. 아이디어는 이렇다. 두 끝점을 연결하는 가능한 모든 궤적을 시도해 보고 그 각각에 대해 A를 계산한다. 이 가운데 작용이 최소인 궤적이 승자가 된다.[8], [9]

이제 양자 역학으로 돌아가자. 두 점 사이의 잘 정의된 궤적이라는 개념은 불확정성 원리 때문에 양자 역학에서는 의미가 없다. 하지만 이런 질문은 던질 수 있다. 입자가 (x_1, t_1)에서 출발한다면, 그 위치를 관측했을 때 입자가 (x_2, t_2)에 나타날 확률은 얼마인가?

양자 역학에서 늘 그렇듯이 확률은 복소 진폭의 절댓값 제곱이다. 양자 역학의 광역 버전에서는 이렇게 묻는다.

입자가 (x_1, t_1)에서 출발할 때 (x_2, t_2)에서 나타날 확률 진폭은 얼마인가?

그 진폭을 $C(x_1, t_1; x_2, t_2)$, 또는 더 간단하게 그냥 $C_{1,2}$라 부르자.

---

8) 어쨌든 개념적으로는 이렇게 돌아간다는 뜻이다. 실제로는 『물리의 정석: 고전 역학편』에서 설명했듯이 오일러-라그랑주 방정식(Euler-Lagrange equation)이 지름길이다.

9) 라그랑지안은 분명히 $\dot{x}$에 의존하지만, 그림을 간단하게 하기 위해 $\dot{x}$ 축을 보여 주지는 않을 것이다.

입자의 초기 상태는 $|\Psi(t_1)\rangle = |x_1\rangle$이다. t_1과 t_2 사이의 시간 간격 동안 이 상태는

$$|\Psi(t_2)\rangle = e^{-iH(t_2 - t_1)}|x_1\rangle \qquad (9.20)$$

로 전개된다. 그 입자를 $|x_2\rangle$에서 감지할 확률 진폭은 단지 $|\Psi(t_2)\rangle$와 $|x_2\rangle$의 내적이다. 그 값은

$$C_{1,2} = \left\langle x_2 \middle| e^{-iH(t_2 - t_1)} \middle| x_1 \right\rangle \qquad (9.21)$$

이다. 즉 시간 간격 $t_2 - t_1$ 동안 x_1에서 x_2로 갈 확률 진폭은 초기 위치와 나중 위치 사이에 $e^{-iH(t_2 - t_1)}$를 끼워 넣으면 만들 수 있다. 공식을 간단히 하기 위해 $t_2 - t_1$을 t라 정의하자. 그러면 확률 진폭은

$$C_{1,2} = \left\langle x_2 \middle| e^{-iHt} \middle| x_1 \right\rangle \qquad (9.22)$$

이다. 이제 시간 간격 t를 더 작은 2개의 간격 $t/2$로 쪼개자. (그림 9.6을 보라.) 연산자 e^{-iHt}는 두 연산자의 곱으로 쓸 수 있다.

$$e^{-iHt} = e^{-iHt/2} e^{-iHt/2}. \qquad (9.23)$$

이 형태에 항등 연산자

$$I = \int dx |x\rangle\langle x| \qquad (9.24)$$

를 끼워 넣으면 확률 진폭을 다음과 같이 다시 쓸 수 있다.

$$C_{1,2} = \int dx \langle x_2 | e^{-iHt/2} | x \rangle \langle x | e^{-iHt/2} | x_1 \rangle. \qquad (9.25)$$

이 방정식 형태는 더 복잡해 보이지만 아주 흥미로운 해석을 할 수 있다. 말로 설명해 보자. 시간 간격 t 동안 x_1에서 x_2로 옮겨 갈 확률 진폭은 중간 위치 x에 대한 적분이다. 피적분 함수는 시간 간격 $t/2$ 동안 x_1에서 x로 갈 확률 진폭과, 또 다른 시간 간격 $t/2$ 동안 x에서 x_2로 이동할 확률 진폭의 곱이다.

그림 9.6은 똑같은 아이디어를 시각적으로 보여 준다. 고전적으로는 입자가 x_1에서 x_2로 가기 위해 반드시 중간점 x를 통해 지나가야 한다. 하지만 양자 역학에서는 x_1에서 x_2로 갈 확률 진폭이 가능한 모든 중간점들에 대한 적분이다.

우리는 이런 생각을 더 밀고 나가서 그림 9.7이 보여 주듯이 시간 간격을 엄청나게 많은 미세한 간격으로 나눌 수 있다. 여기서 복잡한 공식을 쓰지는 않겠지만, 그 아이디어는 명확하다. 크기가 ε인 각각의 미세한 시간 간격에 대해

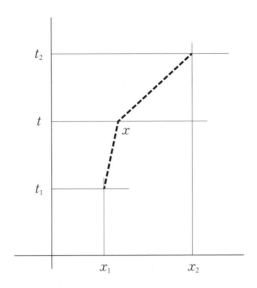

그림 9.6 궤적을 양자화하기 위한 첫 단계. 입자의 경로를 2개의 똑같은 부분(같은 시간)으로 나눈다. 입자의 출발점과 끝점은 똑같지만 이제 그 궤적은 중간점 x를 통과해 지나간다.

$$e^{-i\varepsilon H}$$

의 인수를 도입한다. 이 인수들 각 쌍들 사이에 항등원을 끼워 넣으면 확률 진폭 $C_{1,2}$는 모든 중간점에 대한 다중 적분이 된다. 피적분 함수는

$$\left\langle x_i \left| e^{-i\varepsilon H} \right| x_{i+1} \right\rangle$$

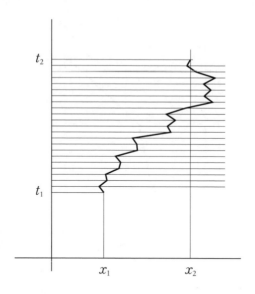

그림 9.7 경로 적분을 만들기 위한 추가 단계. 출발점과 끝점을 똑같이 유지한 채 경로를 똑같은 크기의 수많은 선분으로 쪼갠다.

의 형태로 표현된 양의 곱들로 만들어진다. $U(\varepsilon)$을 다음과 같이 정의하자.

$$U(\varepsilon) = e^{-i\varepsilon H}.$$

그러면 전체 곱을

$$\langle x_2 | U^N | x_1 \rangle,$$

즉

$$\langle x_2 | UUUU \cdots | x_1 \rangle$$

과 같이 쓸 수 있다. 이 식에서 U는 하나의 인수로서 N번 나온다. 여기서 N은 ε만큼 몇 번 올라갔는지를 나타내는 개수이다. 그리고 각각의 U 사이에 항등 연산자를 끼워 넣을 수 있다.

이런 표현을 주어진 경로에 대한 확률 진폭이라 부를 수 있다. 그러나 입자는 특정한 경로를 따라 움직이지 않는다. 대신 무한히 작은, 수많은 시간 간격의 극한에서는 그 확률 진폭이 끝점 사이의 가능한 모든 경로에 대한 적분이다. 파인만은 각 경로에 대한 확률 진폭이 고전 역학에서의 익숙한 표현, 즉 그 경로에 대한 작용과 간단한 관계를 맺고 있다는 우아한 사실을 발견했다. 각 경로에 대한 정확한 표현은

$$e^{iA/\hbar}$$

이다. 여기서 A는 개별 경로에 대한 작용이다.

파인만의 공식은 하나의 식으로 요약할 수 있다.

$$C_{1,2} = \int_{경로} dx \, e^{iA/\hbar}. \qquad (9.26)$$

경로 적분 공식은 수학적으로 우아한 기법일 뿐만 아니라, 실제로 강력한 힘을 가졌다. 사실 이를 이용해 2개의 슈뢰딩거 방정식과 양자 역학의 모든 교환 관계를 유도할 수 있다. 하지만 경로 적분은 양자 장론의 맥락에서 진정한 모습을 드러낸다. 여기서 경로 적분은 기본 입자 물리학의 법칙들을 공식화하는 핵심적인 도구이다.

⊹ 10강 ⊹

조화 진동자

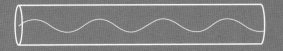

아트: 난 이제 양자 역학을 알 것 같네, 레니.

전체 그림이 천천히 또렷해지고 있어.

-1, 일반적인 불확정성, 얽힘 쌍, 해밀토니안, 심지어 겹침까지도.

다음은 뭐지?

레니: 진동이야, 아트. 떨림이지. 자넨 바이올리니스트야.

오늘 밤 우리를 위해 마지막 연주를 해 주게. 무언가 좋은 분위기로 말이야.

세상을 양자적으로 기술하는 데에 들어가는 모든 요소들 중에 특별히 근본적으로 두드러진 두 가지가 있다. 스핀, 또는 큐비트는 당연히 그중 하나이다. 고전적인 논리에서는 모든 것을 예-아니오 질문으로 만들 수 있다. 이와 비슷하게 양자 역학에서는 모든 논리적 질문이 결국 큐비트에 관한 질문으로 귀결된다. 우리는 큐비트를 배우기 위해 앞선 강의에서 많은 시간을 보냈다. 이번 강의에서 우리는 양자 역학에서 두 번째로 기본적인 요소, 조화 진동자(harmonic oscillator)를 배울 것이다.

조화 진동자는 수소 원자나 쿼크처럼 특정한 물체가 아니다. 매우 많은 현상을 이해하기 위한 수학적인 틀이다. 조화 진동자라는 개념은 고전 물리학에도 존재한다. 그러나 양자 이론에서 진정으로 전면에 부각된다. 조화 진동자의 한 예는 선형의 복원력이 있는 조건에서 움직이는 입자이다. 용수철 끝에 달린 추가 전형적인 예이다. 이상적인 용수철은 훅의 법칙(Hooke's law)을 만족한다. 평형점에서 벗어난 질량에 작용하는 힘은 그 질량이 평형점에서 벗어난 거리에 비례한다. 그런 힘을 복원력이라 부른다. 그 질량을 평형점으로 되돌리도록 끌어당기기 때문이다.

또 다른 예는 마찰력으로 에너지를 잃지 않고 그릇 바닥에서 앞뒤로 구르는 구슬이다. 이런 계를 특징짓는 것은 포물선과 비숫해 보이는 퍼텐셜 에너지 함수이다.

$$V(x) = \frac{k}{2}x^2. \tag{10.1}$$

상수 k를 용수철 상수라 부른다. 물체에 작용하는 힘은 V의 음의 그래디언트(gradient)임을 상기하면 이 물체에 작용하는 힘은

$$F = -kx \tag{10.2}$$

임을 알 수 있다. 음의 부호는 이 힘이 평형점에서 벗어난 방향과 반대로 작용해 물체를 원점 방향으로 다시 잡아당긴다는 것을 말해 주고 있다.

조화 진동자는 물리학에서 왜 그렇게 자주 등장할까? 그 이유는 임의의 매끄러운 함수 대부분이 그 함수의 최솟값 근처에서 포물선처럼 보이기 때문이다. 사실 많은 종류의 계는 평형점에서 벗어난 정도를 나타내는 어떤 변수의 2차 함수로 근사할 수 있는 에너지 함수를 특징적으로 갖고 있다. 이 계를 교란시키면 모두 평형점 주변을 진동할 것이다. 여기 몇몇 사례가 더 있다.

1. 수정 격자 안에 놓여 있는 원자. 원자를 평형점에서 약간 옮기면 근사적으로 선형 복원력으로 원래 자리로 밀려난다. 이 운동은 3차원적이어서 사실은 3개의 독립적인 진동으로

구성된다.

2. **저항이 작은 전기 회로.** 이 회로에 흐르는 전류는 고유의 진동수로 진동한다. 전기 회로와 용수철에 매달린 추는 수학적으로 똑같이 기술된다.

3. **파동.** 연못 표면에 파문이 일면 파동을 내보낸다. 특정한 위치에서 바라보는 사람은 파동이 지나감에 따라 그 표면이 진동하는 것을 볼 수 있다. 이 운동은 단순 조화 운동으로 기술할 수 있다. 음파에 대해서도 마찬가지이다.

4. **전자기파.** 여느 다른 파동과 마찬가지로, 빛이나 라디오파는 여러분을 지나갈 때 진동한다. 진동하는 입자를 기술하는 수학이 전자기파에도 똑같이 적용된다.

이 목록은 줄줄이 계속되지만 수학은 항상 똑같다. 그저 마음속에 하나의 사례를 심어 놓기 위해, 용수철에 매달려 있는 추를 진동자로 그려 보자. 두말할 필요도 없이 보통의 추와 용수철을 기술하기 위해서는 양자 역학이 거의 필요 없다. 따라서 이와 똑같은 계의 아주 작은 버전을 상상하고 이를 양자화해 보자.

10.1 고전적인 기술

y가 용수철에 매달려 있는 추의 높이를 나타낸다고 하자. 추가 평형점에 있을 때, 즉 추가 매달려서 정지해 있을 때 추의 위치가 $y = 0$이 되도록 원점을 잡을 것이다. 이 계를 고전적으로 연구

하기 위해서 『물리의 정석: 고전 역학 편』에서 배웠던 라그랑지안 방법을 이용할 수 있다. 운동 에너지와 퍼텐셜 에너지는 각각 $\frac{1}{2}m\dot{y}^2$ 과 $\frac{1}{2}ky^2$ 이다.

기억을 되살려 보면 라그랑지안은 운동 에너지와 퍼텐셜 에너지의 차이다.

$$L = \frac{1}{2}m\dot{y}^2 - \frac{1}{2}ky^2.$$

먼저 y를 다른 변수로 바꾸어 라그랑지안을 어떤 표준적인 형태로 바꾼다. 새로운 변수를 x라 부를 것이다. 이 좌표는 새로운 무언가가 아니다. 여전히 추의 변위를 나타낸다. 변수를 y에서 x로 바꾸면 단지 단위가 편리하게 바뀔 뿐이다. 새로운 변수를

$$x = \sqrt{m}\, y$$

로 정의하자. x를 사용하면 라그랑지안은

$$L = \frac{1}{2}\dot{x}^2 - \frac{1}{2}\omega^2 x^2 \tag{10.3}$$

이 된다. 상수 ω는 $\omega = \sqrt{\frac{k}{m}}$ 로 정의되며 우연히도 진동자의 진동수가 된다.

변수를 이렇게 바꾸면 모든 진동자를 정확하게 똑같은 형태

로 기술할 수 있다. 이 형태에서는 진동자가 오직 그 진동수 ω에 따라서만 서로 구분된다.

이제 오일러-라그랑주 방정식을 이용해서 운동 방정식을 구해 보자. 이 1차원의 계에 대해서는 오직 하나의 오일러-라그랑주 방정식, 즉

$$\frac{\partial L}{\partial x} = \frac{d}{dt} \frac{\partial L}{\partial \dot{x}} \qquad (10.4)$$

만 있다. 식 10.3에 이 연산을 수행하면

$$\frac{\partial L}{\partial \dot{x}} = \dot{x} \qquad (10.5)$$

를 얻는다. 이것은 위치 x의 켤레가 되는 정규 운동량(canonical momentum)이다. 이를 시간에 대해 미분하면

$$\frac{d}{dt} \frac{\partial L}{\partial \dot{x}} = \ddot{x} \qquad (10.6)$$

가 된다. 이제 식 10.4의 우변을 갖게 되었다. 좌변으로 돌아가면

$$\frac{\partial L}{\partial x} = -\omega^2 x \qquad (10.7)$$

를 얻는다. 오일러-라그랑주 방정식의 좌변(식 10.7)과 우변(식

10.6)을 같다고 놓으면

$$-\omega^2 x = \ddot{x} \qquad (10.8)$$

를 얻는다. 물론 이 식은 $F = ma$와 동등하다. 왜 음의 부호가 있을까? 이 힘은 복원력이기 때문이다. 힘의 방향은 변위의 방향과 정반대이다. 이제 여러분은 이런 형태의 방정식을 충분히 보아 왔기 때문에 그 풀이가 사인과 코사인을 포함한다는 것을 잘 알 것이다. 그 일반 풀이는

$$x = A\cos(\omega t) + B\sin(\omega t) \qquad (10.9)$$

이다. 이 식을 보면 ω가 정말로 진동자의 진동수임을 알 수 있다. 이 식을 2번 미분하면 ω^2이라는 인수가 튀어 나온다.

연습 문제 10.1: 식 10.9에서 x의 시간에 대한 2차 미분을 구해, 이 식이 식 10.8의 풀이임을 보여라.

10.2 양자 역학적 기술

이제 우리의 추-용수철계의 미시적인 버전(이 계가 하나의 분자보다 더 크지 않다고 하자.)으로 돌아가 보자. 언뜻 보기에는 우스꽝스러

위 보인다. 어떻게 그렇게 작은 용수철을 만들 수 있을까? 그러나 사실 자연에는 온갖 종류의 미시적인 용수철이 있다. 많은 분자들이 2개의 원자, 예를 들면 무거운 원자 1개와 가벼운 원자 1개로 구성되어 있다. 이 두 원자 사이의 거리를 일정하게 유지시키는 힘이 존재해서, 이들이 이루는 분자도 평형 상태를 유지할 수 있다. 가벼운 원자가 평형에서 벗어나면 다시 평형 위치로 이끌리게 된다. 이 분자는 추-용수철계의 축소 버전이지만, 너무 작아서 이를 이해하려면 양자 역학을 사용해야만 한다.

고전적인 라그랑지안을 구했으므로 우리의 계를 양자 역학적으로 기술해 보자. 우리에게 가장 먼저 필요한 것은 상태 공간이다. 우리가 보아 왔듯이 직선 운동하는 입자의 상태는 파동 함수 $\psi(x)$로 표현된다. 가능한 계의 상태는 많다. 그리고 각각은 다른 파동 함수로 표현된다. 파동 함수 $\psi(x)$는 입자를 위치 x에서 발견할 확률 밀도(단위 구간당 확률)가 $\psi^*(x)\psi(x)$가 되도록 정의된다.

$$\psi^*(x)\psi(x) = P(x).$$

이 식에서 $P(x)$는 확률 밀도를 나타낸다. 우리는 이제 그 계의 상태가 무엇인지를 특정하는 일종의 운동학을 갖게 되었다.

$\psi(x)$가 임의의 함수일 수 있을까? 연속적이고 미분 가능해야 한다는 요구 조건을 제외하면 유일한 추가 조건은 그 입자를

임의의 위치에서 발견할 총 확률이 1이어야 한다는 것이다.

$$\int_{-\infty}^{+\infty} \psi^*(x)\psi(x)dx = 1. \qquad (10.10)$$

이것이 대단한 제한 조건처럼 보이지는 않을 것이다. 이 식의 우변이 무엇이든 언제나 ψ에 어떤 상수를 곱해 적분이 1과 같게 만들 수 있다. 이 적분이 0이거나 무한대로 가지만 않는다면 말이다. $\psi^*(x)\psi(x)$가 양수이므로, 0이 될지 걱정할 필요가 없다. 하지만 무한대는 다르다. 식 10.10의 적분을 발산시키는 함수는 많다. 따라서 의미 있는 파동 함수가 되려면 ψ가 충분히 빨리 0으로 떨어져 적분이 수렴해야 한다. 이 조건을 만족하는 함수를 정규화 가능하다고 표현한다.

조화 진동자에 대해 던지고 싶은 두 가지 질문이 있다.

1. 상태 벡터가 어떻게 시간의 함수로서 변화하는가? 이 질문에 답을 하려면 해밀토니안을 알 필요가 있다.
2. 진동자의 가능한 에너지는 무엇인가? 이 또한 해밀토니안으로 결정된다.

따라서 무엇이든 유용한 무언가를 알아내려면 해밀토니안이 필요하다. 다행히도 우리는 라그랑지안에서 해밀토니안을 유도할 수 있다. 어떻게 하는지 잠시 여러분의 기억을 환기할 참이다.

하지만 먼저 x의 켤레인 정규 운동량은 $\partial L/\partial \dot{x}$로 정의된다는 사실을 떠올려 보자.[1] 이를 식 10.5와 결합하면

$$p = \frac{\partial L}{\partial \dot{x}} = \dot{x}$$

를 얻는다. 고전 역학으로부터 해밀토니안의 정의를 그대로 가져다 쓰면 조화 진동자의 해밀토니안이

$$H = p\dot{x} - L$$

임을 알 수 있다.[2] 여기서 p는 x의 켤레인 정규 운동량이며 L은 라그랑지안을 나타낸다. 우리는 이 정의로부터 직접 작업을 할 수도 있겠지만 대신 지름길을 택할 것이다. 라그랑지안은 운동 에너지와 퍼텐셜 에너지의 차이므로 해밀토니안은 운동 에너지와 퍼텐셜 에너지의 합, 즉 총 에너지이다. 따라서 진동자의 해밀토니안은

$$H = \frac{1}{2}\dot{x}^2 + \frac{1}{2}\omega^2 x^2$$

과 같이 쓸 수 있다. 지금까지는 다 좋다. 하지만 완전히 끝난 것

---

1) 이 아이디어는 『물리의 정석: 고전 역학 편』에 설명되어 있다.

2) 자유도가 오직 하나이므로 Σ를 사용할 필요가 없다.

은 아니다. 우리는 운동 에너지를 속도를 써서 표현했다. 하지만 양자 역학에서는 우리의 관측량을 연산자로 표현할 필요가 있다. 그런데 우리에게 속도 연산자는 없다. 이 문제를 처리하려면 표준 연산자 형태를 갖고 있는 위치와 정규 운동량을 써서 앞의 항들을 고쳐 써야 한다. 정규 운동량으로 해밀토니안을 다시 쓰기는 쉽다. 왜냐하면

$$p = \frac{\partial L}{\partial \dot{x}} = \dot{x}$$

이고, 따라서

$$H = \frac{1}{2}p^2 + \frac{1}{2}\omega^2 x^2 \qquad (10.11)$$

으로 쓸 수 있기 때문이다. 이는 고전적인 해밀토니안이다. 이제 우리는 x와 p를 연산자로 재해석해 고전적인 해밀토니안을 양자 역학적인 방정식으로 바꿀 수 있다. 여기서 연산자는 x와 p의 $\psi(x)$에 대한 작용으로 정의된다. 앞서 그랬듯이 양자 연산자를 고전적인 대응물인 x 및 p와 구분하기 위해 굵은 글씨 $\mathbf{X}$와 $\mathbf{P}$를 사용할 것이다. 이전 강의들로부터 우리는 이 연산자들이 어떻게 작용하는지 정확하게 알고 있다. x는 단지 파동 함수에 위치를 곱한 것일 뿐이다.

$$\mathbf{X}|\psi(x)\rangle \implies x\psi(x).$$

그리고 **P**는 다른 1차원 문제에서와 똑같은 형태를 취한다.

$$\mathbf{P}|\psi(x)\rangle \implies -i\hbar\frac{d}{dx}\psi(x).$$

이제 **P**를 파동 함수에 2회 작용하면, 파동 함수에 해밀토니안이 어떻게 작용하는지 알아낼 수 있다. 이는 9강에서 했던 과정과 똑같다.

$$\mathbf{H}|\psi(x)\rangle \implies \frac{1}{2}\left(-i\hbar\frac{\partial}{\partial x}\left(-i\hbar\frac{\partial\psi(x)}{\partial x}\right)\right) + \frac{1}{2}\omega^2 x^2\psi(x),$$

따라서

$$\mathbf{H}|\psi(x)\rangle \implies -\frac{\hbar^2}{2}\frac{\partial^2\psi(x)}{\partial x^2} + \frac{1}{2}\omega^2 x^2\psi(x) \quad (10.21)$$

이다. 일반적으로 ψ는 또 다른 변수인 시간에도 의존할 수 있으므로 편미분을 사용하고 있다. 시간은 연산자가 아니어서 x와 똑같은 지위를 갖지 않는다. 그러나 상태 벡터는 시간에 따라 변한다. 따라서 시간을 하나의 변수로 취급한다. 편미분은 우리가 이 계를 '고정된 시간에' 기술하고 있음을 뜻한다.

10.3 슈뢰딩거 방정식

식 10.12는 해밀토니안이 어떻게 ψ에 작용하는지 보여 준다. 이제 해밀토니안을 작동시켜 보자. 앞서 말했듯이 해밀토니안이 하는 일 중 하나는 상태 벡터가 시간에 따라 어떻게 변하는가를 말해 주는 것이다. 그렇다면 시간 의존 슈뢰딩거 방정식을 써 보자.

$$i\frac{\partial \psi}{\partial t} = \frac{1}{\hbar}\mathbf{H}\psi.$$

식 10.12를 이용해 $\mathbf{H}$를 바꾸어 쓰면

$$i\frac{\partial \psi}{\partial t} = -\frac{\hbar}{2}\frac{\partial^2 \psi}{\partial x^2} + \frac{1}{2}\frac{\omega^2 x^2}{\hbar}\psi \tag{10.13}$$

를 얻는다. 이 식이 말하는 바는 이렇다. 만약 여러분이 어떤 특정한 시간에 ψ(실수부와 허수부 모두)를 안다면 미래에 ψ가 어떻게 될지 예측할 수 있다. 이 식은 복소수이다. 식에 i라는 인수가 포함되어 있다. 이는 설령 ψ가 $t = 0$에서 실숫값으로 시작한다 하더라도 아주 짧게 허수부를 만들어 낼 수 있다는 뜻이다. 따라서 임의의 풀이 ψ는 x와 t의 복소 함수여야만 한다.

이 방정식은 수많은 방법으로 풀 수 있다. 예를 들어 컴퓨터를 이용해 수치적으로도 풀 수 있다. 알려진 $\psi(x)$ 값에서 시작해 도함수를 계산해서 그 값을 약간 갱신한다. 일단 도함수를 알면, 짧은 시간 증분에 대해 $\psi(x)$가 어떻게 변하는지를 계산한다.

그리고는 이렇게 증가한 변화량을 $\psi(x)$에 더하고 이 작업을 반복해서 계속한다. 결과적으로 $\psi(x)$는 어떤 흥미로운 모습을 보여 줄 것이다. $\psi(x)$는 어떻게든 여기저기를 움직일 것이다. 사실 어떤 조건에서는 $\psi(x)$가 조화 진동자와 아주 비슷하게 여기저기를 움직이는 파동 다발을 형성할 것이다.

10.4 에너지 준위

해밀토니안으로 할 수 있는 또 다른 일은 에너지 고유 벡터와 에너지 고윳값을 찾아 진동자의 에너지 준위를 계산하는 것이다. 4강에서 배웠듯이 일단 이 고유 벡터와 고윳값을 안다면 그 어떤 미분 방정식을 풀지 않고도 시간에 어떻게 의존하는지 알아낼 수 있다. 이는 여러분이 이미 각각의 에너지 고유 벡터가 시간에 어떻게 의존하는지를 알기 때문이다. 4.13에서 제시한 슈뢰딩거 켓 요리법을 복습하는 것도 좋다.

지금으로서는 시간 독립 슈뢰딩거 방정식

$$\mathbf{H}|\psi_E\rangle = E|\psi_E\rangle$$

를 이용해 에너지 고유 벡터를 찾는 데에 집중하자. 첨자 E는 ψ_E가 특별한 고윳값 E에 대한 고유 벡터임을 나타낸다. 이 식은 두 가지, 즉 파동 함수와 에너지 준위 E를 정의한다. 식 10.12를 이용해 $\mathbf{H}$를 전개하면 식이 조금 더 구체적으로 보인다.

$$-\frac{\hbar^2}{2}\frac{\partial^2 \psi_E(x)}{\partial x^2} + \frac{1}{2}\omega^2 x^2 \psi_E(x) = E\psi_E(x). \quad (10.14)$$

이 식을 풀기 위해서는 두 가지 단계를 거쳐야 한다.

1. 수학적 풀이가 허용하는 E의 값을 찾는다.
2. 그 에너지에 대한 고유 벡터와 가능한 고윳값을 찾는다.

이는 여러분이 생각했던 것보다 조금 더 교묘해 보일 것이다. 모든 복소수를 포함해서 모든 E 값에 대해, 이 방정식의 풀이가 결국 있을 것이다. 하지만 대부분의 풀이는 물리적으로 터무니없다. 그냥 어떤 점에서 시작해 약간의 증분을 만들어서 슈뢰딩거 방정식을 풀면, 거의 언제나 $\psi(x)$는 x가 커짐에 따라 증가하거나 발산해 버릴 것이다. 즉 방정식에 대한 풀이를 찾을 수 있을지는 몰라도 정규화 가능한 풀이를 찾는 일은 극히 드물 것이다.

사실 모든 복소수를 포함해서 대부분의 E 값에 대해 식 10.14의 풀이는 x가 ∞, $-\infty$, 또는 양쪽 모두에 다가감에 따라 기하 급수적으로 커진다. 이런 형태의 풀이는 물리적으로 의미가 없다. 진동자 좌표가 무한히 멀리 있을 확률이 압도적이라는 말이기 때문이다. 따라서 이런 풀이를 배제하기 위해 다음과 같은 제한 조건을 부여하자.

슈뢰딩거 방정식의 물리적인 풀이는 정규화 가능해야만 한다.

이는 아주 강력한 제한 조건이다. 사실 거의 모든 E 값에 대해 정규화 가능한 풀이는 없다. 아주 특별한 어떤 E 값에 대해서만 그런 풀이가 존재한다. 우리는 그것을 찾아 볼 것이다.

10.5 바닥 상태

조화 진동자의 가능한 가장 낮은 에너지 준위는 무엇인가? 고전 물리학에서는 에너지가 결코 음수가 될 수 없다. 왜냐하면 해밀토니안이 x^2 항과 p^2 항으로 이루어져 있기 때문이다. 에너지를 최소화하려면 그저 p와 x를 0과 같다고 놓으면 된다. 그러나 양자 역학에서 그것은 지나친 요구이다. 불확정성 원리에 따르면 x와 p 모두 0과 같다고 놓을 수 없다. 여러분이 할 수 있는 최선은 x와 p가 너무 많이 퍼지지 않은 타협 상태를 찾는 것이다. 타협을 해야 하기 때문에 가능한 가장 낮은 에너지는 0이 아닐 것이다. p^2도 x^2도 0이 아닐 것이다. 연산자 x^2과 $\mathbf{P}^2$은 오직 양의 고윳값만 가질 수 있으므로 조화 진동자는 음의 에너지 준위를 갖지 않는다. 사실 0의 에너지를 갖는 상태도 없다.

만약 계의 모든 에너지 준위가 양수이어야 한다면, 가장 낮게 허용된 에너지와 그 에너지를 갖는 파동 함수가 있어야만 한다. 이렇게 가장 낮은 에너지 준위를 바닥 상태(ground state)라 부르고 $\psi_0(x)$으로 표기한다. 첨자 0은 에너지가 0이라는 뜻이 아님을 명심하라. 이는 가장 낮게 허용된 에너지라는 뜻이다.

바닥 상태를 확인하는 데에 도움이 되는 아주 유용한 수학 정리가 있다. 여기서 이를 증명하지는 않겠지만, 말로 하면 아주 간단하다.

임의의 퍼텐셜에 대한 바닥 상태의 파동 함수는 0의 값을 갖지 않으며 교점이 없는 유일한 에너지 고유 상태이다.

따라서 조화 진동자의 바닥 상태를 찾기 위해서는 어떤 E 값에 대해 교점이 없는 풀이를 찾기만 하면 된다. 우리가 그 풀이를 어떻게 찾는가는 문제가 아니다. 수학적인 비법을 써도 되고, 추론을 해도 되고, 그냥 교수에게 물어보아도 된다. 마지막 방법을 이용해 보자. (내가 그 교수 노릇을 할 것이다.)

이것을 만족하는 함수가 있다.

$$\psi(x) = e^{-\frac{\omega}{2\hbar}x^2}. \tag{10.15}$$

그림 10.1은 이 함수를 도식적으로 보여 준다. 보다시피 함수가 원점 주변에 집중되어 있다. 원점은 가장 낮은 에너지 상태가 집중되어 있을 것으로 예상되는 지점이다. 함수는 원점에서 멀어짐에 따라 아주 빨리 0으로 수렴한다. 따라서 확률 밀도의 적분은 유한하다. 그리고 중요하게도, 이 함수는 교점이 없다. 따라서 이 함수가 우리의 바닥 상태일 가능성이 있다.

이 함수에 해밀토니안이 어떤 작용을 하는지 알아보자. 해밀

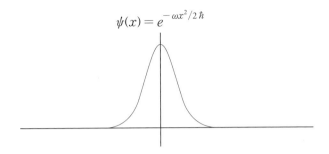

$$\psi(x) = e^{-\omega x^2/2\hbar}$$

그림 10.1 조화 진동자의 바닥 상태.

토니안의 첫 항(식 10.14의 좌변)은 연산자

$$-\frac{\hbar^2}{2}\frac{\partial^2}{\partial x^2}$$

을 $\psi(x)$에 작용한다. 한 번에 미분 한 번씩 이 항을 계산해 보자. 첫 단계는

$$\frac{\partial \psi(x)}{\partial x} = -\frac{\omega}{2\hbar}(2x)e^{-\frac{\omega}{2\hbar}x^2}$$

이고 간단히 하면

$$\frac{\partial \psi(x)}{\partial x} = -\frac{\omega}{\hbar}xe^{-\frac{\omega}{2\hbar}x^2}$$

이다. 두 번째 미분을 작용하면 곱의 미분법에 따라 2개의 항이

생긴다.

$$\frac{\partial^2 \psi(x)}{\partial x^2} = -\frac{\omega}{\hbar} e^{-\frac{\omega}{2\hbar}x^2} + \frac{\omega^2}{\hbar^2} x^2 e^{-\frac{\omega}{2\hbar}x^2}.$$

이 결과를 식 10.14에 다시 대입하고 동시에 우변의 ψ를 우리가 생각해 낸 $e^{-\frac{\omega}{2\hbar}x^2}$으로 바꾸면

$$\frac{\hbar}{2}\omega e^{-\frac{\omega}{2\hbar}x^2} - \frac{1}{2}\omega^2 x^2 e^{-\frac{\omega}{2\hbar}x^2} + \frac{1}{2}\omega^2 x^2 e^{-\frac{\omega}{2\hbar}x^2} = E e^{-\frac{\omega}{2\hbar}x^2}$$

이다. $e^{-\frac{\omega}{2\hbar}x^2}$에 비례하는 항을 상쇄시키면 놀라운 사실을 알게 된다. 즉 슈뢰딩거 방정식을 푸는 것이 단지

$$\frac{\hbar}{2}\omega e^{-\frac{\omega}{2\hbar}x^2} = E e^{-\frac{\omega}{2\hbar}x^2}$$

을 푸는 문제로 환원된다. 보다시피 이 방정식을 푸는 유일한 방법은 E를 $\frac{\omega\hbar}{2}$와 같다고 놓는 것이다. 즉 우리는 파동 함수뿐만 아니라 바닥 상태의 에너지값 또한 알아낸 것이다. 바닥 상태 에너지를 E_0이라 하면

$$E_0 = \frac{\omega\hbar}{2} \tag{10.16}$$

와 같이 쓸 수 있다. 한편 바닥 상태 파동 함수는 그저 교수가 우

리에게 던져 준 가우스 함수

$$\psi_0(x) = e^{-\frac{\omega}{2\hbar}x^2}$$

이다. 그 교수는 똑똑한 친구다.

10.6 생성 연산자와 소멸 연산자

이번 강의를 해 오는 과정에서 우리는 양자 역학에 대한 두 가지 사고 방식을 목격했다. 그 두 방식은 하이젠베르크와 슈뢰딩거까지 거슬러 올라간다. 하이젠베르크는 대수와 행렬을 좋아했고 이를 무엇이라고 불러야 할지 알았다. (바로 선형 연산자이다.) 이와 대조적으로 슈뢰딩거는 파동 함수와 파동 방정식으로 생각했다. 슈뢰딩거 방정식이 유명한 사례이다. 물론 두 가지 사고 방식은 모순적이지 않다. 함수는 벡터 공간을 형성하고 도함수는 연산자이다.

지금까지 조화 진동자를 공부하면서 함수와 미분 방정식에 초점을 맞추었다. 하지만 많은 경우—특히 조화 진동자에 대해서는—보다 강력한 도구는 연산자 방법이다. 이 방법에 따르면 파동 함수와 파동 방정식에 관한 연구 전체가 아주 작은 수의 대수 기법으로 줄어든다. 대수 기법은 거의 언제나 교환자 연산과 관계가 있다. 사실 여러분이 한 쌍의 연산자를 볼 때마다 나는 그들의 교환자를 알아보라고 충고한다. 만약 그 교환자가 여러분이 이전에 보지 못한 새로운 연산자라면 그 연산자와 원래 쌍의 교환자를 알아보라. 여기서 즐거움이 생긴다.

이 충고를 따르면 분명히 지루한 계산을 끊임없는 사슬처럼 해야 할 수도 있다. 그러나 어쩌다 한 번 운 좋게도 교환에 대해 닫힌 연산자 집합을 발견할 수도 있다. 그런 일이 일어날 때마다 여러분은 사업을 하는 셈이다. 곧 보게 되겠지만, 연산자 방법은 어마어마한 힘을 갖고 있다.

이제 이 접근법을 조화 진동자에 적용해 보자. 연산자 $\mathbf{P}$와 $\mathbf{X}$로 표현된 해밀토니안으로부터 시작해 보자.

$$\mathbf{H} = \frac{\mathbf{P}^2 + \omega^2 \mathbf{X}^2}{2}. \qquad (10.17)$$

나머지 에너지 준위를 알아내기 위해 우리는 어떤 비법을 사용할 것이다. 아이디어는 이렇다. $\mathbf{X}$와 $\mathbf{P}$의 성질(특히 교환 관계 $[\mathbf{X}, \mathbf{P}] = i\hbar$)을 영리하게 사용해서 생성 연산자(creation operator)와 소멸 연산자(annihilation operator)라 불리는 새로운 연산자 2개를 만드는 것이다. 생성 연산자가 에너지 고유 벡터(또는 고유 함수)에 작용하면, 한 단계 높은 에너지 준위를 가진 새로운 고유 벡터를 만들어 낸다. 소멸 연산자는 정확히 그 반대 작용을 한다. 출발한 고유 벡터의 에너지보다 한 단계 낮은 에너지 준위를 갖는 고유 벡터를 만들어 낸다. 따라서 대략 말하자면, 이들이 생성하고 소멸시키는 것은 에너지이다. 이들은 각각 올림 연산자

(rasing operator)와 내림 연산자(lowering operator)로도 불린다. 하지만 기억하라. 연산자는 계가 아니라 상태 벡터에 작용한다. 이들 연산자가 어떻게 작용하는지를 보기 위해 해밀토니안을

$$\mathbf{H} = \frac{1}{2}(\mathbf{P}^2 + \omega^2 \mathbf{X}^2) \qquad (10.18)$$

의 형태로 다시 쓴다. 이는 고전적인 해밀토니안일 뿐만 아니라 양자 역학적인 해밀토니안이다. 또한 소문자 p와 x를 써도 정확히 똑같다. 그러나 우리는 양자 역학적인 해밀토니안에 초점을 맞출 계획이므로 굵은 글씨 $\mathbf{P}$와 $\mathbf{X}$를 사용하고 있다.

고전 물리학에서는 옳지만 양자 역학에서는 약간 수정할 필요가 있는 조작을 하는 것으로 시작해 보자. 식 10.18의 괄호 안에는 제곱의 합이 있다. 다음 공식

$$a^2 + b^2 = (a + ib)(a - ib)$$

를 쓰면 해밀토니안을

$$\mathbf{H} \text{ “ = ” } \frac{1}{2}(\mathbf{P} + i\omega\mathbf{X})(\mathbf{P} - i\omega\mathbf{X}) \qquad (10.19)$$

와 같이 다시 쓸 수 있을 것 같다. 이것은 거의 옳다. 왜 '거의'인가? 양자 역학적으로 $\mathbf{P}$와 $\mathbf{X}$는 교환 가능하지 않기 때문이다. 그

래서 연산의 순서에 주의를 기울일 필요가 있다. 인수 분해된 형태를 전개해서 식 10.18의 원래 해밀토니안과 어떻게 다른지 살펴보자. 인수의 순서를 주의 깊게 따라가면 앞의 식을 다음과 같이 전개할 수 있다.

$$\frac{1}{2}(\mathbf{P} + i\omega\mathbf{X})(\mathbf{P} - i\omega\mathbf{X}) = \frac{1}{2}(\mathbf{P}^2 + i\omega\mathbf{XP} - i\omega\mathbf{PX} - i^2\omega^2\mathbf{X}^2)$$

$$= \frac{1}{2}(\mathbf{P}^2 + i\omega(\mathbf{XP} - \mathbf{PX}) - i^2\omega^2\mathbf{X}^2)$$

$$= \frac{1}{2}(\mathbf{P}^2 + i\omega(\mathbf{XP} - \mathbf{PX}) + \omega^2\mathbf{X}^2)$$

$$= \frac{1}{2}(\mathbf{P}^2 + \omega^2\mathbf{X}^2) + \frac{1}{2}i\omega(\mathbf{XP} - \mathbf{PX}).$$

마지막 행의 오른쪽 괄호를 살펴보자. 우리는 예전에 이 표현을 본 적이 있다. 이는 $\mathbf{X}$와 $\mathbf{P}$의 교환자이다. 사실 우리는 이미 그 값을 알고 있다.

$$(\mathbf{XP} - \mathbf{PX}) = [\mathbf{X}, \mathbf{P}] = i\hbar.$$

따라서 인수 분해해서 표현한 해밀토니안은

$$\frac{1}{2}(\mathbf{P}^2 + \omega^2\mathbf{X}^2) + \frac{1}{2}i\omega i\hbar,$$

즉

$$\frac{1}{2}(\mathbf{P}^2 + \omega^2 \mathbf{X}^2) - \frac{1}{2}\omega\hbar$$

가 된다. 즉 식 10.19로 시작한 인수 분해된 표현은 실제로는 해밀토니안보다 $\frac{\omega\hbar}{2}$ 만큼 더 작다. 실제 해밀토니안을 복원하려면 $\frac{\omega\hbar}{2}$ 을 다시 더할 필요가 있다.

$$\mathbf{H} = \frac{1}{2}(\mathbf{P} + i\omega\mathbf{X})(\mathbf{P} - i\omega\mathbf{X}) + \frac{\omega\hbar}{2}.$$

해밀토니안을 이런 식으로 또는 저런 식으로 다시 쓰는 것이 무익한 연습처럼 보일지도 모른다. 하지만 나를 믿어라. 그렇지 않다. 무엇보다 마지막 항은 모든 고유 상태에 $\frac{\omega\hbar}{2}$ 라는 수치를 더하는 상수일 뿐이다. 지금으로서는 이 상수를 잊어도 좋다. 나중에 나머지 문제들을 풀고 난 뒤에 이 항을 다시 더할 수 있다. 문제의 본질은 $(\mathbf{P} + i\omega\mathbf{X})(\mathbf{P} - i\omega\mathbf{X})$ 라는 표현에 있다. 결과적으로 두 인수 $(\mathbf{P} + i\omega\mathbf{X})$ 와 $(\mathbf{P} - i\omega\mathbf{X})$ 는 주목할 만한 성질을 갖는다. 사실은 이들이 앞서 말했던 올림 연산자(생성 연산자)와 내림 연산자(소멸 연산자)이다. 지금으로서는 이것이 그저 이름일 뿐이지만, 논의를 진행함에 따라 이름을 잘 골랐다는 것을 알게 될 것이다. 내림 연산자는 당연하게도

$$\mathbf{a}^- = (\mathbf{P} - i\omega\mathbf{X})$$

로 정의하고 올림 연산자는

$$\mathbf{a}^+ = (\mathbf{P} + i\omega\mathbf{X})$$

로 정의한다. 그러나 역사는 때때로 당연함을 선점한다. 역사적으로 올림 연산자와 내림 연산자는 그 앞에 추가적인 인수를 갖고 정의되었다. 공식적인 정의는 다음과 같다.

$$\mathbf{a}^- = \frac{i}{\sqrt{2\omega\,\hbar}}(\mathbf{P} - i\omega\mathbf{X}) \qquad (10.20)$$

$$\mathbf{a}^+ = \frac{-i}{\sqrt{2\omega\,\hbar}}(\mathbf{P} + i\omega\mathbf{X}). \qquad (10.21)$$

이 정의를 사용하면 해밀토니안이 아주 간단해 보이기 시작한다.

$$\mathbf{H} = \omega\,\hbar\left(\mathbf{a}^+\mathbf{a}^- + 1/2\right). \qquad (10.22)$$

우리가 알아야 할 $\mathbf{a}^+$와 $\mathbf{a}^-$의 성질은 단 두 가지뿐이다. 첫째는 이들이 서로 에르미트 켤레라는 점이다. 이는 그 정의로부터 나오는 결과이다. 또 다른 성질이 정말로 본질적이다. $\mathbf{a}^+$와 $\mathbf{a}^-$의 교환자는

$$\left[\mathbf{a}^-, \mathbf{a}^+\right] = 1$$

이다. 증명은 쉽다. 먼저 정의를 이용해서 다음과 같이 쓴다.

$$[\mathbf{a}^-, \mathbf{a}^+] = \frac{1}{2\omega\,\hbar}[(\mathbf{P} - i\omega\mathbf{X}), (\mathbf{P} + i\omega\mathbf{X})].$$

다음으로 $[\mathbf{X}, \mathbf{X}] = 0$, $[\mathbf{P}, \mathbf{P}] = 0$, $[\mathbf{X}, \mathbf{P}] = i\,\hbar$의 교환 관계를 이용한다. 이 결과를 앞의 식에 적용하면 $[\mathbf{a}^-, \mathbf{a}^+] = 1$임을 금세 알 수 있다.

수 연산자(number operator)라 불리는 새로운 연산자

$$\mathbf{N} = \mathbf{a}^+\mathbf{a}^-$$

를 정의하면 식 10.22의 해밀토니안을 훨씬 더 간단하게 만들 수 있다. 수 연산자 또한 그저 이름일 뿐이지만 아주 훌륭한 이름임을 곧 알게 될 것이다. 수 연산자를 쓰면 해밀토니안은

$$\mathbf{H} = \omega\,\hbar\,(\mathbf{N} + 1/2) \qquad (10.23)$$

이 된다. 지금까지 우리가 한 일이라고는 $\mathbf{a}^+$, $\mathbf{a}^-$, $\mathbf{N}$이라는 어떤 기호들을 정의한 것이 전부이다. 그 결과 해밀토니안은 언뜻 보기에 간단해졌다. 우리가 에너지 고윳값을 알아내기 위해 정말로 조금이라도 더 다가가고 있는지 명확하지 않다. 조금 더 나아가기 위해, 내가 이전에 했던 충고를 돌이켜 보자. 2개의 연산자를

만날 때마다 그들을 교환시켜라. 이 경우 이미 하나의 교환자를 알고 있다.

$$[\mathbf{a}^-, \mathbf{a}^+] = 1. \qquad (10.24)$$

다음으로, 올림 연산자, 내림 연산자와 수 연산자 $\mathbf{N}$의 교환자를 알아보자. 무식한 방법으로 계산할 것이다. 여기 그 과정이 있다.

$$[\mathbf{a}^-, \mathbf{N}] = \mathbf{a}^-\mathbf{N} - \mathbf{N}\mathbf{a}^- = \mathbf{a}^-\mathbf{a}^+\mathbf{a}^- - \mathbf{a}^+\mathbf{a}^-\mathbf{a}^-.$$

이제 항들을

$$[\mathbf{a}^-, \mathbf{N}] = (\mathbf{a}^-\mathbf{a}^+ - \mathbf{a}^+\mathbf{a}^-)\mathbf{a}^-$$

의 형태로 결합한다. 이는 복잡해 보이지만 이내 괄호 속 표현이 그저 $[\mathbf{a}^-, \mathbf{a}^+]$임을 알아차릴 수 있다. 이 값은 마침 1이다. 이 사실을 이용해서 간단히 정리하면

$$[\mathbf{a}^-, \mathbf{N}] = \mathbf{a}^-$$

를 얻는다. $\mathbf{a}^+$와 $\mathbf{N}$에 대해서도 똑같은 일을 할 수 있다. 그 결과는 거의 같지만 부호는 반대이다. 전체 교환자 목록은 다음과 같

다. 깔끔하지 않은가!

$$[\mathbf{a}^-, \mathbf{a}^+] = 1$$
$$[\mathbf{a}^-, \mathbf{N}] = \mathbf{a}^-$$
$$[\mathbf{a}^+, \mathbf{N}] = -\mathbf{a}^+. \qquad (10.25)$$

이것은 여러분이 '교환자 대수'라 불러도 좋은 관계로서, 교환에 대해 닫힌 연산자 집합이다. 교환자 대수는 놀라운 성질을 갖고 있어서 이론 물리학자들이 가장 좋아하는 도구들 중 하나이다. 이제 조화 진동자라는 대표적인 예제에서 이 교환자 대수의 힘을 보게 될 것이다. 즉 이를 이용해 $\mathbf{N}$의 고윳값과 고유 벡터를 구하는 것이다. 일단 이것을 알게 되면 식 10.23으로부터 즉시 $\mathbf{H}$의 고윳값을 읽어 낼 수 있다. 그 비법은 일종의 귀납법을 이용하는 것이다. 먼저 $\mathbf{N}$의 고윳값과 고유 벡터를 갖고 있다고 가정하자. 그 고윳값을 n, 고유 벡터를 $|n\rangle$이라 한다. 정의에 따라

$$\mathbf{N}|n\rangle = \mathbf{a}^+ \mathbf{a}^- |n\rangle = n|n\rangle$$

이다. 이제 $|n\rangle$에 $\mathbf{a}^+$를 작용해서 얻은 새로운 벡터를 생각해 보자. 그 결과는 다른 고윳값을 갖는 $\mathbf{N}$의 다른 고유 벡터임을 증명해 보자. 여기서도 우리는 교환 관계를 직접 적용해서 이를 증명해 낼 것이다. 먼저 $\mathbf{N}(\mathbf{a}^+|n\rangle)$이라는 표현을 약간 더 복잡한 형태

$$\mathbf{N}(\mathbf{a}^+|n\rangle) = \left[\mathbf{a}^+\mathbf{N} - (\mathbf{a}^+\mathbf{N} - \mathbf{N}\mathbf{a}^+)\right]\!\|n\rangle$$

으로 써 보자. 우변 괄호 안의 표현은 $\mathbf{a}^+\mathbf{N}$ 항이 더해지고 빼졌으므로 $\mathbf{N}\mathbf{a}^+$와 같다. 이때 괄호 안의 표현은 식 10.25의 마지막 교환자임에 유의하라. 그 결과를 대입하면

$$\mathbf{N}(\mathbf{a}^+|n\rangle) = \mathbf{a}^+(\mathbf{N}+1)|n\rangle$$

을 얻는다. 마지막 단계로 $|n\rangle$이 고윳값 n을 갖는 $\mathbf{N}$의 고유 벡터라는 사실을 이용한다. 이는 우리가 $(\mathbf{N}+1)$을 $(n+1)$로 바꿀 수 있음을 뜻한다.

$$\mathbf{N}(\mathbf{a}^+|n\rangle) = (n+1)\left(\mathbf{a}^+|n\rangle\right). \qquad (10.26)$$

언제나 그렇듯이 자동 항법 장치를 켜 놓았으면 흥미로운 결과를 보기 위해 눈을 크게 뜨고 있어야 한다. 식 10.26은 흥미롭다. 벡터 $\mathbf{a}^+|n\rangle$은 고윳값이 $(n+1)$인 $\mathbf{N}$의 새로운 고유 벡터임을 말하고 있기 때문이다. 즉 고유 벡터 $|n\rangle$이 주어졌을 때 우리는 고윳값이 1 증가한 또 다른 고유 벡터를 발견했다. 이 모든 것은 다음의 식으로 요약할 수 있다.

$$\mathbf{a}^+|n\rangle = |n+1\rangle. \qquad (10.27)$$

이 과정을 계속 반복해서 고유 벡터 $|n+1\rangle$, $|n+2\rangle$ 등을 계속 찾을 수 있음이 명백하다. 놀랍게도 고윳값 n이 있다면 그 위로 정수만큼의 간격으로 무한히 많은 일련의 고윳값이 있어야 함을 알아냈다. 올림 연산자라는 이름은 잘 고른 것 같다.

내림 연산자에 대해서는 어떤 결과가 나올까? 당연하게도 우리는 $\mathbf{a}^-|n\rangle$이 고윳값이 한 단위 낮은 고유 벡터를 만들어 냄을 알 수 있다.

$$\mathbf{a}^-|n\rangle = |n-1\rangle. \qquad (10.28)$$

이는 n 아래로 고윳값이 끝없이 배열되어 있다는 뜻이다. 그러나 그럴 리가 없다. 우리는 이미 바닥 상태가 양의 에너지를 가진다는 사실을 알고 있다. 그리고 $\mathbf{H} = \omega\hbar(\mathbf{N}+1/2)$이므로 아래로 향하는 고윳값 수열은 끝이 있어야 한다. 그런데 그 수열이 끝날 수 있는 유일한 방법은 $\mathbf{a}^-$가 작용했을 때 그 결과가 0인 고유 벡터 $|0\rangle$이 존재하는 것이다. ($|0\rangle$과 0 벡터를 혼동하면 안 된다.[3]) 기호로 쓰면 이는

$$\mathbf{a}^-|0\rangle = 0 \qquad (10.29)$$

---

3) 0 벡터는 성분이 모두 0인 벡터이다. 반면 벡터 $|0\rangle$는 0이 아닌 성분을 갖는 상태 벡터이다.

과 같이 표현할 수 있다. |0⟩은 가장 낮은 에너지 상태이므로, 바닥 상태이다. 그리고 그 에너지는 $E_0 = \omega \hbar /2$이다. 이 상태는 고윳값이 0인 N의 고유 벡터이다. 종종 $\mathbf{a}^-$가 바닥 상태를 소멸시킨다고 말한다.

보시다시피 추상적인 $\mathbf{a}^+$, $\mathbf{a}^-$, N을 만들면 보상이 있다. 덕분에 우리는 어려운 방정식 하나 풀지 않고 조화 진동자의 전체 에너지 준위 스펙트럼을 구할 수 있다. 이는

$$E_n = \omega \hbar (n + 1/2)$$
$$= \omega \hbar (1/2, 3/2, 5/2, \cdots) \qquad (10.30)$$

의 에너지값으로 구성되어 있다. 조화 진동자의 에너지 준위를 이렇게 양자화한 것은 양자 역학의 첫 결과들 중 하나였으며 아마도 가장 중요했을 것이다. 수소 원자는 양자 역학의 훌륭한 사례이지만 결국 수소 원자일 뿐이다. 반면 조화 진동자는 수정 격자의 진동에서부터 전기 회로, 전자기파에 이르기까지 어디서나 그 모습을 드러낸다. 그 목록은 끝이 없다. 심지어 그네 타는 아이처럼 거시적인 진동자조차도 양자화된 에너지 준위를 갖고 있다. 다만 식 10.30에 플랑크 상수가 있기 때문에 에너지 준위들 사이의 간격이 너무나 미세해서 완전히 감지할 수가 없다.

조화 진동자의 양의 에너지 준위가 보여 주는 끝없는 스펙트럼은 종종 '탑' 또는 '사다리'라 불린다. 그림 10.2가 이를 도식적

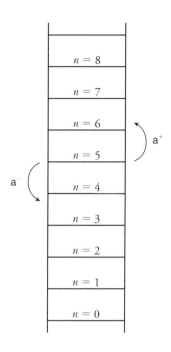

그림 10.2 조화 진동자의 에너지 준위 사다리. 에너지 준위의 간격은 균등하다. a^+와 a^-는 각각 에너지 준위를 올리고 내린다. n은 0을 하한(바닥 상태)으로 가지지만 상한은 없다.

으로 보여 주고 있다.

10.7 다시 파동 함수로

이 사례는 교환자 대수의 놀라운 능력을 충분히 보여 주었다. 연산자 방법은 정말로 대단하다. 하지만 매우 추상적이다. 조금 더 구체적이고 쉽게 시각화할 수 있는 파동 함수를 찾는 데에도 연산자 방법이 유용할까? 물론이다.

바닥 상태부터 시작해 보자. 우리는 방금 식 10.29에서 바닥 상태는 $\mathbf{a}^-$가 소멸시키는 고유한 상태임을 알았다. 이제 식 10.29를 위치와 운동량 연산자, 그리고 바닥 상태 파동 함수 $\psi_0(x)$를 써서 다시 써 보자.

$$\frac{i}{\sqrt{2\omega\,\hbar}}(\mathbf{P} - i\omega\mathbf{X})\psi_0(x) = 0.$$

여기서 상수 인자로 나누면

$$(\mathbf{P} - i\omega\mathbf{X})\psi_0(x) = 0$$

이다. 이제 $\mathbf{P}$를 $-i\hbar\dfrac{d}{dx}$로 바꾸면 2차 미분 방정식인 슈뢰딩거 방정식보다 훨씬 더 간단한 1차 미분 방정식을 얻는다.

$$\frac{d\psi_0}{dx} = -\frac{\omega x}{\hbar}\psi_0(x).$$

이는 간단한 미분 방정식이어서 여러분도 쉽게 풀 수 있다. 또는 식 10.15의 바닥 상태 파동 함수

$$e^{-\frac{\omega}{2\hbar}x^2}$$

이 이 방정식의 풀이임을 검증할 수도 있다. 들뜬 상태(excited state, 비(非)바닥 상태)에 대한 파동 함수를 계산하는 것은 훨씬 더 쉽다. 그 어떤 방정식을 풀지 않아도 된다. 에너지 준위 사다리에서 $n = +1$인 가로대로 올라가 보자. 우리는 바닥 상태에 $\mathbf{a}^+$를 적용해서 그렇게 할 수 있다. 이 새로운 상태의 파동 함수를 $\psi_1(x)$이라 하자. 계산할 때 상수 $-i/\sqrt{2\omega\hbar}$ 가 걸리적거리는 것을 피하기 위해 $\mathbf{a}^+$의 정의에서 이 상수를 그냥 떼어 버릴 것이다. 그래 보아야 숫자 계수에만 영향을 줄 뿐이다. 그 결과 식은

$$\psi_1(x) = (\mathbf{P} + i\omega\mathbf{X})\psi_0(x),$$

즉

$$\psi_1(x) = \left(-i\hbar\frac{\partial}{\partial x} + i\omega x\right)e^{-\frac{\omega}{2\hbar}x^2}$$

이다. i를 인수 분해로 끄집어내면

$$\psi_1(x) = i\left(-\hbar\frac{\partial}{\partial x} + \omega x\right)e^{-\frac{\omega}{2\hbar}x^2}$$

을 얻는다. 이 계산에서 '가장 어려운' 부분은 $e^{-\frac{\omega}{2\hbar}x^2}$ 을 미분하는 것이다. 그 결과는 다음과 같다.

$$\psi_1(x) = 2i\omega x e^{-\frac{\omega}{2\hbar}x^2},$$

즉

$$\psi_1(x) = 2i\omega x \psi_0(x)$$

이다. ψ_0와 ψ_1 사이의 유일한 차이는 ψ_1에 x라는 인수가 있다는 점이다. 이 효과는 무시할 수 없다. 그 결과 첫 번째 들뜬 상태의 파동 함수는 $x = 0$에서 0, 즉 교점을 갖게 된다. 사다리를 올라 갈수록 이런 양상은 계속된다. 계속되는 들뜬 상태 각각은 추가 적으로 교점을 갖는다. $n = 2$에서 두 번째 들뜬 상태를 계산해 보면 이런 양상이 더욱 드러난다. 우리는 그저 $\mathbf{a}^+$를 다시 적용하 기만 하면 된다.

$$\psi_2(x) = i\left(-\hbar\frac{\partial}{\partial x} + \omega x\right)\left(xe^{-\frac{\omega}{2\hbar}x^2}\right).$$

ωx 항이 결과적으로 ωx^2 항이 될 것임을 즉시 알 수 있다. 한편 $-\dfrac{\partial}{\partial x}$ 는 곱의 미분법을 통해 2개의 항이 생길 것이다. 이 중 하나는 (또 다른 ωx를 만들면서) 지수에서 올 것이다. 다른 하나 는 x를 미분한 항에서 올 것이다. 그 결과가 2차 다항식이 될 것 임은 명확하다. 이 미분을 계산하면 결과적으로 파동 함수는

$$\psi_2(x) = (-\hbar + 2\omega x^2)e^{-\frac{\omega}{2\hbar}x^2}$$

이다. 그리고 사다리를 따라 끝없이 올라가며 계속할 수 있다. 여기서 또 다른 양상을 볼 수 있다. 각각의 고유 함수는 $e^{-\frac{\omega}{2\hbar}x^2}$이 곱해진 x의 다항 함수이다. 지수 함수는 임의의 이런 다항 함수가 커지는 것보다 더 빨리 0으로 가기 때문에 각 파동 함수는 x가 양의 무한대 또는 음의 무한대로 갈수록 0에 접근한다. 또한 각 다항식의 차수는 앞선 다항식의 차수보다 하나 더 크므로, 각 고유 함수는 앞선 고유 함수보다 0을 하나 더 갖는다.[4] 이는 또한 왜 연이은 파동 함수가 교대로 대칭적이고 반대칭적인지를 설명해 준다. 구체적으로 말해, 짝수 차수의 다항 함수를 갖는 고유 함수는 대칭적이고 홀수 차수의 다항 함수를 갖는 파동 함수는 반대칭적이다. 이렇게 계속되는 다항 함수는 아주 잘 알려져 있다. 이들을 에르미트 다항 함수라 부른다. 바닥 상태의 고유 함수인 $e^{-\frac{\omega}{2\hbar}x^2}$은 x에 대칭적이며, 그보다 더 높은 모든 에너지 고유 함수에 등장한다.

그림 10.3은 몇몇 서로 다른 에너지 준위를 보여 준다. 각각

---

4) 결과적으로 이 0은 x의 실숫값에서 생기지만, 이는 우리가 보아 온 것으로부터 명확하지는 않다. 물리적인 의미에서 이 0은 약간 이상해 보인다. 왜냐하면 이들은 움직이는 질량이, 비록 유쾌하게 윙윙거리며 앞뒤로 왔다 갔다 하더라도, 결코 발견되지 않을 점들이기 때문이다.

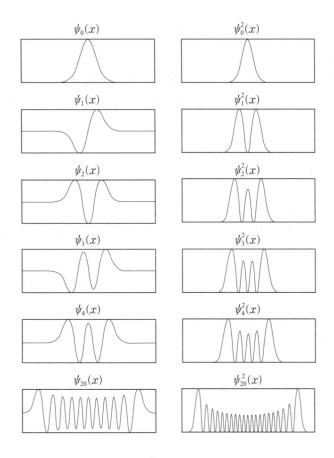

그림 10.3 조화 진동자 고유 함수. 확률 진폭은 왼쪽에, 확률은 오른쪽에 있다. 더 높은 에너지의 파동 함수는 더 급격하게 진동하며 더 많이 퍼져 있다.

의 연이은 고유 함수는 이전의 것보다 더 급격하게 진동한다. 이는 운동량의 증가에 대응한다. 파동 함수가 더 급격히 진동할수

그림 10.4 공동 속의 전자기 복사.

록 계의 운동량은 더 커진다. 더 높은 에너지 준위에서는 파동 함수가 더 퍼지게 된다. 물리적인 용어로 말하자면, 물체는 평형점에서 더 멀리 움직이며 더 빨리 움직인다.

이 고유 함수들에는 또 다른 중요한 교훈이 있다. 비록 파동 함수가 점근적으로 0과 (아주 급속하게) 가까워진다 하더라도, 결코 절대로 0에 이르지는 못한다. 이는 퍼텐셜 에너지 함수를 정의하는 '그릇 바깥에서' 그 입자를 발견할 기회가 작기는 하지만 0이 아니라는 뜻이다. 양자 터널 효과(quantum tunnel effect)로 알려진 이 현상은 고전 물리학에서는 전혀 볼 수 없는 현상이다.

10.8 양자화의 중요성

이번 강의에서 우리는 높은 산을 하나 넘었다. 그러나 이것이 마지막 산은 아니다. 지금의 전망 좋은 위치에서 내다보면, 양자 장론의 어마어마한 풍경을 흘끗 볼 수 있다. 이는 한 번 더 살펴보아야 할 물건이다. 또는 3번은 보아야 할지도 모른다. 하지만 여전히 우리가 있는 곳에서 그 지형을 약간 엿볼 수 있다.

그림 10.4에서처럼 공동(空洞) 속 전자기 복사의 예를 생각해

보자. 여기서 공동이란 완전히 반사하는 한 쌍의 거울에 둘러싸여 전자기 복사가 앞뒤로 끝없이 튕기는 공간이다. 이 구멍을 전자기 복사가 양쪽 방향으로 움직일 수 있는 긴 금속관이라 생각하자.

이 구멍에 맞출 수 있는 파장은 많다. 파장이 λ인 파동을 생각해 보자. 모든 파동과 마찬가지로 이 파동도 용수철 끝에 달린 추와 같이 진동한다. 하지만 여기서 혼동하지 않는 것이 중요하다. 여기서 진동하는 것은 용수철에 매달린 추가 아니라 전기장과 자기장이다. 각 파장에 대해 그 진폭 또는 장의 세기를 기술하는 수학적인 조화 진동자가 존재한다. 이는 모두가 동시에 움직이는 수많은 조화 진동자이다. 그러나 다행히도 이들은 모두 독립적으로 진동한다. 따라서 하나의 특정한 파장을 가진 파동에 주의를 집중하고 다른 모든 것은 무시할 수 있다.

조화 진동자와 결부된 중요한 숫자는 오직 하나, 진동수 ω이다. 여러분은 아마도 길이가 λ인 파동의 진동수를 어떻게 계산하는지 이미 알고 있을 것이다.

$$\omega = \frac{2\pi c}{\lambda}.$$

물론 고전 물리학에서는 이 진동수는 그냥 진동수일 뿐이다. 그러나 양자 역학에서는 진동수가 진동자의 에너지 양자를 결정한다. 즉 파장이 λ인 파동에 포함된 에너지는

$$(n + 1/2)\, \hbar\, \omega$$

이어야 한다. $(1/2)\, \hbar\, \omega$ 항은 우리 목적에는 중요하지 않다. 이는 영점 에너지(zero-point energy)라는 것으로, 무시할 수 있다. 이 항을 무시하면 파장이 λ인 파동의 에너지는

$$\frac{2\pi\, \hbar\, c}{\lambda}\, n$$

이 된다. 여기서 n은 0부터 계속되는 임의의 정수이다. 즉 전자기파의 에너지는 더 이상 나눌 수 없는

$$\frac{2\pi\, \hbar\, c}{\lambda}$$

만큼의 단위로 양자화되었다. 고전 물리학자에게 이는 매우 이상하다. 여러분이 무슨 짓을 하든 에너지는 항상 쪼갤 수 없는 단위로 나온다.

여러분은 이미 광자라 불리는 단위를 알 것이다. 사실 광자는 정확히 양자 조화 진동자의 양자화된 에너지 단위의 또 다른 이름이다. 하지만 똑같은 사실을 다른 식으로 기술할 수 있다. 광자는 더 이상 쪼갤 수 없으므로 기본 입자라 생각할 수 있다. n 번째 양자 상태로 들뜬 파동은 n 개의 광자의 집합으로 생각할 수 있다.

단일 광자의 에너지는 얼마일까? 그것은 쉽다. 단지 한 단위 더 보태는 데에 필요한 에너지

$$E(\lambda) = \frac{2\pi \hbar c}{\lambda}$$

이다. 여기서 최근 100년 이상 물리학을 지배해 온 무언가를 볼 수 있다. 광자의 파장이 짧을수록 그 에너지는 더 높다. 왜 물리학자들은 에너지에서 손해를 보면서까지 짧은 파장의 광자를 만드는 데에 관심을 기울일까? 그 답은 더 또렷하게 보기 위해서이다. 1강에서 논의했듯이 주어진 물체의 크기를 해상하기 위해서는 그 크기 이하의 파장을 갖는 파동을 이용해야 한다. 인간의 모습을 보려면 몇 센티미터 정도의 파장이면 충분하다. 미세한 먼지 한 점을 보려면 파장이 훨씬 더 작은 가시광선이 필요할 것이다. 양성자의 일부를 해상하려면 파장은 10^{-15}미터보다 더 작아야 하며, 그에 대응하는 광자는 에너지가 매우 커야 한다. 결국이 모두가 조화 진동자로 돌아간다.

여러분에게 이 점을 강조하며 『물리의 정석: 양자 역학 편』을 마친다. 이후 출간될 『물리의 정석: 특수 상대성 이론과 고전 장론 편』에서 다시 만나기를!

스핀 간단 요약

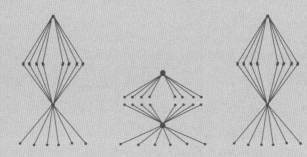

스핀은 계의 가장 단순하면서도

가장 양자 역학적인 개념이다.

— 레너드 서스킨드

1. 파울리 행렬을 이용한 스핀 성분 표현

$$\delta_z = \begin{pmatrix} 1 & 0 \\ 0 & -1 \end{pmatrix}$$

$$\delta_x = \begin{pmatrix} 0 & 1 \\ 1 & 0 \end{pmatrix}$$

$$\delta_y = \begin{pmatrix} 0 & -i \\ i & 0 \end{pmatrix}$$

2. 스핀 연산자의 작용

$$|u\rangle = \begin{pmatrix} 1 \\ 0 \end{pmatrix} \iff \sigma_z|u\rangle = |u\rangle$$
$$\sigma_x|u\rangle = |d\rangle$$
$$\sigma_y|u\rangle = i|d\rangle$$

$$|d\rangle = \begin{pmatrix} 0 \\ 1 \end{pmatrix} \iff \sigma_z|d\rangle = -|d\rangle$$
$$\sigma_x|d\rangle = |u\rangle$$
$$\sigma_y|d\rangle = -i|u\rangle$$

$$|r\rangle = \begin{pmatrix} \dfrac{1}{\sqrt{2}} \\ \dfrac{1}{\sqrt{2}} \end{pmatrix} \iff \begin{aligned} & \sigma_z |r\rangle = |l\rangle \\ & \sigma_x |r\rangle = |r\rangle \\ & \sigma_y |r\rangle = -i|l\rangle \end{aligned}$$

$$|l\rangle = \begin{pmatrix} \dfrac{1}{\sqrt{2}} \\ \dfrac{-1}{\sqrt{2}} \end{pmatrix} \iff \begin{aligned} & \sigma_z |l\rangle = |r\rangle \\ & \sigma_x |l\rangle = -|l\rangle \\ & \sigma_y |l\rangle = i|r\rangle \end{aligned}$$

$$|i\rangle = \begin{pmatrix} \dfrac{1}{\sqrt{2}} \\ \dfrac{i}{\sqrt{2}} \end{pmatrix} \iff \begin{aligned} & \sigma_z |i\rangle = |o\rangle \\ & \sigma_x |i\rangle = i|o\rangle \\ & \sigma_y |i\rangle = |i\rangle \end{aligned}$$

$$|o\rangle = \begin{pmatrix} \dfrac{1}{\sqrt{2}} \\ \dfrac{-i}{\sqrt{2}} \end{pmatrix} \iff \begin{aligned} & \sigma_z |o\rangle = |i\rangle \\ & \sigma_x |o\rangle = -i|i\rangle \\ & \sigma_y |o\rangle = -|o\rangle \end{aligned}$$

3. 기저의 변환

$$|r\rangle = \frac{1}{\sqrt{2}}|u\rangle + \frac{1}{\sqrt{2}}|d\rangle$$

$$|l\rangle = \frac{1}{\sqrt{2}}|u\rangle - \frac{1}{\sqrt{2}}|d\rangle$$

$$|i\rangle = \frac{1}{\sqrt{2}}|u\rangle + \frac{i}{\sqrt{2}}|d\rangle$$

$$|o\rangle = \frac{1}{\sqrt{2}}|u\rangle - \frac{i}{\sqrt{2}}|d\rangle$$

4. $\hat{n}$ 방향에서의 스핀 성분 표현

- 벡터 표기법: $\sigma_n = \vec{\sigma} \cdot \hat{n}$
- 성분 형태: $\sigma_n = \sigma_x n_x + \sigma_y n_y + \sigma_z n_z$
- 더 구체적인 형태:

$$\sigma_n = n_x \begin{pmatrix} 0 & 1 \\ 1 & 0 \end{pmatrix} + n_y \begin{pmatrix} 0 & -i \\ i & 0 \end{pmatrix} + n_z \begin{pmatrix} 1 & 0 \\ 0 & -1 \end{pmatrix}$$

- 하나의 행렬로 결합한 형태:

$$\sigma_n = \begin{pmatrix} n_z & (n_x - in_y) \\ (n_x + in_y) & -n_z \end{pmatrix}$$

5. 스핀 연산자 곱셈 표

표기법에 대한 유의 사항: 표 3은 기호 i를 두 가지 다른 방식으로 사용한다. $|io\rangle$ 같은 켓 안에서는 상태 이름표의 일부(io는 '안쪽-바깥쪽(in-out)'을 나타낸다.)이다. 그러나 $i|oo\rangle$에서처럼 i가 켓 바깥에 나타나면 이는 허수 단위를 나타낸다.

표 1 위쪽-아래쪽 기저.

	2스핀 고유 벡터			
	$\|uu\rangle$	$\|ud\rangle$	$\|du\rangle$	$\|dd\rangle$
σ_z	$\|uu\rangle$	$\|ud\rangle$	$-\|du\rangle$	$-\|dd\rangle$
σ_x	$\|du\rangle$	$\|dd\rangle$	$\|uu\rangle$	$\|ud\rangle$
σ_y	$i\|du\rangle$	$i\|dd\rangle$	$-i\|uu\rangle$	$-i\|ud\rangle$
τ_z	$\|uu\rangle$	$-\|ud\rangle$	$\|du\rangle$	$-\|dd\rangle$
τ_x	$\|ud\rangle$	$\|uu\rangle$	$\|dd\rangle$	$\|du\rangle$
τ_y	$i\|ud\rangle$	$-i\|uu\rangle$	$i\|dd\rangle$	$-i\|du\rangle$

표 2   오른쪽-왼쪽 기저.

	2스핀 고유 벡터			
	$\lvert rr\rangle$	$\lvert rl\rangle$	$\lvert lr\rangle$	$\lvert ll\rangle$
σ_z	$\lvert lr\rangle$	$\lvert ll\rangle$	$\lvert rr\rangle$	$\lvert rl\rangle$
σ_x	$\lvert rr\rangle$	$\lvert rl\rangle$	$-\lvert lr\rangle$	$-\lvert ll\rangle$
σ_y	$-i\lvert lr\rangle$	$-i\lvert ll\rangle$	$i\lvert rr\rangle$	$i\lvert rl\rangle$
τ_z	$\lvert rl\rangle$	$\lvert rr\rangle$	$\lvert ll\rangle$	$\lvert lr\rangle$
τ_x	$\lvert rr\rangle$	$-\lvert rl\rangle$	$\lvert lr\rangle$	$-\lvert ll\rangle$
τ_y	$-i\lvert rl\rangle$	$i\lvert rr\rangle$	$-i\lvert ll\rangle$	$i\lvert lr\rangle$

표 3   안쪽-바깥쪽 기저.

	2스핀 고유 벡터			
	$\lvert ii\rangle$	$\lvert io\rangle$	$\lvert oi\rangle$	$\lvert oo\rangle$
σ_z	$\lvert oi\rangle$	$\lvert oo\rangle$	$\lvert ii\rangle$	$\lvert io\rangle$
σ_x	$i\lvert oi\rangle$	$i\lvert oo\rangle$	$-\lvert ii\rangle$	$-\lvert io\rangle$
σ_y	$\lvert ii\rangle$	$\lvert io\rangle$	$-\lvert oi\rangle$	$-\lvert oo\rangle$
τ_z	$\lvert io\rangle$	$\lvert ii\rangle$	$\lvert oo\rangle$	$\lvert oi\rangle$
τ_x	$i\lvert io\rangle$	$-i\lvert ii\rangle$	$i\lvert oo\rangle$	$-i\lvert oi\rangle$
τ_y	$\lvert ii\rangle$	$-\lvert io\rangle$	$\lvert oi\rangle$	$-\lvert oo\rangle$

© Margaret Sloan

✦ 옮긴이의 글 ✦

인간 지성의 최종 병기, 양자 역학

이 책의 저자인 레너드 서스킨드는 2018년 3월 14일 타계한 스티븐 호킹(Stephen Hawking)과 절친한 사이였으며 학문적으로는 둘도 없는 호적수였다. 이들은 블랙홀에서의 정보 모순 문제를 두고 수십 년간의 논쟁을 주도했다. 서스킨드는 이 논쟁의 전말을 자신의 저서 『블랙홀 전쟁(*The Black Hole War*)』(이종필 옮김, 사이언스북스, 2011년)에서 자세하게 다루었다. 서스킨드는 『블랙홀 전쟁』에서 20세기 초반의 과학계 상황을 묘사하면서 당시 과학자들이 새로운 현상을 이해하기 위해 생각의 회로를 바꾸어야만 했다고 기술했다. 서스킨드가 구체적으로 염두에 둔 것은 상대성 이론과 양자 역학이었다. 상대성 이론과 양자 역학은 둘 다 우연히도 20세기의 시작과 함께 태동했고, 그 뒤로 계속해서 현대 물리학의 군건한 두 기둥으로 자리매김해 왔다.

그중에서도 양자 역학이야말로 현대 물리학의 꽃이라고 할 수 있다. 고전 물리학과 현대 물리학을 가르는 가장 중요한 기준을 하나만 꼽으라면 아마도 대부분의 물리학자들은 결정론적인가 확률론적인가 하는 잣대를 고를 것이다. 이 기준으로 보자면 상대성 이론(특히 일반 상대성 이론)은 아직 양자화되지 않았다는 점에서 확률론적이지 않고 따라서 여전히 고전적이다. 상대성 이론이 혁명적인 이론이기는 하나 고전 물리학의 연장선에서 이해할 수 있는 반면, 양자 역학은 고전 물리학과는 완전히 다른 논리 구조 위에서 구축되었다. 양자 역학이 훨씬 더 반직관적인 이유는 이 때문이다.

현대 물리학이 반직관적인 현상에서 출발할뿐더러 반직관적인 논리에 기초해 있어서 이를 제대로 이해하기 위해서는 생각의 회로를 바꾸는 고통을 감수해야 한다는 점은 대단히 인상적이다. 호모 사피엔스의 오랜 진화의 여정에서 겨우 100여 년 전에야 우리는 우리 생각의 회로가 자연의 진실을 마주하는 데에 적합하지 않다는 것을 처음으로 알게 되었다. 그제야 우리는 수백만 년에 걸친 진화의 압력을 거슬러 자연의 올바른 법칙을 알아채기 시작했다. 나는 현대 물리학이 위대한 이유를 여기서 찾는다. 그 정점에 양자 역학이 있다. 양자 역학이야말로 호모 사피엔스가 이룩한 인간 지성의 '최종 병기'이다.

서스킨드가 강의하고 책으로 엮은 『물리의 정석: 양자 역학 편』은 말하자면 이 최종 병기의 설계도이고 사용 설명서이다. 1강에서 스핀부터 다룬다. 양자 역학을 조금이라도 공부해 본 사람이라면 1강에서부터 스핀이 등장한다는 사실이 어떤 의미인지 대략 짐작할 것이다. 즉 처음부터 완전히 새로운 논리와 규칙으로 무장하고 들어가겠다는 이야기이다. 양자 역학을 다루는 대부분의 교양 과학서와 적지 않은 전문 교과서는 양자 역학이 태동한 역사부터 말랑말랑하게 소개하면서 책을 시작한다. 서스킨드는 첫 강의부터 정면 돌파를 시도한다. 그것이 이 책의 매력이다. 양자 역학을 이해하려면 어차피 생각의 회로를 바꾸어야 하니까 아예 처음부터 완전히 새로운 규칙으로 중무장하는 것도 좋은 방법이다. 논리적으로 따져서 퍼즐 조각을 맞추는 과정을 좋아하는 사람이라면 이 책을 통해 양자 역학의 매력에 흠뻑 빠져들 것이다.

이 책에서 다루는 수학이 일반인들에게 쉽지는 않다. 양자 역학에 접근하는 데에는 파동 역학적인 방법과 행렬 역학적인 방법이 있다. 서스킨드는 이 책에서 후자의 길을 선택한다. 새로운 규칙으로 정면 돌파하는 방식이라면 당연한 선택이라고 할 수 있다. 따라서 행렬의 수학, 또는 선형 대수학을 조금이라도 아는 독자라면 훨씬 수월하게 따라갈 수 있을 것이다.

한편 이 책에서 양자 얽힘을 무려 두 강(6~7강)에 걸쳐 소개한 점도 흥미롭다. 총 10강으로 구성된 이 책의 20퍼센트에 해당하는 분량이다. 미국의 물리학자 윌리엄 필립스(William Phillips)는 일찍이 얽힘은 양자 역학에서도 가장 이상한 것이라고 지목한 바 있다. 서스킨드의 생각도 다르지 않다. 아마도 계속 이어지는 「물리의 정석」 시리즈 강의에서도 서스킨드가 양자 얽힘을 중요한 소재로 소개하지 않을까 기대된다. 양자 역학이 고전 역학과 비교했을 때 얼마나 신묘하고 황당한지를 드러내는 데에는 얽힘이 제격이다. 이 책에서는 그 신묘함을 제대로 배울 수 있다.

이 책은 수학으로 배우는 양자 역학 교과서이다. 교양 과학책으로 양자 역학을 접한 독자라면 꼭 한번 도전을 권해 보고 싶은 책이다. 이 책으로 양자 역학을 접한 다음 다시 수식 없이 양자 역학을 설명하는 교양 과학서를 들여다보면 그 문장 하나하나가 전혀 다른 느낌으로 다가올 것이다. 그리고 다시 이 책을 펼쳐 보면 교양 과학서의 무수한 말들이 자연 본연의 언어인 수학으로 얼마나 간결하고 아름답게 정리되는지 완전히 새로운 종류의 희열을 느끼게 될 것이다. 이 책을 통해 조금이라도 더 많은 사람들이 그 희열을 맛볼 수 있기를 기대해 본다.

2018년 4월 정릉에서

이종필

✢ 찾아보기 ✢

옮긴이 이종필

서울 대학교 물리학과를 졸업하고 같은 대학교 대학원에서 입자 물리학으로 석사, 박사 학위를 받았다. 한국 과학 기술원(KAIST) 부설 고등 과학원(KIAS), 연세 대학교, 서울 과학 기술 대학교에서 연구원으로, 고려 대학교에서 연구 교수로 재직했다. 현재 건국 대학교 상허 교양 대학 교수로 재직 중이다. 저서로는 『물리학 클래식』, 『대통령을 위한 과학 에세이』, 『신의 입자를 찾아서』, 『빛의 전쟁』, 『우리의 태도가 과학적일 때』, 『물리학, 쿼크에서 우주까지』 등이 있고, 번역서로 『물리의 정석: 고전 역학 편』, 『물리의 정석: 특수 상대성 이론과 고전 장론 편』, 『물리의 정석: 일반 상대성 이론 편』, 『최종 이론의 꿈』, 『블랙홀 전쟁』 등이 있다.

물리의 ⊕
정석 양자 역학 편

1판 1쇄 펴냄 2018년 5월 2일
1판 12쇄 펴냄 2024년 7월 31일

지은이 레너드 서스킨드, 아트 프리드먼
옮긴이 이종필
펴낸이 박상준
펴낸곳 (주)사이언스북스

출판등록 1997. 3. 24.(제16-1444호)
(06027) 서울특별시 강남구 도산대로1길 62
대표전화 515-2000, 팩시밀리 515-2007
편집부 517-4263, 팩시밀리 514-2329
www.sciencebooks.co.kr

ISBN 978-89-8371-888-4 04420
    978-89-8371-838-9 (세트)